剪映专业版（电脑版）视频剪辑全攻略

音效添加+转场特效+视频制作

洪唯佳◎编著

人民邮电出版社
北京

图书在版编目（CIP）数据

剪映专业版（电脑版）视频剪辑全攻略 ：音效添加+
转场特效+视频制作 / 洪唯佳编著. -- 北京 ：人民邮电
出版社，2022.9
ISBN 978-7-115-59343-6

Ⅰ. ①剪… Ⅱ. ①洪… Ⅲ. ①视频编辑软件 Ⅳ.
①TP317.53

中国版本图书馆CIP数据核字(2022)第088994号

内容提要

本书基于剪映专业版软件编写，全书共9章。第1～5章为软件操作基础，为读者详细介绍剪映专业版软件的基础操作方法，循序渐进地讲解素材剪辑、音频处理、特效运用和画面优化等内容；第6～9章为读者精心挑选了不同类型的热门视频制作案例，以实操的形式帮助读者迅速掌握使用剪映专业版软件制作不同短视频效果的方法。本书内容全面、条理清晰、通俗易懂，除了必要的理论阐述，还采用了步骤导图的讲解模式，可以帮助读者轻松、快速地了解短视频制作的完整流程，掌握制作技巧。

本书提供案例的素材文件和效果文件，方便读者边学习边操作，提高学习效率。

本书适合广大短视频爱好者、自媒体运营人员，以及想寻求突破的新媒体平台管理人员和企业相关人员等学习使用。

◆ 编　　著　洪唯佳
责任编辑　王　冉
责任印制　马振武
◆ 人民邮电出版社出版发行　　北京市丰台区成寿寺路11号
邮编　100164　　电子邮件　315@ptpress.com.cn
网址　https://www.ptpress.com.cn
涿州市般润文化传播有限公司印刷
◆ 开本：700×1000　1/16
印张：14.75　　2022年9月第1版
字数：378千字　　2025年1月河北第11次印刷

定价：59.90元

读者服务热线：(010)81055410　印装质量热线：(010)81055316
反盗版热线：(010)81055315
广告经营许可证：京东市监广登字20170147号

前 言

随着抖音、快手等一众短视频App的出现，人们已不再满足于传统的图文分享形式，大家纷纷拿起手机，开始用视频的形式记录、分享生活。对于广大视频创作者来说，除了要会拍视频，还要会剪、会做视频。基于视频创作者们的创作需求，抖音官方推出了一款操作简便的移动端短视频编辑软件——剪映，并在积累了足够的用户口碑后，于2021年推出了电脑版视频剪辑软件——剪映专业版。

抖音官方认为，视频剪辑不应该是只有专业人士才能做的事情，对想成为中长视频创作者的新用户，或者想打造效果更精彩的短视频创作者来说，现有的专业视频编辑软件门槛高，操作比较复杂，剪映专业版可以让用户拥有良好的剪辑体验，实现“轻而易剪”，投入创作的海洋。

本书特色

解决实际问题：本书站在初学者的角度，详细地介绍了剪映专业版软件的使用方法，通过对基础理论的讲解和图文并茂的技术指导，帮助读者解决在视频剪辑、调色、添加特效、添加音频和字幕时遇到的诸多技术难题。

实操技术指导：本书提供多个视频后期编辑案例，读者可以按照步骤制作视频。

语言浅显易懂：本书使用简单易懂的语言，拒绝深奥、复杂的理论，帮助读者快速跟上本书的讲解节奏。此外，书中提供了相应的内容提示，对一些不好理解的概念进行详细剖析，对已有的内容进行延伸讲解。

内容框架

本书基于2021年问世的视频编辑处理软件——剪映专业版（2.1.1版本）编写。由于软件升级较为频繁，版本之间部分功能和内置素材会有些许差异，但不影响读者使用本书进行学习。

本书对视频素材剪辑、音频处理、视频特效应用等方面的内容进行了详细讲解，是一本不可多得的视频制作指导教程。全书共9章，内容框架如下。

第1章　剪辑的艺术：善用技巧构建完整影片，介绍常见的视频编辑术语、常用的视/音频格式，以及视频剪辑的一般流程、视频剪辑的技巧及方法等。

第2章　剪映专业版：专业功能让创作事半功倍，为读者介绍剪映专业版软件的下载与安装方法、软件的工作界面，以及新建剪辑项目、导入素材、分割素材等基本剪辑操作技巧。

第3章　音乐与音效：声音和画面同样重要，主要介绍在剪映专业版中进行音频处理的各类操作方法及技巧，具体包括音频素材的处理、音乐素材库的应用、音频的录制、音乐的卡点等内容。

第4章　特效与转场：打造酷炫的视频效果，为读者介绍在剪映专业版中为剪辑项目添加视频特效及转场特效的具体操作方法。

第5章　画面的调整：优化画面并丰富内容，为读者介绍在剪映专业版中创建和编辑字幕、添加贴纸和为素材画面调色等操作方法。

第6章　变装短视频：淋漓尽致地展现时尚品位，以案例实操的形式介绍变装类短视频的拍摄与制作方法。

第7章　卡点音乐视频：跟随音乐节奏打造酷炫效果，以案例实操的形式介绍音乐卡点类视频的制作方法。

第8章　穿越短视频：轻松打破时间和空间的限制，以案例实操的形式介绍画面穿越类视频效果的制作方法。

第9章　创意短视频：打造让人耳目一新的神奇特效，以案例实操的形式介绍创意特效视频的拍摄及制作方法。

适合的读者

本书是一本广大视频创作者及短视频拍摄爱好者的指导用书，适合喜欢观看视频并希望学习视频拍摄及后期处理的各年龄段读者，也适合想要借助视频进行商业推广及品牌运营的个人和企业运营人员。

致谢

本书由麓山文化团队编写，甘蓉晖担任主要编写工作。在本书的写作过程中，编者得到了各位视频博主的帮助，特此致谢。

编者

2022年6月

资源与支持

本书由“数艺设”出品，“数艺设”社区平台（www.shuyishe.com）为您提供后续服务。

配套资源

素材文件和效果文件。

资源获取请扫码

“数艺设”社区平台，为艺术设计从业者提供专业的教育产品。

与我们联系

我们的联系邮箱是szys@ptpress.com.cn。如果您对本书有任何疑问或建议，请您发邮件给我们，并请在邮件标题中注明本书书名及ISBN，以便我们更高效地做出反馈。

如果您有兴趣出版图书、录制教学课程，或者参与技术审校等工作，可以发邮件给我们。如果学校、培训机构或企业想批量购买本书或“数艺设”出版的其他图书，也可以发邮件联系我们。

如果您在网上发现针对“数艺设”出品图书的各种形式的盗版行为，包括对图书全部或部分内容的非授权传播，请您将怀疑有侵权行为的链接通过邮件发给我们。您的这一举动是对作者权益的保护，也是我们持续为您提供有价值的内容的动力之源。

关于“数艺设”

人民邮电出版社有限公司旗下品牌“数艺设”，专注于专业艺术设计类图书出版，为艺术设计从业者提供专业的图书、视频电子书、课程等教育产品。出版领域涉及平面、三维、影视、摄影与后期等数字艺术门类，字体设计、品牌设计、色彩设计等设计理论与应用门类，UI设计、电商设计、新媒体设计、游戏设计、交互设计、原型设计等互联网设计门类，环艺设计手绘、插画设计手绘、工业设计手绘等设计手绘门类。更多服务请访问“数艺设”社区平台www.shuyishe.com。我们将提供及时、准确、专业的学习服务。

目 录

第8章 穿越短视频：轻松打破时间和空间的限制

第9章 创意短视频：打造让人耳目一新的神奇特效

第 1 章

剪辑的艺术：善用技巧构建完整影片

剪辑是视频编辑流程中至关重要的一环。剪辑并不是简单地将素材叠到一起，而是需要结合一定的剪辑技巧，这涉及视频后期处理工作中的各项基本操作，如素材时长的调整、素材排列方式的调整等。素材剪辑处理质量的高低，在一定程度上能决定一个作品的好坏，好的剪辑可以增强影片的逻辑性，也能塑造出完整的故事情节，其重要性可想而知。

在正式学习软件的编辑操作前，先带领读者学习素材剪辑中的一些技巧，以加强大家对剪辑工作的认识。

新手需要掌握的视频编辑基础

下面为各位读者介绍一些常见的视频编辑术语，以及常用的视/音频格式、镜头衔接手法。

1.1.1 常见的视频编辑术语

对于学习视频编辑的新手，在视频编辑工作中难免会接触到一些专业术语。如果对这些专业术语不了解，视频编辑工作的效率势必会受到影响。因此，从事影视相关的工作都需要具备一些基础知识和理论，下面就介绍在视频编辑工作中常见的一些专业术语。

1. 视频编辑工作的不同阶段

视频编辑工作的阶段可大致分为前期策划、中期拍摄和后期制作，具体的工作内容和工作重点如表1-1所示。

表1-1　视频编辑工作的不同阶段及工作内容

工作阶段	工作内容概述	工作重点
前期策划	影视工作的基础 确定题材定位，策划内容，设计脚本 团队不同部门间进行沟通，拍摄准备工作	偏重策划及整合资源
中期拍摄	依托脚本进行视频拍摄 拍摄场景、手法、光线、机位等调控	拍摄时要考虑周全，沟通很重要
后期制作	作品的剪辑、音效、技术合成 剪辑时要有思想、有目的性地联结故事	剪辑师需要具备导演思维

2. 视频名词术语

下面为读者归纳总结一些常见的视频名词术语。

- 时长：指视频的时间长度，基本单位是秒，在视频编辑软件中常见的表现形式为00:00:00:00（时:分:秒:帧）。
- 帧：这是视频的基础单位，可以理解为一张静态图片就是一帧。
- 关键帧：指素材中的特定帧，通过设置属性关键帧，可控制动画的流、回放或其他特性。
- 帧速率：即每秒播放帧的数量，单位是帧/秒（fps）。帧速率越高，视频越流畅，但需要的系统资源越多。

- 帧尺寸：帧（视频画面）的宽和高。宽和高用像素数量表示，帧尺寸越大，视频画面就越大，像素数越多。
- 像素比：每一个像素的宽度与高度之比，又称长宽比。
- 画面尺寸：视频画面实际显示的宽和高。
- 画面比例：视频画面实际显示的宽和高的比值，即通常所说的16：9、4：3等。
- 画面深度：指的是色彩位数，对普通的RGB视频来说，8bit是常见的画面深度。
- 声道：包含单声道、立体声、双声道和多声道等。
- 声音深度：和画面深度类似，有16bit、24bit等。
- 缓存：计算机内存中一块用来存储静止图像和数字影片的区域，它是为影片的实时回放准备的。
- 片段：由视频、音频、图片或其他任何能够导入视频编辑软件中的内容所组成的媒体文件。
- 序列：由编辑过的视频、音频和图形素材组成的片段。
- 遮罩：编辑素材时对部分素材区域进行特效处理的操作。
- 空视频：通常为一段全黑的视频，用于填充时间线上没有任何内容的片段。
- 转场：两个视频片段之间的视觉或听觉效果，比如视频叠化或音频交叉淡化。
- 还原：恢复上次所做的修改。
- 变速：在单个片段中，正放或倒放时动态改变视频的播放速度。
- 合成：将两个或两个以上图像或视频片段组合成单个帧或一段视频的过程。
- 渲染：将项目中的源文件生成最终影片的过程。
- 场景：又称镜头，指拍摄过程中的片段，是视频制作中的基本元素。
- 字幕：指在视频制作过程中添加的标志性的文字元素。
- 剪辑：对原始影片进行修剪。
- 特效：对视频添加的各种变形和动作效果。
- 压缩：对编辑好的视频进行重新组合时，减小剪辑文件大小的方法。
- 素材：影片的一小段或一部分，可以是音频、视频、静态图像或字幕。
- 素材库：存储媒体素材的位置。

1.1.2 常用的视频格式

视频格式是视频播放软件为了能够播放视频文件而赋予视频文件的一种编码形式，可以分为适合本地播放的本地视频格式和适合在网络上播放的网络流媒体视频格式两大类。视频格式实际上是一个包含不同轨道的容器，容器的格式关系到视频的可扩展性。

下面介绍几种常见的视频格式。

1. AVI

AVI（Audio Video Interleave）即音频视频交叉存取格式。1992年初，微软公司推出了AVI技术及其应用软件VFW（Video for Windows）。在AVI格式文件中，运动图像和伴音数据以交叉的方式存储，并独立于硬件设备。这种按交替方式组织音频和视频数据的方式使得在读取视频数据流时能更有效地从存储媒介中得到连续的信息。一个AVI格式文件的主要参数包括视频参数、伴音参数和压缩参数等。AVI格式具有非常好的兼容性。由于AVI格式是由微软制定的，因此微软全系列的软件包括编程工具VB、VC等都为AVI格式提供了最直接的支持，这更加奠定了AVI格式在PC端的视频霸主地位。AVI格式凭借本身的开放性，获得了众多编码技术研发商的支持，不同的编码使得AVI格式不断完善，现在几乎所有在PC端运行的通用视频编辑系统基本都支持AVI格式。

2. FLV

FLV是Flash Video的简称。随着Flash MX的推出，Macromedia公司开发了一种流媒体视频格式——FLV格式。FLV格式的文件极小，加载速度极快，这就使得在网络上观看视频文件成为可能，它的出现有效地解决了视频文件从Flash中导出后SWF格式文件体积庞大，不能在网络上很好地观看等问题。

3. MOV

MOV格式是美国苹果公司开发的一种视频格式。MOV格式具有很高的压缩比率和较高的视频清晰度，占用存储空间小，其最大的特点是跨平台性，不仅支持macOS，也支持Windows操作系统。此外，采用了有损压缩方式的MOV格式文件，其画面效果较AVI格式要稍微好一些。

4. MPEG

MPEG（Moving Picture Export Group）是1988年成立的一个专家组，它的工作是制定满足各种应用需求的运动图像及其音频的压缩、解压缩和编码描述的国际标准。截至目前，已开发和正在开发的MPEG标准主要有MPEG-1、MPEG-2、MPEG-4、MPEG-7和MPEG-21等。MPEG系列国际标准已经成为目前影响最大的多媒体技术标准，对数字电视、视听消费电子产品、多媒体通信等信息行业中的重要产品都产生了深远的影响。

5. WMV

WMV（Windows Media Video）格式是微软推出的一种采用独立编码方式并且支持在网上实时观看视频的文件压缩格式。WMV视频格式的主要优点有：支持本地或网络回放，是可扩充、可伸缩的媒体类型，多语言支持，具有环境独立性、丰富的流间关系及扩展性等。

6. RMVB

RMVB格式是由RM视频格式升级并延伸出的新型视频格式。RMVB视频格式的先进之处在于打破了原先RM格式的平均压缩采样方式，在保证平均压缩比的基础上更加合理地利用带宽资源。也就是说，静止和动作场面少的画面场景采用较低编码速率，从而留出更多的带宽空间，以便播放快速运动的画面场景。这就在保证静止画面质量的前提下，大幅提高了运动图像的画面质量，从而在图像质量和文件大小之间达到平衡。此外，RMVB视频格式还具有内置字幕和无须外挂插件支持等优点。

1.1.3 常用的音频格式

本小节将介绍一些常见的音频格式。

1. WAV

WAV格式是微软公司开发的一种声音文件格式，用于保存Windows平台的音频信息资源，被Windows平台及其应用程序所支持。WAV格式支持MSADPCM、CCITT A LAW等多种压缩算法，支持多种音频位数、采样频率和声道。标准格式的WAV文件和CD格式文件一样，是44.1kHz的采样率、16位量化数字。尽管WAV格式音色出众，但压缩后的文件体积过大，这相对于其他音频格式而言是一个缺点。WAV格式是目前PC端广泛使用的声音文件格式，几乎所有的音频编辑软件都支持WAV格式。

2. MP3

MP3（Moving Picture Experts Group Audio Layer III，动态影像专家压缩标准音频层面3）格式是利用人耳对高频声音信号不敏感的特性，将时域波形信号转换成频域信号，并划分成多个频段，对不同的频段使用不同的压缩率，对高频信号加大压缩比（甚至忽略信号），对低频信号使用小压缩比，尽量保证信号不失真。这样就相当于抛弃人耳基本听不到的高频声音，只保留能听到的低频部分，从而将声音用1：10甚至1：12的压缩率压缩，所以具有文件小、音质好的特点。

3. MIDI/MID

MIDI（Musical Instrument Digital Interface，乐器数字接口）格式允许数字合成器和其他设备交换数据。MID格式由MIDI格式继承而来。MID文件并不是一段录制好的声音，而是记录声音的信息，然后告诉声卡如何再现音乐的一组指令。这样一个MIDI文件存储1分钟的音乐只用5~10kB。MIDI格式主要用于原始乐器作品、流行歌曲的业余表演、游戏音轨及电子贺卡的音频等。

4. WMA

WMA（Windows Media Audio）格式是微软公司推出的与MP3格式齐名的一种新的音频格式。WMA格式在压缩比和音质方面都超过了MP3格式，更是远胜于RA（Real Audio）格式，即使在较低的采样频率下也能产生较好的音质。WMA 7版本之后的WMA格式支持证书加密，未经许可（即未获得许可证书），即使将音频拷贝到本地，也是无法收听的。

5. AAC

AAC（Advanced Audio Coding，高级音频编码）是由Fraunhofer IIS-A、杜比和AT&T等公司共同开发的一种音频格式，它是MPEG-2规范的一部分。AAC格式采用的运算法则与MP3格式的运算法则不同，AAC格式通过结合其他的功能来提高编码效率。它还同时支持最多48个全音域音轨、15个低频音轨，拥有更多种采样率和传输速率、多种语言的兼容能力和更高的解码效率。总之，AAC格式可以在比MP3格式文件小30%的前提下提供更好的音质，被手机界称为“21世纪数据压缩方式”。

1.1.4 常用的图像格式

计算机中常用的图像存储格式有BMP、TIFF、JPEG、GIF、PSD和PDF等。下面分别进行简单介绍。

1. BMP

BMP格式是Windows操作系统中的标准图像文件格式。它以独立于设备的方法描述位图。各种常用的图形图像软件都可以对该格式的图像文件进行编辑和处理。

2. TIFF

TIFF（Tag Image File Format，标签图像文件格式）是常用的位图图像格式。TIFF格式采用LZW无损压缩算法，图像质量高，建议在打印、印刷输出的图像时将文件存储为该格式。

3. JPEG

JPEG（Joint Photographic Experts Group）格式是一种高效的压缩格式，可对图像进行大幅度的压缩，最大限度地节省存储空间，提高传输速度，因此用于网络传输的图像一般存储为该格式。

4. GIF

GIF（Graphics Interchange Format）是经过压缩的文件格式，可在几乎所有图像处理软件中使用，占用空间较小，适合网络传输，常用于存储动画图片。

5. PSD

PSD格式是在Photoshop软件中使用的一种标准图像文件格式，可以保留图像的图层信息、通道蒙版信息等，便于后续修改和特效制作。一般在Photoshop中制作和处理的图像建议存储为该格式，以便最大限度地保存数据信息。待图片制作完成后再转换成其他文件格式，进行后续的排版和输出工作。

6. PDF

PDF（Portable Document Format）又称可移植（或可携带）文件格式，具有可跨平台的特性，能有效地控制专业的制版和印刷生产信息，可以作为印前领域通用的文件格式。

1.1.5 常见的镜头衔接手法

镜头衔接不是镜头画面的简单组合，而是一次艺术再加工。良好的镜头组接，可以使影视作品产生更好的视觉效果和更强的艺术感染力。下面介绍几种常见的镜头衔接手法。

1. 特写

镜头进入某人或某物的特写画面后，周围的环境隐去，下一镜头转换为其他环境下的事物。

2. 空镜头

所谓“空镜头”，就是画面中没有人物的镜头，如月亮、树林、落雪、大雨等，这些镜头可以用做转场，能够很好地渲染情绪。

3. 淡出/淡入

淡出是指上一段视频最后一个镜头的画面逐渐隐去直至黑场，淡入是指下一段视频第一个镜头的画面逐渐显现直至正常的亮度。这种镜头衔接技巧可以给人一种间歇感，适用于常规镜头的转换。

4. 叠化

叠化是指前一个镜头的画面和后一个镜头的画面相叠加，前一个镜头的画面逐渐隐去，后一个镜头的画面逐渐显现的过程，两个画面之间有一段过渡。叠化主要有以下4种功能：一是用于时间的转换，表示时间的消逝；二是用于空间的转换，表示空间已发生变化；三是用于表现梦境、想象、回忆等插叙、回叙场合；四是用于表现景物变幻莫测的状态。

5. 定格

将前一个镜头的画面做定格，起到突出强调的作用，然后出现后一个镜头的画面。

6. 划像

划像可分为划出与划入。前一个画面从某一方向退出荧屏称为划出，下一个画面从某一方向进入荧屏称为划入。划出与划入的形式多种多样，根据画面进、出荧屏的方向不同，可分为横划、竖划、对角线划等。划像一般用于两个内容意义差别较大的镜头画面的衔接。

1.2 视频剪辑的一般流程

对于喜欢拍摄日常生活的朋友们来说，剪辑是一项化腐朽为神奇的重要操作，视频经过后期剪辑能产生惊艳的视觉效果。下面简单地梳理一下视频剪辑的一般流程。

1.2.1 素材的采集和整理

素材的采集和整理是视频剪辑过程中十分重要的一个环节。在拍摄完素材后，可以大致预览并熟悉一下素材内容，便于对素材进行初步的筛选和分类。

在进行素材筛选和分类时，可建立相应的素材项目文件夹。例如，将外出游玩的视频素材放在一个单独的文件夹中，文件夹可按照时间顺序或具体地点来命名，如图1-1所示。这样在剪辑视频时，想到哪个环节就可以快速地在文件夹中找到对应的素材。

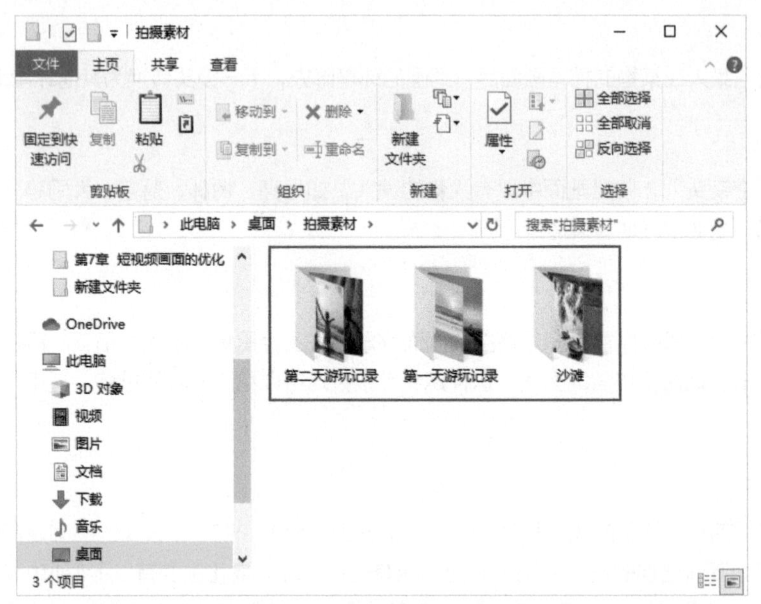

图1-1

延伸讲解：

在进行素材分类时，建议大家不要随便删除素材，因为有些素材现在可能用不上，但在之后的剪辑工作中可能会派上用场。

1.2.2 粗剪素材

粗剪是将原片的镜头画面按照一个简单的时间线进行拼接，形成影片的原始版本。粗剪的主要目的在于搭建整个影片的结构。因此在粗剪阶段不必非常细致地调整画面，也不必过分在意音乐、节奏甚至剪辑点等因素，只需要注意影片的逻辑及前后场的衔接即可。

1.2.3 精剪素材

精剪是在粗剪的基础上对影片的细节部分进行打磨。一般精剪阶段的操作包括对画面进行修剪组接、对音乐进行组接、添加音效等。建议大家不要在粗剪的时间线上直接调整画面，可以建立一条新的精剪时间线，这样方便来回比较两条时间线，反复衡量镜头画面。

延伸讲解：

精剪并不是一遍就能完成的，而是需要反复剪辑调整，才能剪出满意的作品。这样一环套一环，每一步都做好了，才能方便后期的完善和修改工作。

1.2.4 输出包装

完成上述工作后，确认剪辑的影片没有问题，便可以输出母版视频，输出时要留意视频的格式、编码和像素等设置，如果有问题再返回修改。

上述内容即视频剪辑的一般流程，如果涉及更高规格的影片项目，后期可能还要进行特效添加、三维动画制作、调色等包装操作。

1.3 视频剪辑的技巧及方法

对一些刚接触视频剪辑的新手来说，剪辑时可能会面临无从下手，或是无法剪出有节奏、有故事感的内容等困难。视频剪辑并不是一蹴而就的事情，要想创作出优质的内容，不仅要提前思考和规划，剪辑时还要灵活地运用一些剪辑技巧和规律，这样才能提升剪辑技术。

下面为大家详细讲解视频剪辑的技巧和方法。掌握这些内容，可以解决刚接触剪辑时遇到的困难。

1.3.1 把握剪辑的节奏

剪辑的节奏决定了视频中故事的发展进程和人物情绪的表达。节奏并不仅限于声音层面，景物的变换和人物的情感也会形成节奏。剪辑师对于节奏的把控很重要，有时甚至可以直接影响一部影片的质量。剪辑节奏要利用取舍、分割、组接等技术性手段来把控。在把控剪辑节奏的同时，还要把控片中人物的心理节奏，并做好剪辑师自身的心理建设。

其中，剪辑师可以通过观察人物的行为方式来感受人物的心理节奏，然后以剪辑的方式灵活安排情绪的转折和起伏。而剪辑师自身的心理建设，是指剪辑师要学会站在观众的角度去看作品。每个人都是情感丰富的个体，在表达自己想法或情感的时候，情绪变化都是有递进关系的，这种不同级别的情感在表达上是有层次的，这需要剪辑师自行理解。

1.3.2 善于利用音效

音效指的是利用声音制造的效果，可以在影片中发挥渲染氛围、烘托情感的作用。因此在剪辑时，可以结合作品内容表达的实际需求来巧妙运用音效，以达到优化和完善影片的目的。

音效的运用技巧大致可归纳为以下几点。

- 通过音效贯穿故事发展，突出矛盾和冲突，达到对视频中人物性格的塑造和对故事情节的推动。
- 利用音效强调人物的动作和心理活动，揭示人物的思想感情，表现人物的精神面貌，使人物形象更加生动。
- 通过音效暗示剧情的进展或延伸。这样的音效有时会先于视觉形象出现，如在困难时预示希望，在顺利时预示艰苦挫折；有时会后于视觉形象出现，以延展戏剧化情绪。
- 通过音效引起对时间（古代或现代）、空间（人类世界或外空间）、环境（人间或仙境）的联想。

1.3.3 配合音乐或动作进行剪辑

音乐的搭配和使用在剪辑工作中能起到非常重要的作用。许多成熟的剪辑师懂得配合音乐对视频进行剪辑，使音乐和画面相辅相成。如果新手在初期无法很好地掌握剪辑节奏，可以尝试配合音乐进行剪辑，巧妙利用快节奏、抒情、搞笑、悬疑等风格的音乐，打造出相应的影片效果。

除此之外，配合演员的手势、视线、走位、对白等，也是常用的剪辑手法。但是剪辑时要避免影片中出现冗长的动作片段或对白，以免让观众感到枯燥乏味。

1.3.4 使用多个角度进行剪辑

在前期拍摄时，可尝试从不同角度拍摄主体对象，多角度的视频素材方便进行后期剪辑工作。在剪辑视频时，不要一味地使用同一角度的视频素材，要学会在不同的镜头之间进行合理切换。

1.3.5 保持三个镜头成一组

在剪辑视频时，如果需要切换场景，通常是保持三个镜头成一组，且单个镜头的时长至少保持1.5秒。

1.3.6 重点剪辑和突出人物的眼部

眼睛是心灵的窗户，人物的情绪和想法大部分时候能在眼睛里得到体现。当作品需要重点表现人物的心理变化时，不妨将剪辑的重点放在人物的眼部。

思考题

1.观看抖音上的热门视频，拆解各个分镜头，列出其构图和运镜的方法。

2.观看电影或短片，理解其中的剪辑思路和方法。

第2章

剪映专业版：专业功能让创作事半功倍

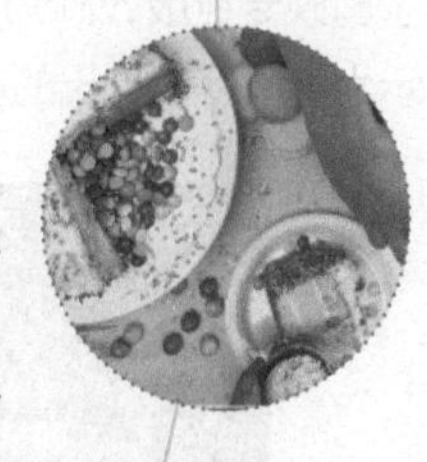

对热衷于短视频创作的用户来说，一款合适的视频编辑软件是必不可少的。以往许多人会选择After Effects、Premiere等专业的视频编辑软件，但这类软件的学习门槛较高，很难快速上手。基于广大零基础短视频爱好者的创作需求，剪映团队继剪映App之后，研发并推出了在PC端使用的剪映专业版软件。

相较于剪映App，剪映专业版延续了剪映App全能易用的特性，且界面更为清楚，布局更适合计算机用户，适用于更多专业的剪辑场景。无论你是剪辑师、Vlogger、剪辑爱好者还是视频博主等，都能够迅速上手，制作出更专业的视频效果。本章就带领各位读者学习剪映专业版的一些基础操作方法，通过学习剪映专业版，大家可以在计算机上轻松完成各类热门短视频效果的制作。

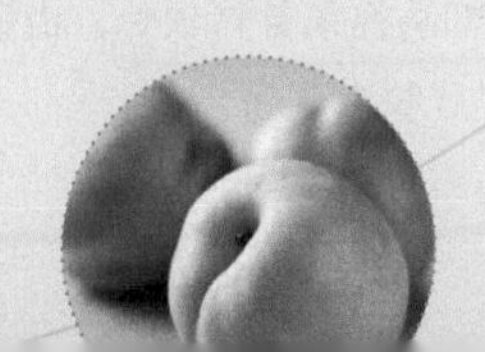

2.1 剪映专业版概述

2.1.1 剪映专业版的诞生

剪映专业版的诞生，源于剪映团队收到的用户源源不断的询问。自2019年6月上线起，剪映App在不断完善及革新过程中逐渐积累用户口碑。从2020年初开始，剪映的产品经理每个月都能在产品反馈官方邮箱中看到几十封用户邮件，大家问的都是同一个问题：剪映什么时候能出电脑版?

用户之所以会提出这样的诉求，主要有以下几点原因。

- 由于手机屏幕尺寸、性能和素材大小的限制，App显然无法满足大部分西瓜视频和抖音平台的头部创作者们的创作需求，越来越多的用户开始学习使用PC端工具编辑视频。
- 市面上没有能完全满足国内用户创作习惯的主导型视频编辑软件，专业的视频创作者普遍在混用编辑软件。例如，用某个软件剪辑素材，同时安装许多插件做特效、调色、字幕等工作。
- 现有的PC端视频编辑软件操作体验不佳，功能复杂的软件操作门槛很高，简单的软件又无法实现复杂多变的视觉效果。许多好用的视频编辑工具来自国外，但不一定切合国内用户的使用习惯。

2020年11月，剪映团队推出了剪映专业版macOS版本，而后又快马加鞭地在2021年2月推出了剪映专业版Windows版本，实现了广大用户在PC端也能“轻而易剪”的创作诉求。图 2-1 所示为剪映团队推出的剪映专业版宣传图。

图2-1

延伸讲解：

剪映专业版是由抖音官方推出的一款全能易用的PC端视频剪辑软件，由深圳脸萌科技有限公司研发，现有macOS版本与Windows版本，以下统称“剪映专业版”。

2.1.2 剪映App与剪映专业版的区别

作为抖音官方推出的视频剪辑工具，剪映可以说是一款非常适合视频创作新手的剪辑“神器”。它操作简单且功能强大，与抖音的衔接应用是其深受广大用户喜爱的原因之一。

剪映App与剪映专业版的最大区别在于两者基于的用户端不同，因此其界面的布局也不同。相较于剪映App，剪映专业版凭借显示器屏幕的优越性，可以为用户呈现更为直观、全面的画面编辑效果，这是App所不具备的优势。图2-2和图2-3所示分别为剪映App（5.4.0版）和剪映专业版（Windows 2.1.1版）的工作界面。

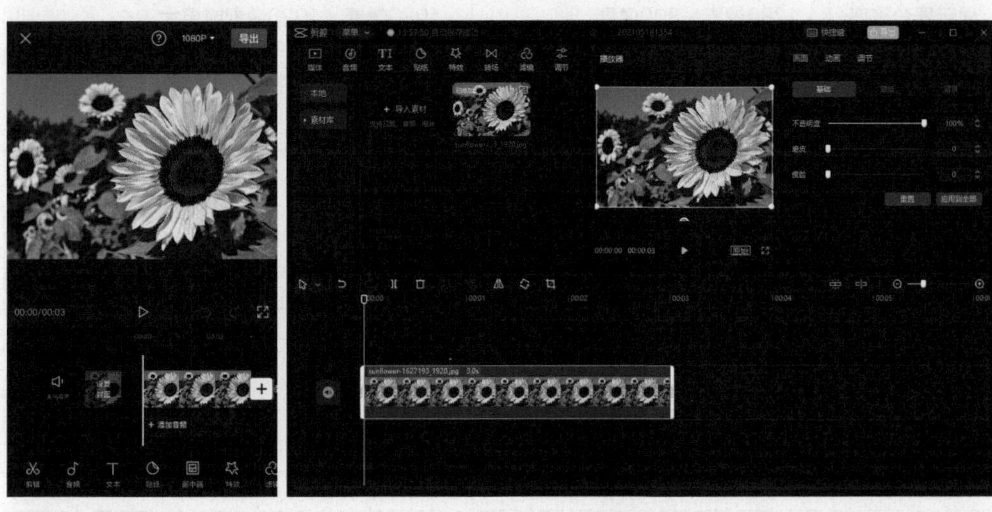

图2-2　　　　图2-3

剪映App的推出时间较早，目前既有的功能和模块已趋于较为完备的状态，而剪映专业版推出的时间不长，部分功能和模块还处于待完善状态。相信随着用户群体的不断壮大，剪映专业版的功能会逐步更新和完善。

2.1.3 下载与安装剪映专业版

用户在安装剪映专业版前，务必查看一下自己使用的计算机的配置参数，以免出现软件无法正常安装使用的情况。下面为大家整理不同系统版本对应的计算机配置要求，如表2-1和表2-2所示。

表2-1　macOS系统（适用于macOS v10.14或更高版本）

	最低配置	推荐配置
处理器	Intel第6代或更新款的 CPU	Intel第6代或更新款的CPU
操作系统	macOS v10.14或更高版本	macOS v10.15.6或更高版本
RAM	8GB RAM	8GB RAM，用于HD媒体；16GB RAM，用于4K或更高分辨率

续表

	最低配置	推荐配置
GPU	2GB GPU VRAM	4GB GPU VRAM
磁盘空间	8GB（不建议安装在使用区分大小写的文件系统的卷上或可移动闪存设备上）	8GB以上可用磁盘空间或用于应用程序安装和缓存的SSD
显示器分辨率	1280像素×800像素	1920像素×1080像素或更大
Internet	用户必须保证Internet连接并完成注册，才能使用软件、下载特效、验证订阅和访问在线服务	

表2-2 Windows系统（适用于Windows 7及以上64位系统）

	最低配置	推荐配置
处理器	Intel第3代或更新款的CPU或AMD同级产品	Intel第6代或更新款的CPU或AMD同级产品
操作系统	Microsoft Windows 7/8.1/10（64位）版本或更高版本	Microsoft Windows 10（64位）版本
RAM	4GB RAM	8GB RAM，用于HD媒体；16GB RAM，用于4K或更高分辨率
GPU	2GB GPU VRAM	4GB GPU VRAM
显卡	NVIDIA GT 630/650m，AMD Radeon HD6570	NVIDIA GTX 660/Radeon R9 270 或者更高的版本
磁盘空间	8GB（不建议安装在可移动存储器上）	8GB以上可用磁盘空间或用于应用程序安装和缓存的SSD
显示器分辨率	1280像素×800像素	1920像素×1080像素或更大
声卡	与ASIO兼容或Microsoft Windows Driver Model	与ASIO兼容或Microsoft Windows Driver Model
Internet	用户必须保证Internet连接并完成注册，才能使用软件、下载特效、验证订阅和访问在线服务	

剪映专业版的下载和安装方法非常简单，下面以Windows版本为例，讲解具体的下载及安装方法。上网搜索关键词“剪映专业版”并查找相关内容。进入官方网站后，在主页单击“立即

下载”按钮，如图2-4所示。浏览器将弹出任务下载框，用户可自定义安装程序的存储位置，之后根据提示进行下载即可。

图2-4

完成上述操作后，在计算机的存储路径中找到安装程序文件，双击打开程序安装界面，用户可自定义软件的安装路径，完成后单击“立即安装”按钮，如图2-5所示，即可开始安装剪映。

在程序自动安装完成后，单击“立即体验”按钮，如图2-6所示，即可启动剪映专业版软件。

图2-5

图2-6

延伸讲解：

本书的内容基于剪映专业版Windows版本（2.1.1版）。若使用的版本不同，实操时部分功能操作可能会存在差异，建议大家根据自身所使用的版本进行变通学习。

2.2 认识软件的工作界面

在计算机中安装了剪映专业版软件后，双击桌面上的快捷方式，如图2-7所示，即可启动该软件。剪映专业版延续了App简洁的工作界面，针对各个工具按钮都有相关文字提示，用户对照文字提示可以轻松地管理剪辑项目和制作视频。下面就来了解一下剪映专业版软件工作界面中的各项功能。

图2-7

2.2.1 首页功能解析

启动剪映专业版后，首先映入眼帘的是首页界面，如图2-8所示。在首页界面中，用户可以创建新的视频剪辑项目，还可以对已有的剪辑项目进行重命名、删除等基本操作。

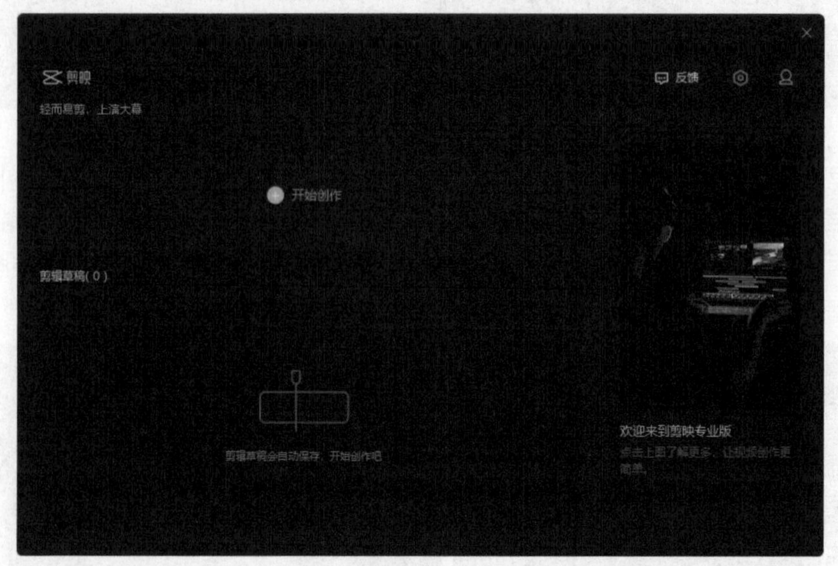

图2-8

技术指导：创建与管理剪辑项目

创建与管理剪辑项目，是编辑处理视频的基本操作，也是新手用户需要优先学习的内容。下面介绍在剪映专业版中创建与管理剪辑项目的操作方法。

步骤 01 启动剪映专业版，在首页界面中单击“开始创作”按钮，如图2-9所示。

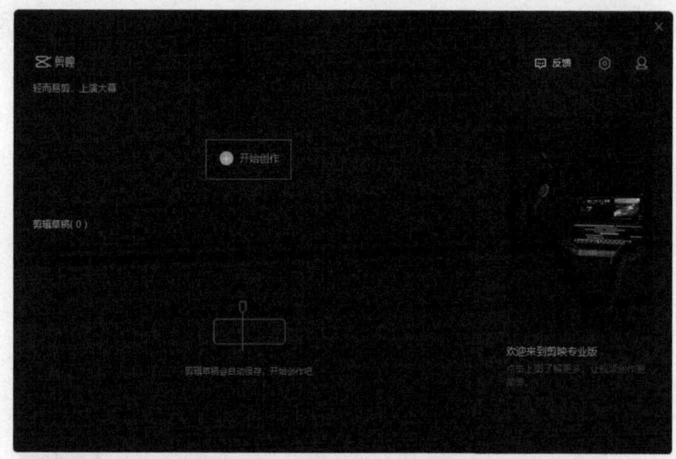

图2-9

步骤 02 进入视频编辑界面，此时已经创建了一个视频剪辑项目。单击“导入素材”按钮 + 导入素材，如图2-10所示。

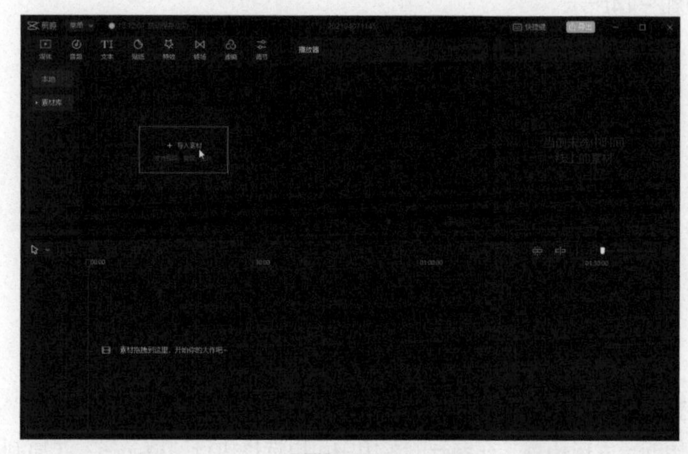

图2-10

步骤 03 在打开的“请选择媒体资源”对话框中，用户可自行选择需要导入的视频或图片文件，单击“打开”按钮，如图2-11所示。选择的图片素材将导入本地素材库中，如图2-12所示，用户可以随时调用素材进行编辑处理。

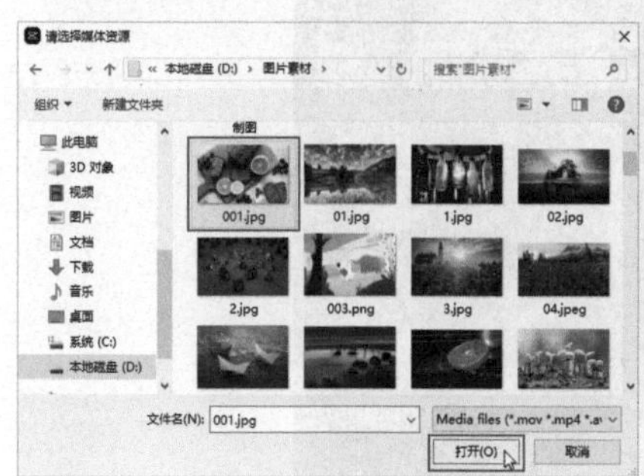

图2-11

图2-12

步骤 04 按住鼠标左键，将本地素材库中的图片素材拖入时间轴，如图2-13所示，这样就完成了素材的调用。

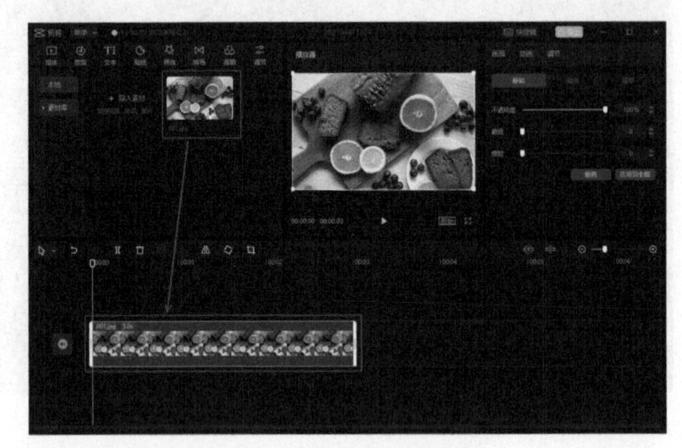

图2-13

步骤 05 在视频编辑界面的左上角单击“菜单”按钮，在展开的下拉菜单中执行“返回首页”命令，如图2-14所示。

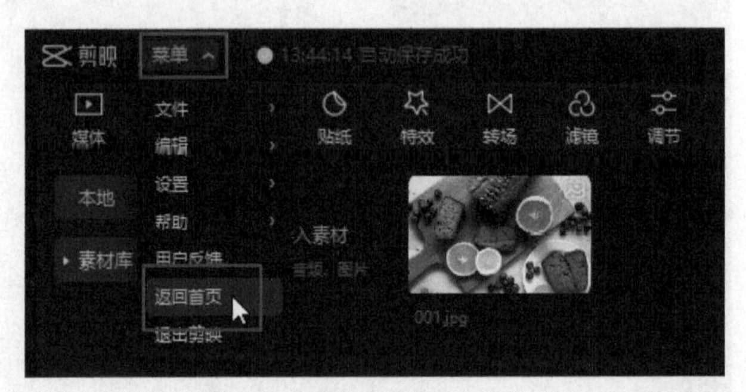

图2-14

步骤 06 回到首页界面，此时可以看到刚刚创建的剪辑项目被存放到“剪辑草稿”中，单击剪辑项目缩览图右下角的三点按钮，在展开的菜单中可以选择执行“重命名”“复制草稿”“删除”等命令，如图2-15所示。

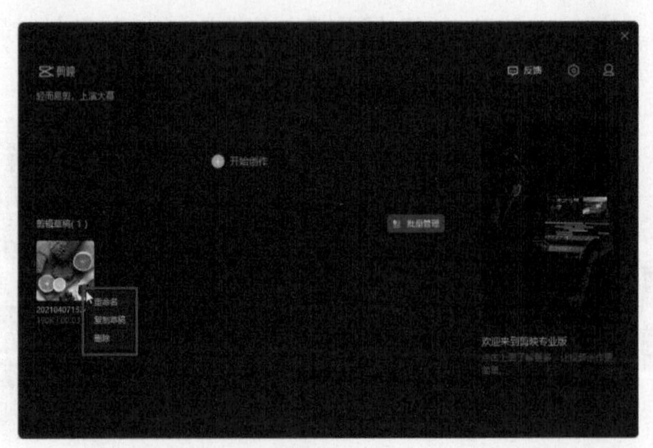

图2-15

步骤 07 在展开的菜单中单击“重命名”选项，然后修改剪辑项目的名称为“橙子”，如图2-16所示。

步骤 08 在展开的菜单中单击“复制草稿”选项，“剪辑草稿”中将出现一个内容相同的副本项目，如图2-17所示。

图2-16　　图2-17

2.2.2 编辑界面功能解析

创建剪辑项目后，即可进入剪映专业版的视频编辑界面，如图2-18所示。

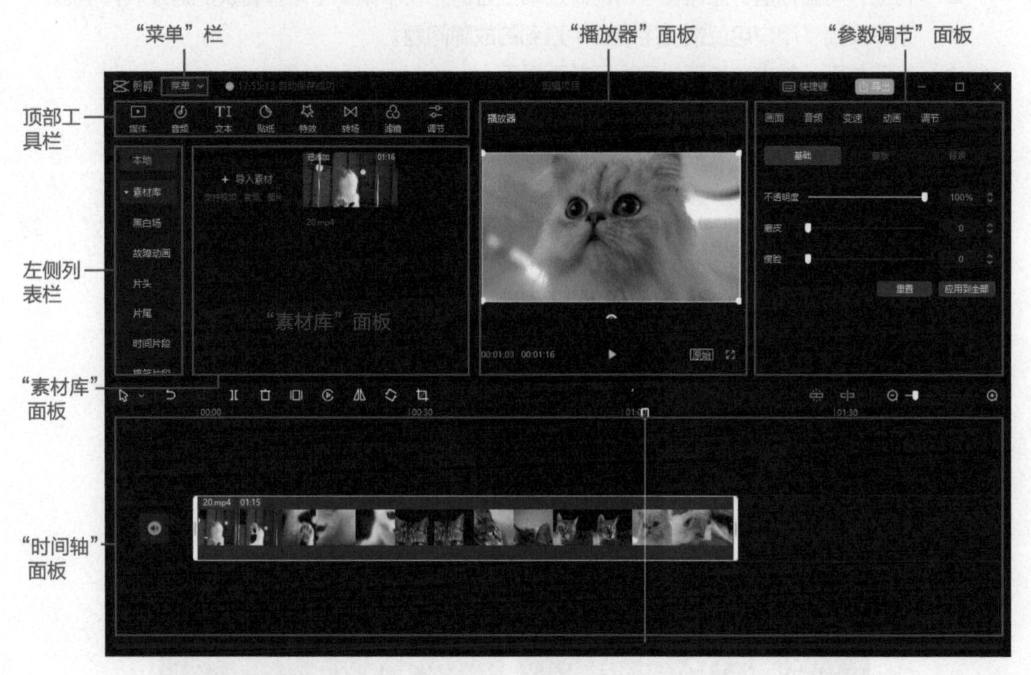

图2-18

下面对编辑界面中的各个功能区进行具体介绍。

1. 菜单命令

进入视频编辑界面后，单击界面顶部的“菜单”按钮，展开下拉菜单，如图2-19所示。

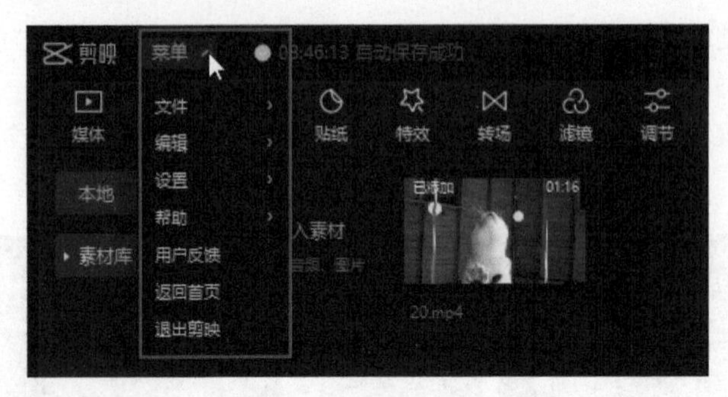

图2-19

下拉菜单中各选项功能说明如下。

- 文件：将鼠标指针悬停在“文件”选项上方时，在子菜单中可选择执行“新建草稿”“导入”“导出”命令。
- 编辑：将鼠标指针悬停在“编辑”选项上方时，在子菜单中可选择执行“撤销”“恢复”“复制”“剪切”“粘贴”“删除”命令。
- 设置：将鼠标指针悬停在“设置”选项上方时，在子菜单中可查看“用于协议”“隐私条款”“第三方协议”及版本号等信息。
- 帮助：将鼠标指针悬停在“帮助”选项上方时，在子菜单中可查看快捷键及软件信息。
- 用户反馈：用户可反馈使用过程中遇到的故障问题。
- 返回首页：单击该选项，可返回首页界面。
- 退出剪映：单击该选项，可关闭剪映专业版软件。

2. 顶部工具栏

顶部工具栏位于编辑界面的上方，包含“媒体”“音频”“文本”“贴纸”“特效”“转场”“滤镜”“调节”按钮，如图2-20所示。

图2-20

- 媒体：单击“媒体”按钮，可查看剪辑项目并对其进行管理。
- 音频：单击“音频”按钮，可打开音乐素材列表，如图2-21所示。
- 文本：单击“文本”按钮TI，可打开文本素材列表，如图2-22所示。

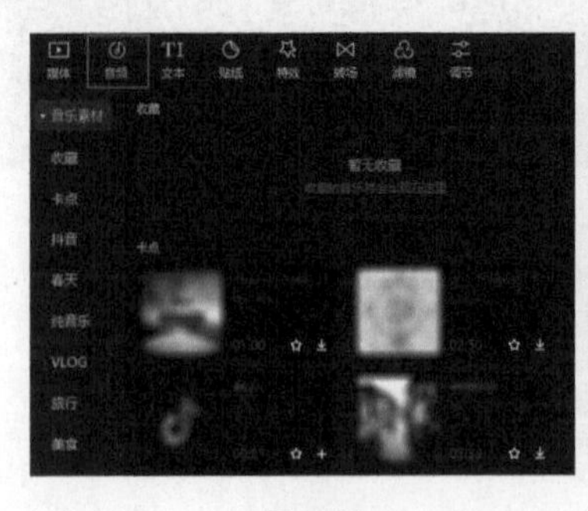

图2-21

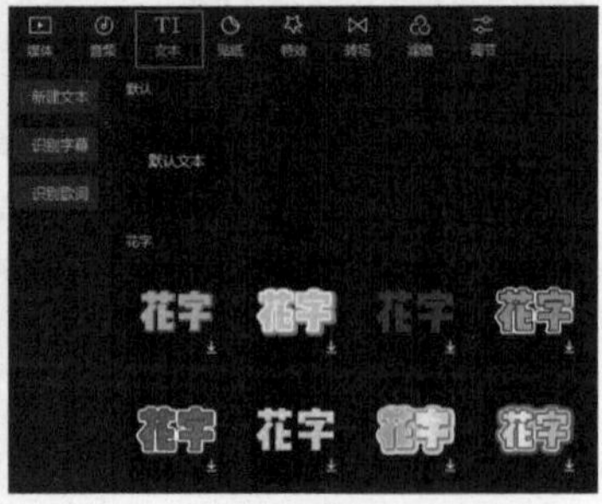

图2-22

● 贴纸：单击“贴纸”按钮◙，可打开贴纸素材列表，如图2-23所示。

● 特效：单击“特效”按钮◙，可打开特效素材列表，如图2-24所示。

图2-23

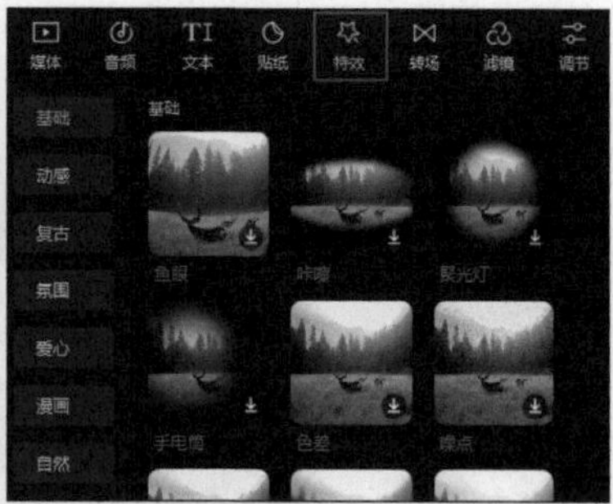

图2-24

● 转场：单击“转场”按钮◙，可打开转场素材列表，如图2-25所示。

● 滤镜：单击“滤镜”按钮◙，可打开滤镜素材列表，如图2-26所示。

● 调节：单击“调节”按钮◙，可结合“调节”面板对素材进行亮度、对比度、饱和度等参数的调节，如图2-27所示。

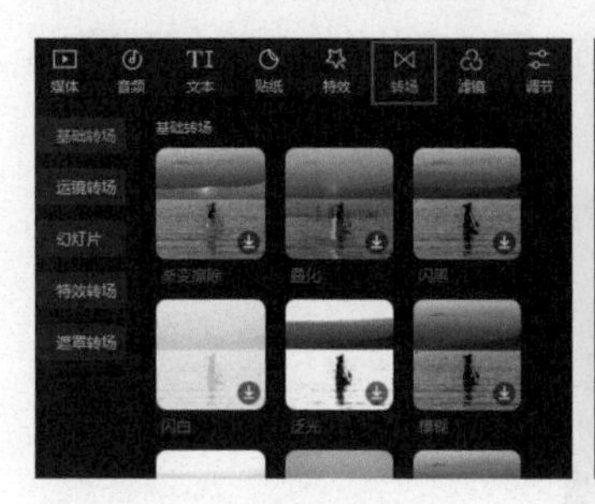

图2-25

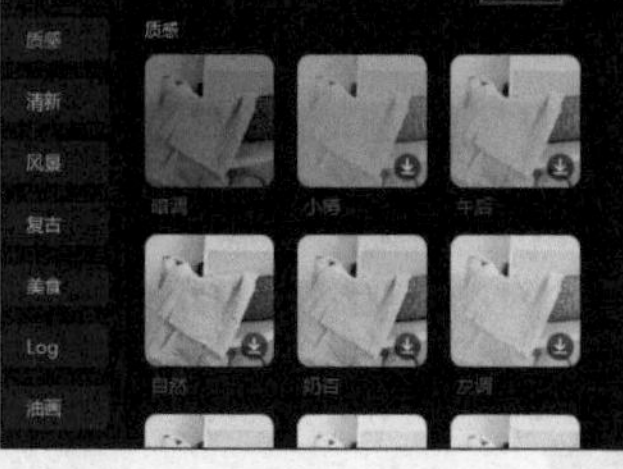

图2-26

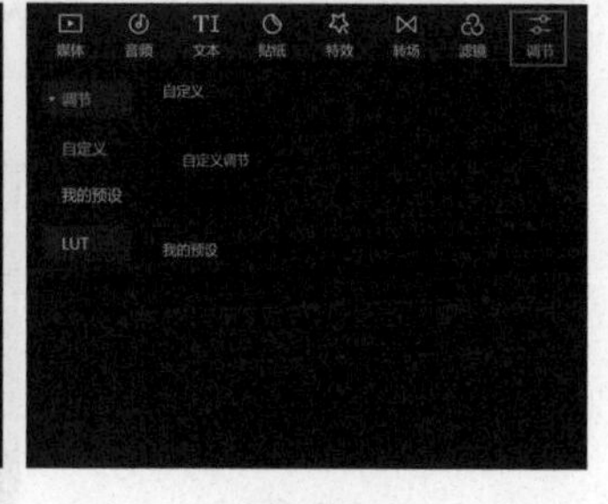

图2-27

3. 左侧列表栏

左侧列表栏位于视频编辑界面的左上角，如图2-28所示，需要配合顶部工具栏使用，用户在顶部工具栏中单击不同的按钮时，左侧列表栏中的选项也不一样。

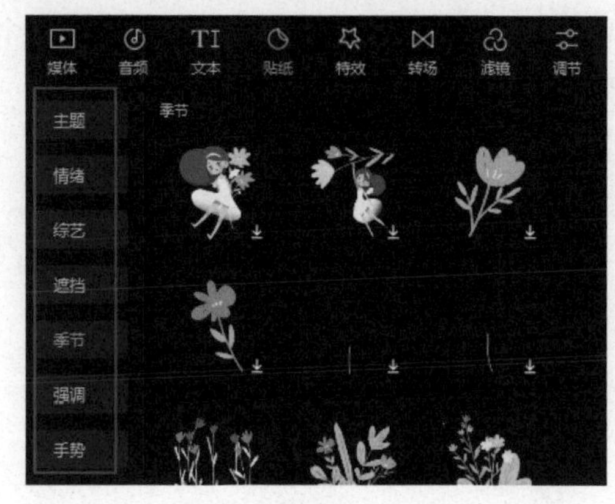

图2-28

4. “素材库”面板

素材库，顾名思义，就是用于存放素材的区域，如图2-29所示。在剪映专业版中，当用户在顶部工具栏中单击不同按钮时，素材库会相应进行切换，分别向用户展示音乐、文本、贴纸、特效、转场、滤镜等素材效果。

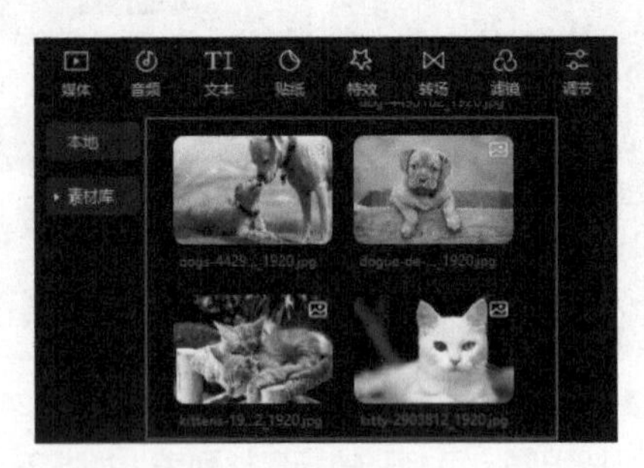

图2-29

5. “播放器”面板

用户在剪映专业版中导入素材后，可在素材库中单击素材，并在播放器中预览素材效果，如图2-30所示。用户在将素材拖入时间轴后，单击时间轴中的素材，同样可以在播放器中预览素材效果。

图2-30

6. 参数调节面板

参数调节面板位于视频编辑界面的右侧，当用户在时间轴中选择某个素材时，可在该面板中对素材的基本参数进行调节，如图2-31所示。

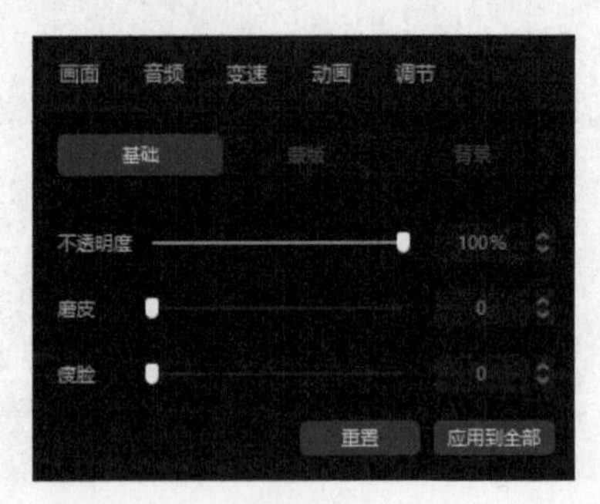

图2-31

7. “时间轴”面板

“时间轴”面板位于视频编辑界面的下方，是编辑和处理素材的主要工作区域，如图2-32所示。

图2-32

时间轴中按钮功能说明如下。

- 选择：单击该按钮，可切换至“选择”工具，该工具的快捷键为A。此时用户可对素材库或时间轴中的素材进行移动、调整及其他操作。
- 切割：单击该按钮，可切换至“切割”工具，该工具的快捷键为B。在切换到该工具后，用户可对时间轴中的素材进行切割。
- 撤销：单击该按钮，可撤销上一步操作。
- 恢复：单击该按钮，可恢复被撤销的操作。
- 分割：单击该按钮，可沿当前时间线所处位置分割时间轴中的素材。
- 删除：单击该按钮，可删除时间轴中被选中的素材。需要注意的是，当时间轴中仅存在一个素材时，无法进行删除操作。
- 定格：当用户在时间轴中选中视频素材时，该按钮切换至可使用状态。将时间线移动到需要定格的画面所处的时间点，单击该按钮，此时将在时间轴中自动生成时长3秒的定格素材。
- 倒放：单击该按钮，可使时间轴中被选中的视频素材倒放。
- 镜像：单击该按钮，可使被选中的素材画面沿水平方向翻转。
- 旋转：单击该按钮，可对被选中的素材画面进行旋转操作。
- 裁切：单击该按钮，可对被选中的素材画面进行比例裁切或自由裁切。
- 打开/关闭吸附：单击该按钮，可打开或关闭时间线吸附功能。
- 打开/关闭预览轴：单击该按钮，可打开或关闭预览轴功能。
- 时间线缩小/放大：左右拖动滑块，可调整时间轴的大小。

技术指导：查看并学习操作快捷键

在使用剪映专业版编辑影片时，为了提高工作效率，可以灵活运用快捷键，以实现各项剪辑操作。下面讲解如何在剪映专业版中查看操作快捷键。

步骤 01 在剪映专业版中创建了剪辑项目后，单击视频编辑界面右上角的“快捷键”按钮，如图2-33所示。打开剪映专业版的快捷键窗口，可以查看相关操作对应的快捷键，如图2-34所示。

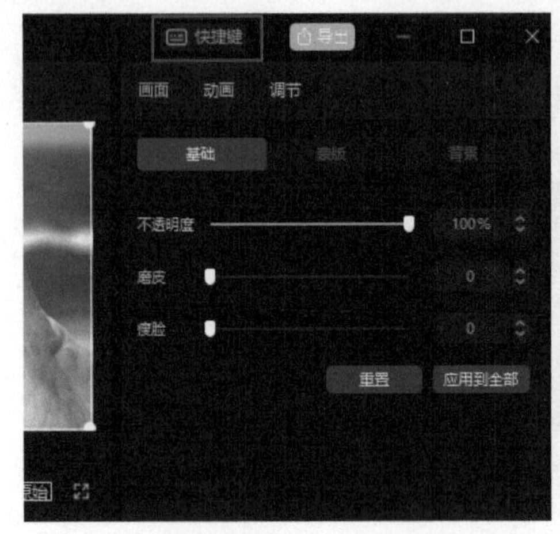

图2-33

图2-34

步骤 02 以切割素材操作为例，用户将素材库中的素材拖入时间轴后，一般默认处于使用“选择”工具状态，如图 2-35所示。

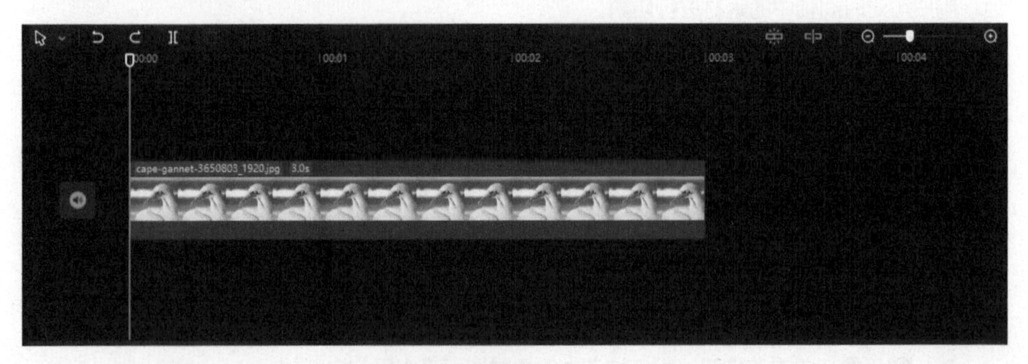

图2-35

步骤 03 按快捷键B，可将“选择”工具切换至“切割”工具，此时在素材的时间轴缩览图上单击，即可分割素材，如图2-36所示。

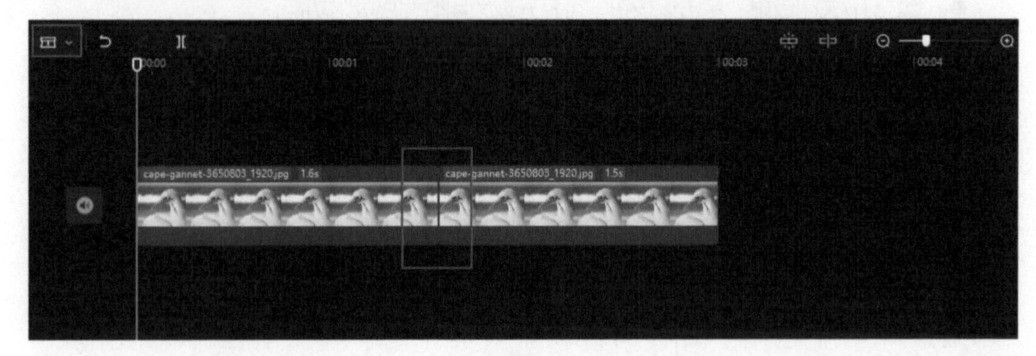

图2-36

2.3 剪辑项目的基础操作

素材剪辑主要是指对素材进行调用、分割和组合等操作，是影片制作过程中至关重要的一个环节。在剪映专业版中，用户可以编辑时间轴中的素材，并根据影片的构思对其进行自如的组合、剪辑，达到影片最终形成所需的播放次序。下面介绍剪辑项目中的一些基本操作，帮助大家快速掌握剪辑视频的方法和技巧。

2.3.1 新建剪辑项目

在剪映专业版中，用户要开始一个项目的编辑处理，第一步就是新建一个剪辑项目。启动剪映专业版，在首页单击“开始创作”按钮 开始创作，如图2-37所示。之后将跳转至视频编辑界面，此时界面中已新建好了一个剪辑项目，用户可以导入素材进行编辑处理。

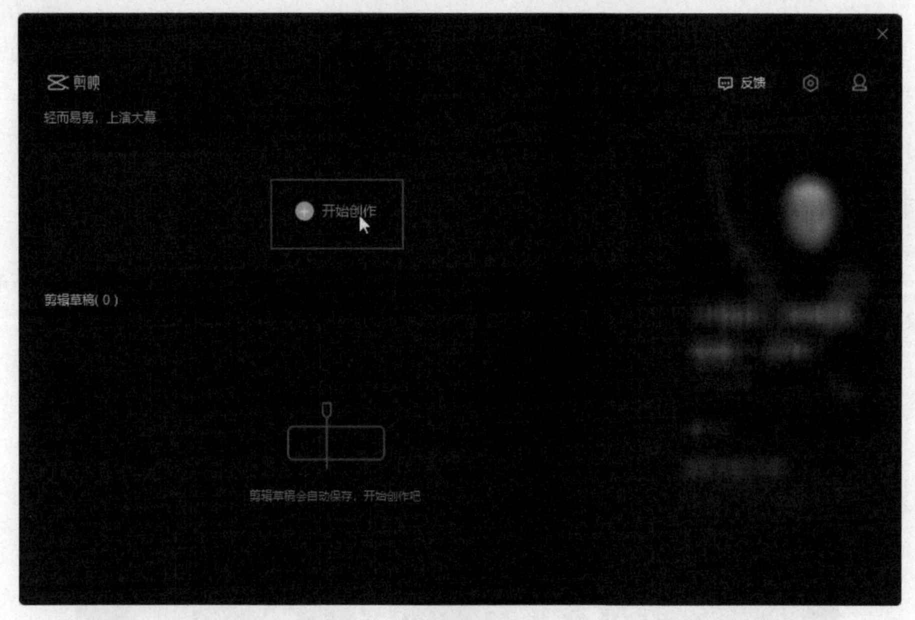

图2-37

技术指导：在首页中修改项目名称

在剪映专业版中，一个剪辑项目完成编辑处理后，将自动保存在首页的“剪辑草稿”中。当剪辑草稿积累到一定数量时，为了方便管理，用户可以对项目名称进行修改。

启动剪映专业版，在首页中找到需要修改名称的项目。将鼠标指针悬停在剪辑项目上方，此时项目缩览图右下角将出现三点按钮，单击该按钮，在弹出的菜单中选择“重命名”选项，如图2-38所示。在输入框中输入自定义名称，如图2-39所示，按Enter键，即可完成名称修改。

图2-38

图2-39

2.3.2 导入素材

剪映专业版支持用户编辑和处理JPG、PNG、MP4、MP3等多种格式的文件。在剪映专业版中创建剪辑项目后，用户可以将视频素材、图像素材或音频素材导入剪辑项目。

技术指导:在剪辑项目中导入视频素材

在创建好剪辑项目后，用户可将视频素材导入项目进行编辑处理。导入视频素材的方法非常简单。下面为大家进行具体介绍。

步骤 01 启动剪映专业版，在首页界面中单击“开始创作”按钮 开始创作，如图2-40所示。

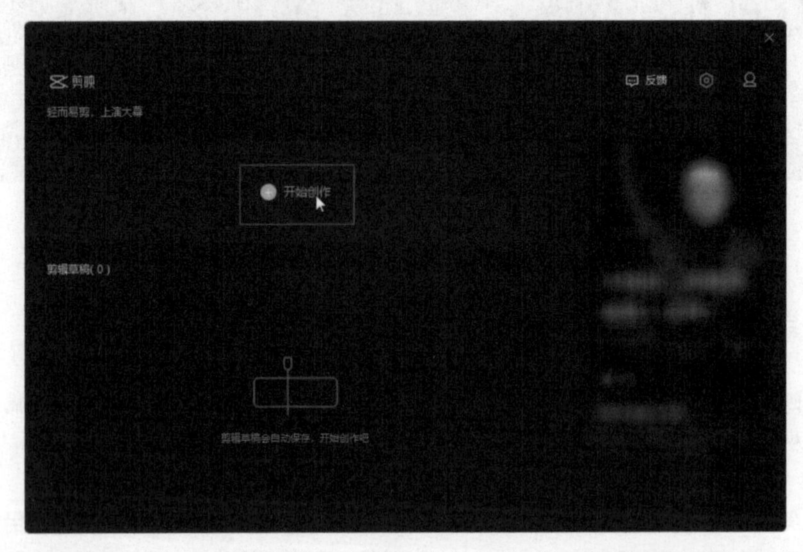

图2-40

步骤 02 进入视频编辑界面，单击“导入素材”按钮 + 导入素材，如图2-41所示。

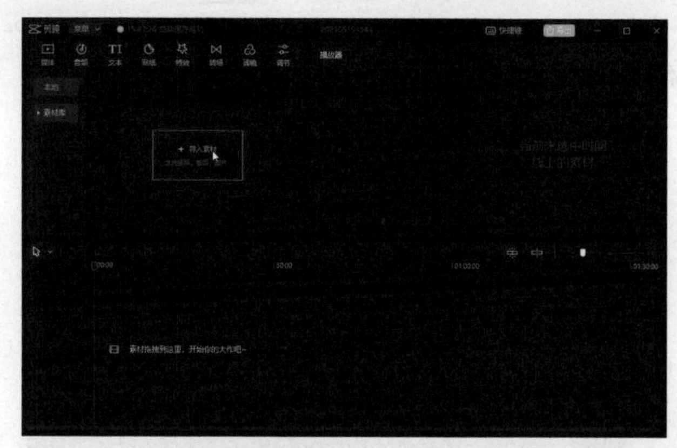

图2-41

步骤 03 在打开的“请选择媒体资源”对话框中，选择路径文件夹中的“海滩.mp4”视频文件，单击“打开”按钮，如图2-42所示。视频素材将被导入素材库中，如图2-43所示。

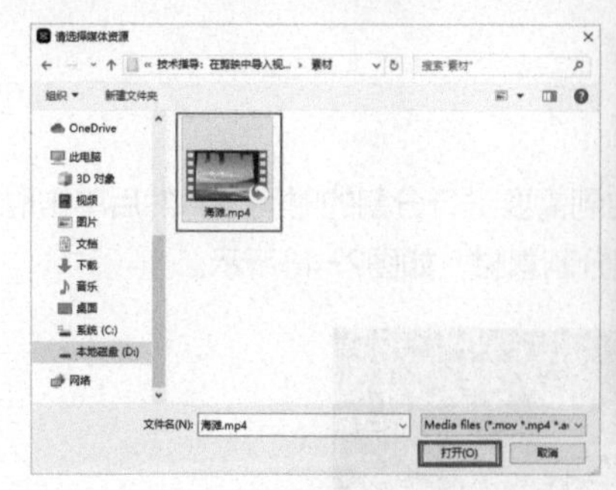

图2-42

图2-43

2.3.3 添加素材至时间轴

当用户将素材添加到素材库后，可通过以下两种方式将素材添加到时间轴中。

第一种方法，在素材库中单击素材缩览图右下角的“添加到轨道”按钮，即可将视频素材添加到时间轴中，如图2-44所示。

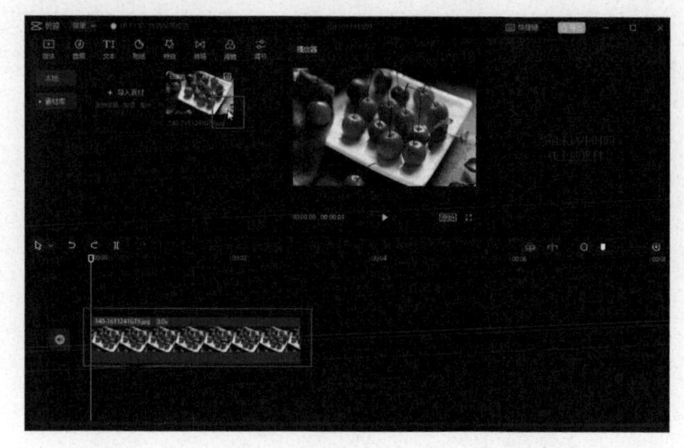

图2-44

第二种方法，按住鼠标左键，将素材库中的素材直接拖入时间轴，如图2-45所示，释放鼠标即可完成素材的添加。

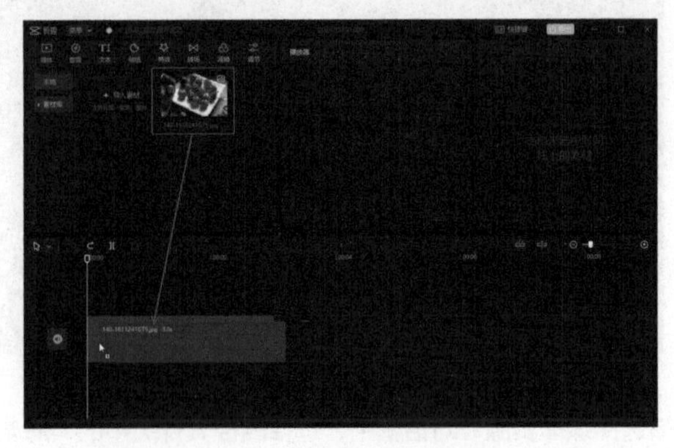

图2-45

2.3.4 分割素材

在剪映专业版中，分割素材的方法有以下两种。

第一种方法，将素材添加到时间轴后，将时间线移动到需要进行分割的时间点，然后单击时间轴上方的“分割”按钮，即可在当前时间线所处位置分割素材，如图2-46所示。

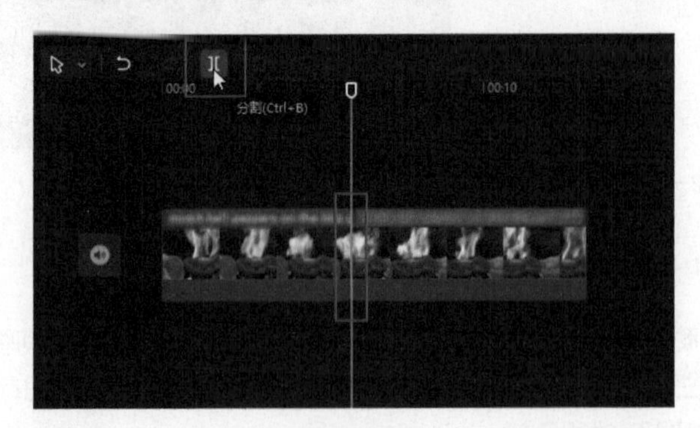

图2-46

第二种方法，按快捷键B切换至“切割”工具，然后将光标悬停在需要进行分割的位置并单击，即可分割素材，如图2-47所示。

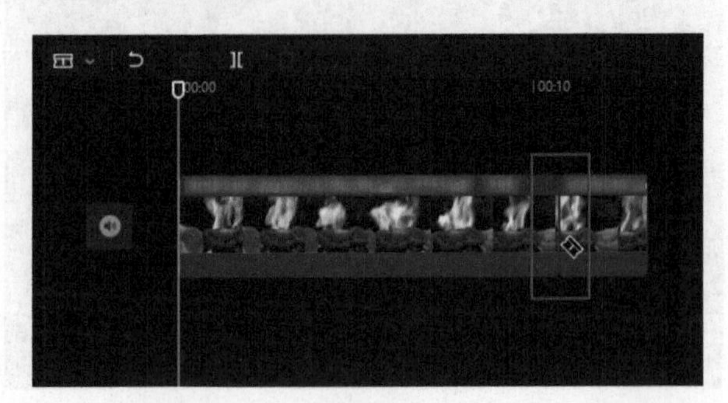

图2-47

技术指导：调节素材的基本参数

用户在剪辑项目中导入素材后，要想构建一个完整的影片，就需要掌握调整基本素材参数的操作方法。下面介绍如何在剪映专业版中调节素材的基本参数。

步骤01 启动剪映专业版，在首页界面中单击“开始创作”按钮，进入视频编辑界面，单击“导入素材”按钮，打开“请选择媒体资源”对话框，选择路径文件夹中的“食物.mp4”视频文件，单击“打开”按钮，如图2-48所示，即可将素材导入本地素材库中。

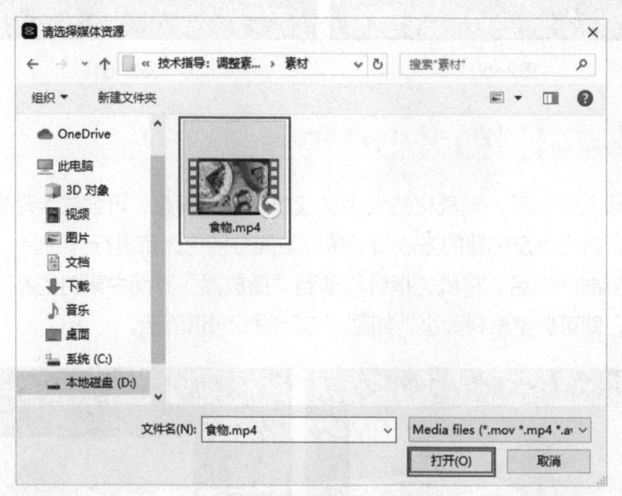

图2-48

步骤02 在素材库中，单击“食物.mp4”素材缩览图右下角的“添加到轨道”按钮，将视频素材添加到时间轴中，如图2-49所示。

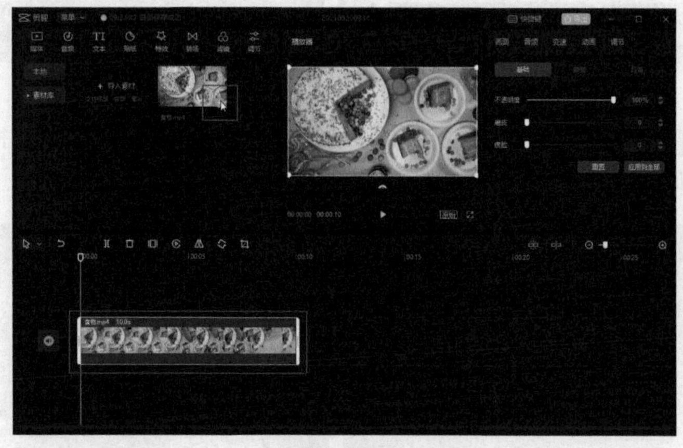

图2-49

步骤03 在时间轴中单击选中“食物.mp4”，然后在界面右上角的参数调节面板中打开“调节”选项卡，调整“亮度”为17，“对比度”为-5，“饱和度”为15，“阴影”为100，如图2-50所示。完成参数调整后，可在“播放器”界面中查看画面效果，如图2-51所示。

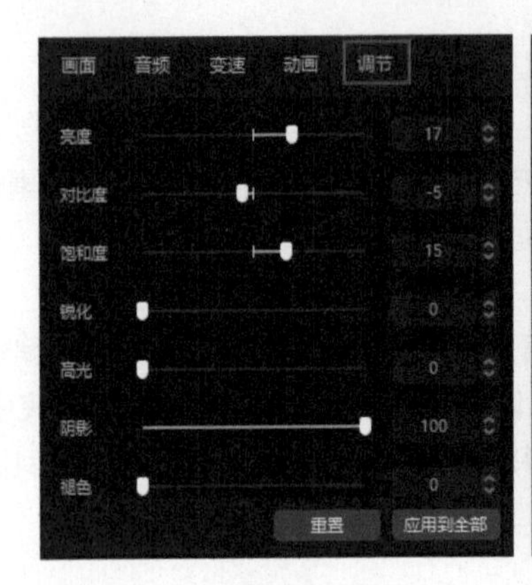

图2-50

图2-51

2.3.5 调整素材的大小及位置

用户如果在导入素材后，对素材的大小及摆放位置不满意，可尝试手动调节素材参数。在剪映专业版中调整素材大小及位置的方法很简单，下面分别为大家进行介绍。

将素材添加到时间轴后，将鼠标指针移动到“播放器”界面中素材的右下角处，然后按住鼠标左键进行拖动，即可调整素材大小，如图2-52和图2-53所示。

图2-52

图2-53

如果要调整素材的位置，可将鼠标指针移动到素材上，然后按住鼠标左键拖动素材，即可改变素材位置，如图2-54和图2-55所示。

图2-54

图2-55

2.3.6 导出视频

剪映专业版支持输出高质量视频，用户可根据实际需求设置分辨率、帧率、码率等参数。剪映专业版最高支持4K视频分辨率、60fps视频帧率，有3档码率可供选择。

技术指导：导出1080P视频作品

如今大部分观众追求高质量视频效果，在一些主流的视频平台上较为常见的视频分辨率有1080P和720P这两种。剪映专业版支持输出1080P或720P分辨率的视频作品。下面为大家演示输出1080P分辨率作品的具体操作方法。

步骤 01 启动剪映专业版，在首页界面中单击“开始创作”按钮，进入视频编辑界面，单击“导入素材”按钮，打开“请选择媒体资源”对话框，选择路径文件夹中的“花1.jpg”和“花2.jpeg”素材文件，如图2-56所示，单击“打开”按钮，即可将素材导入素材库。

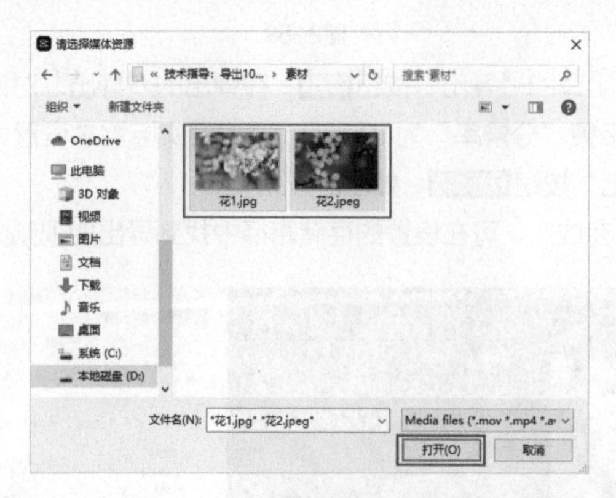

图2-56

步骤 02 在素材库中，依次单击“花2.jpeg”和“花1.jpg”素材缩览图右下角的“添加到轨道”按钮，将素材添加到时间轴中，如图2-57所示。

图2-57

步骤03 在顶部工具栏中单击“转场”按钮⊠，在转场列表中选择“基础转场”中的“渐变擦除”效果，单击转场效果缩览图右下角的“添加到轨道”按钮，如图2-58所示，即可在两段素材中间添加转场特效。

图2-58

步骤04 单击编辑界面右上角的“导出”按钮，在弹出的“导出”对话框中，设置导出作品的名称及存储路径，然后设置“分辨率”为1080P，并根据实际需求设置导出视频的码率、帧率和格式，完成后单击“导出”按钮，如图2-59所示。

步骤05 待视频自动导出完成后，可在设置的存储路径中找到导出的视频文件，如图2-60所示。

图2-59　　图2-60

延伸讲解：

若导出时提示“磁盘空间不足，不能导出”，建议大家更换存储路径，重新导出视频。

2.4 熟悉剪辑流程——制作“毕业不散场”视频短片

毕业，是我们每个人必须经历的时刻。而毕业照和毕业短视频，可以记录美好的时光，见证毕业这个重要的时刻。本节通过制作“毕业不散场”视频短片，帮助大家快速熟悉剪映专业版的工作界面和基础操作方法。

步骤 01 启动剪映专业版，在首页界面中单击“开始创作”按钮，进入视频编辑界面，单击“导入素材”按钮，打开“请选择媒体资源”对话框，选择路径文件夹中的素材文件，单击“打开”按钮，如图2-61所示。

步骤 02 通过上述操作导入的素材将被放置到本地素材库中，如图2-62所示。

图2-61

图2-62

步骤 03 在本地素材库中单击“开场.mp4”素材缩览图右下角的“添加到轨道”按钮，将该素材添加到时间轴中，如图2-63所示。

图2-63

步骤 04 在顶部工具栏中单击“文本”按钮，在文本列表中单击“默认文本”右下角的“添加到轨道”按钮，如图2-64所示，在时间轴中添加文本素材。

步骤 05 在编辑界面右侧的“文本”选项卡中输入文本“毕业不散场”，并设置“字体”为“拼音体”，如图2-65所示。

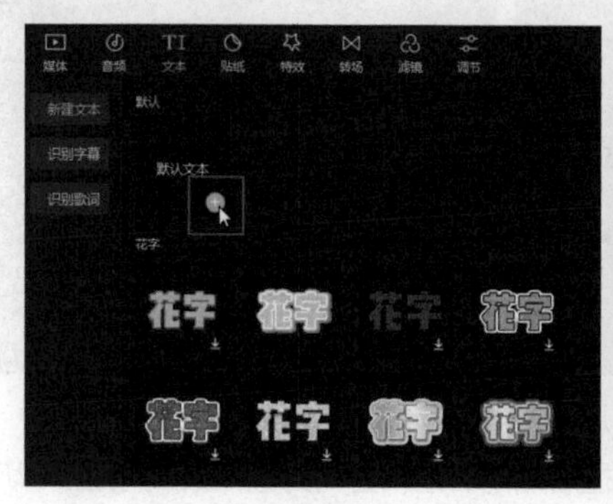

图2-64

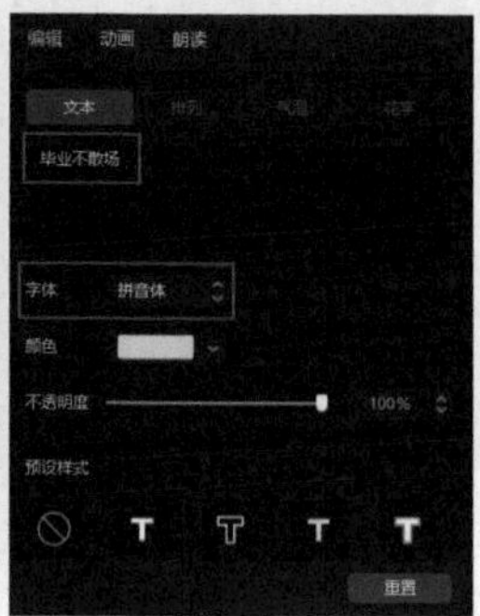

图2-65

步骤 06 在“文本”选项卡中，选择一个蓝底蓝边的“预设样式”，并调整描边“粗细”为14，如图2-66所示。文本参数调整完成后，可在“播放器”面板中看到对应的文字效果，如图2-67所示。

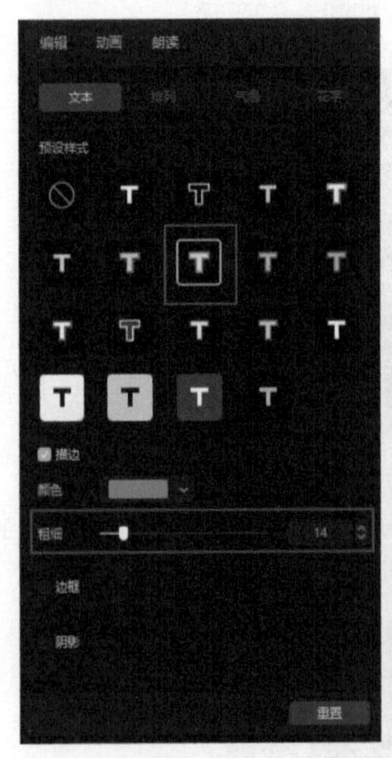

图2-66

图2-67

步骤 07 为了让字幕看上去更加生动，可以为字幕添加动画效果。在参数调节面板中，切换至“动画”选项卡。设置“入场”动画为“羽化向右擦开”，并调整“动画时长”为0.8秒；设置“出场”动画为“模糊”，“动画时长”保持默认的0.5秒，如图2-68和图2-69所示。

图2-68

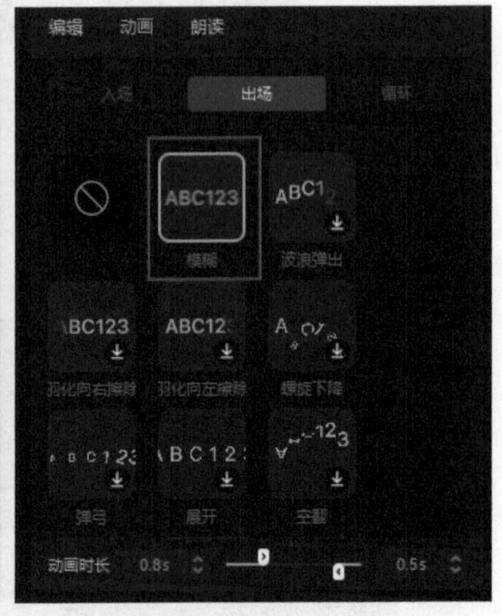

图2-69

步骤 08 在时间轴中，将文本素材的裁剪框后端向右拖动至4秒处，然后切换至“切割”工具，在4秒处对“开场.mp4”素材进行切割，如图2-70所示。

图2-70

步骤 09 视频素材切割完成后，将4秒后多余的部分选中删除，然后在本地素材库中单击“1.jpg”素材缩览图右下角的“添加到轨道”按钮，将该素材添加到时间轴中，如图2-71所示。

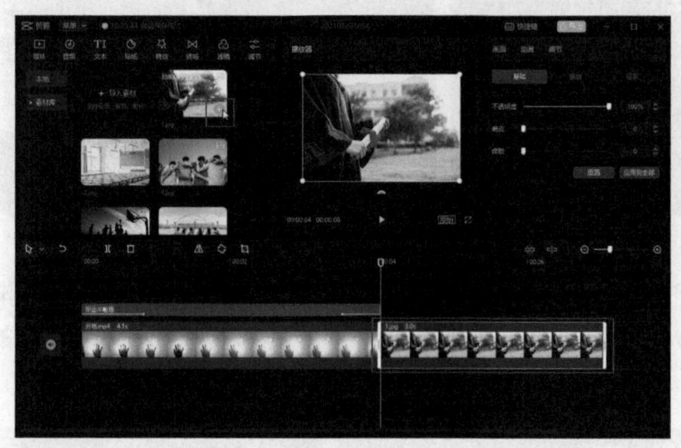

图2-71

步骤 10 在“播放器”面板中，将“1.jpg”适当放大，效果如图2-72所示。

步骤 11 在顶部工具栏中单击“文本”按钮，在文本列表中单击“默认文本”右下角的“添加到轨道”按钮，向时间轴中添加文本素材，然后在编辑界面右侧的“文本”选项卡中输入文本“曾以为毕业遥遥无期”，并设置“字体”为“拼音体”，如图2-73所示。

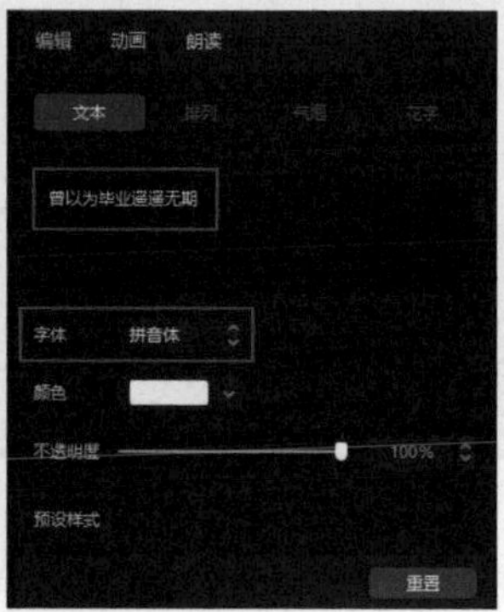

图2-72 图2-73

步骤12 在“文本”选项卡中，选择一个蓝底蓝边的“预设样式”，并调整描边“粗细”为15，如图2-74所示。文本参数调整完成后，在“播放器”面板中将字幕调整到合适的位置及大小，效果如图2-75所示。

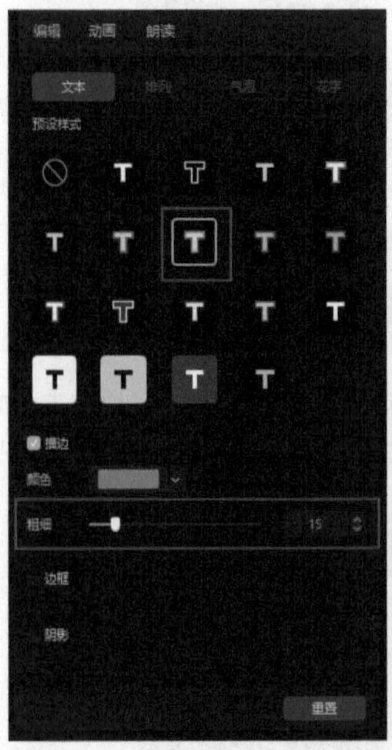

图2-74

图2-75

步骤13 在参数调节面板中，切换至“动画”选项卡。设置“入场”动画为“渐显”，并调整“动画时长”为0.8秒；设置“出场”动画为“模糊”，其“动画时长”保持默认的0.5秒，如图2-76和图2-77所示。

图2-76

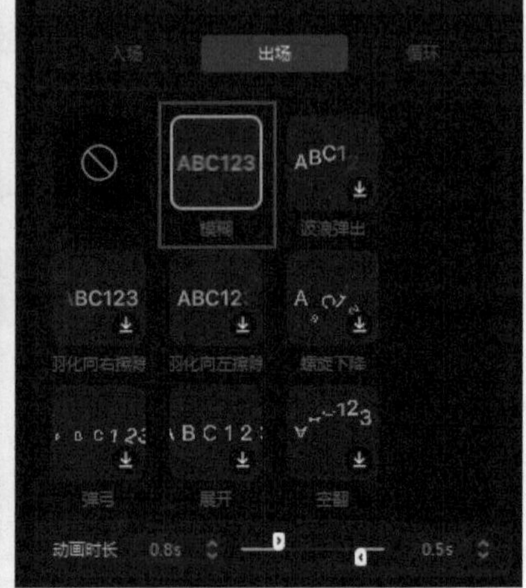

图2-77

步骤14 在时间轴中，将文本素材的裁剪框前端向右拖动至5秒处，将其后端向右拖动至8秒处，然后将“1.jpg”素材的裁剪框后端向右拖动至8秒处，如图2-78所示。

图2-78

步骤 15 在顶部工具栏中单击“转场”按钮，在转场列表中单击“闪黑”效果缩览图右下角的“添加到轨道”按钮，在“开场.mp4”和“1.jpg”两个素材之间添加转场特效，如图2-79所示。

图2-79

步骤 16 在时间轴中选中第二段文本素材并单击鼠标右键，在弹出的快捷菜单中选择“复制”选项（快捷键Ctrl+C），如图2-80所示。

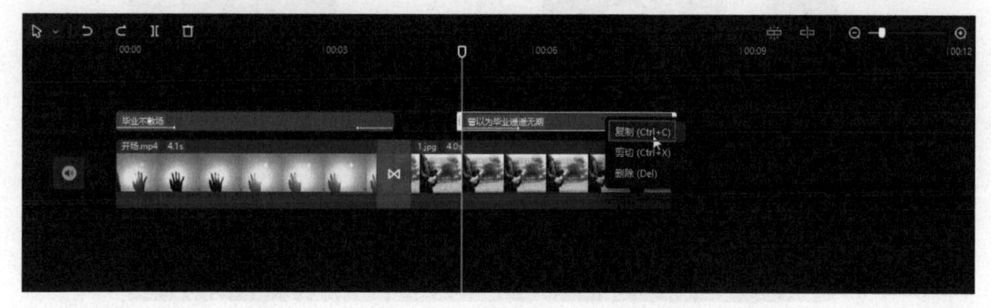

图2-80

步骤17 按快捷键Ctrl+V，将复制的文本素材粘贴到新的轨道中，并手动调整其出现时间与结束时间，如图2-81所示。

图2-81

步骤18 在“文本”选项卡中，修改文本内容为“如今却要各奔东西”，如图2-82所示。在“播放器”面板中调整字幕的位置，使其与上排文字错开，效果如图2-83所示。

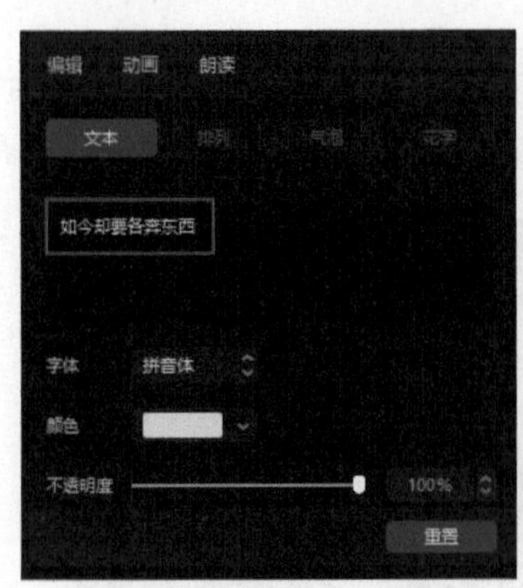

图2-82 图2-83

步骤19 在本地素材库中单击“2.jpg”素材缩览图右下角的“添加到轨道”按钮，将该素材添加到时间轴中，然后将素材的时长调整为4秒，并在“播放器”面板中将素材调整至合适大小，如图2-84所示。

图2-84

步骤 20 通过复制和粘贴的方法，将时间轴中“1.jpg”上方的两个文本素材复制到“2.jpg”的上方，并在“文本”选项卡中分别调整两个文本素材的文字内容。在顶部工具栏中单击“转场”按钮⋈，在转场列表中单击“闪黑”效果缩览图右下角的“添加到轨道”按钮⊕，在“1.jpg”和“2.jpg”两个素材之间添加转场效果，如图2-85所示。

图2-85

步骤 21 用同样的方法，将本地素材库中的“3.jpg”“4.jpg”“5.jpg”素材依次添加到时间轴中，并调整素材的时长、大小，添加相应的字幕，然后在素材之间添加“闪黑”转场特效，如图2-86所示。

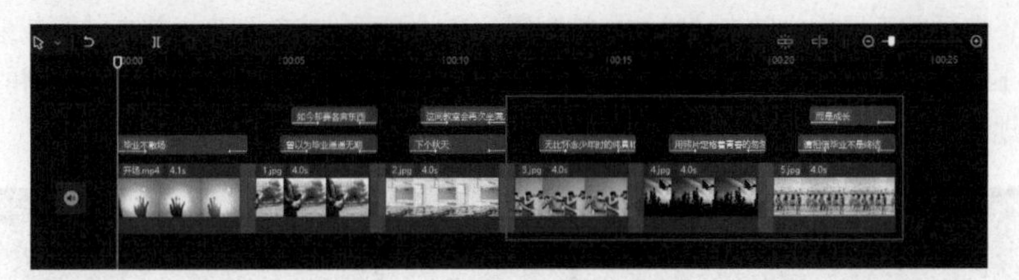

图2-86

步骤 22 完成影片主体部分的制作后，接着制作影片的结尾部分。在本地素材库中单击“结尾.mp4”素材缩览图右下角的“添加到轨道”按钮⊕，将该素材添加到时间轴中，并将素材裁剪框后端向左拖动，调整其时长为4秒，如图2-87所示。

图2-87

步骤23 用同样的方法，将时间轴中的“5.jpg”上方的两个文本素材复制到“结尾.mp4”上方，并分别修改其文字内容，如图2-88所示。

图2-88

步骤24 在“5.jpg”和“结尾.mp4”两个素材之间添加“闪黑”转场特效，然后将时间线调整到起始位置。在顶部工具栏中单击“特效”按钮，在“氛围”特效列表中单击“樱花朵朵”效果缩览图右下角的“添加到轨道”按钮，将该特效添加到时间轴中，然后将特效素材的裁剪框后端向右拖动，延长素材时长直至与影片时长一致，如图2-89所示。

图2-89

步骤25 在本地素材库中单击“背景音乐.wav”素材缩览图右下角的“添加到轨道”按钮，将音乐素材添加到时间轴中，如图2-90所示。

图2-90

步骤26 切换至“切割”工具，在时间轴中影片的结尾处对“背景音乐.wav”进行切割操作，如图2-91所示。

图2-91

步骤27 音频素材切割完成后，将多余的部分删除。选中时间轴中剩下的音频素材，在编辑界面右侧的参数调节面板中，调整“淡出时长”为0.8秒，如图2-92所示。

步骤28 单击编辑界面右上角的“导出”按钮，弹出“导出”对话框，对导出视频的参数进行设置，完成后单击“导出”按钮，如图2-93所示。

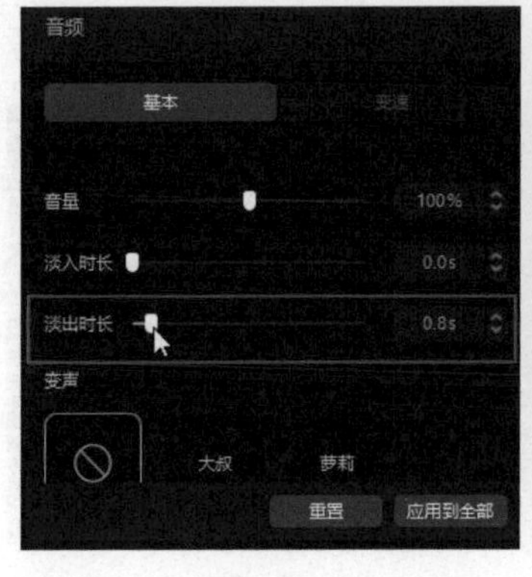

图2-92

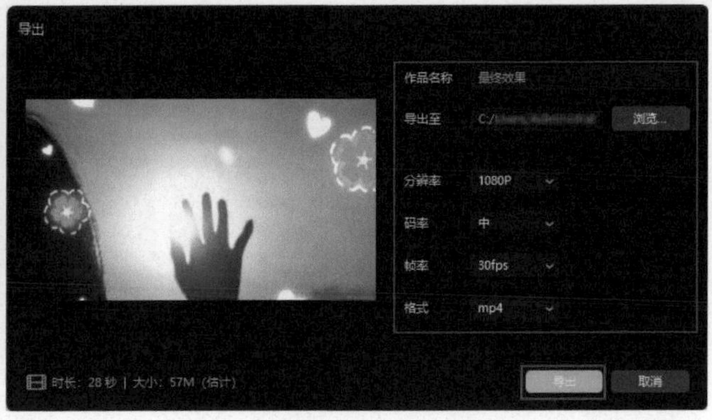

图2-93

导出视频完成后，可在设置的路径文件夹中找到导出的视频文件。本例最终完成效果如图2-94至图2-101所示。

图2-94

图2-95

图2-96

图2-97

图2-98

图2-99

图2-100

图2-101

拓展练习：制作滑屏效果视频

通过对本章内容的学习，相信各位读者已经对剪映专业版这款软件有了初步认识，并且已大致掌握了剪辑项目的基本操作方法。下面就结合本章所学，来制作一个滑屏效果视频。本例参考效果如图2-102至图2-105所示。

图2-102

图2-103

图2-104

图2-105

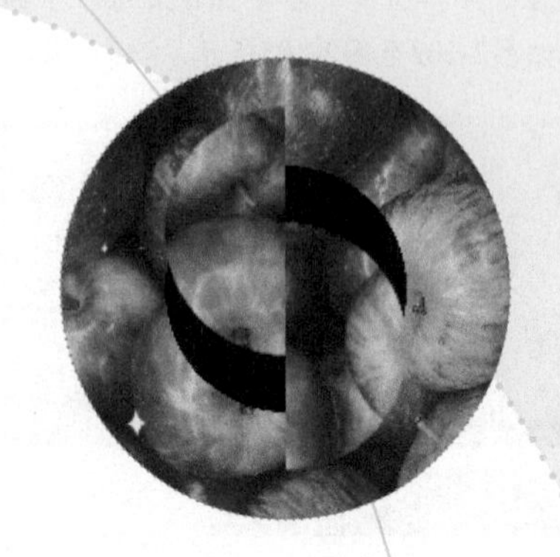

第 3 章

音乐与音效：声音和画面同样重要

一个完整的视频通常由画面和音频这两部分组成，视频中的音频既可以是视频原声、后期录制的旁白，也可以是特殊音效或背景音乐。对视频来说，音频是不可或缺的组成部分。原本普通的视频画面，只要配上调性相配的背景音乐，便会更加打动人心。

3.1 音频素材的基本操作

在剪映专业版中，用户可以使用完备的音频处理功能，不仅可以对导入剪辑项目中的音频素材进行基本的复制、删除等操作，还可以进行音量调整、淡化处理、降噪处理操作。

3.1.1 导入本地音频素材

导入本地音频素材的方法与导入本地视频或图像素材的方法相似。创建新的剪辑项目后，进入视频编辑界面，单击“导入素材”按钮，打开“请选择媒体资源”对话框，在其中选择需要导入的音频素材，然后单击“打开”按钮，如图3-1所示。

完成上述操作后，选择的音频素材将被导入素材库中，如图3-2所示。

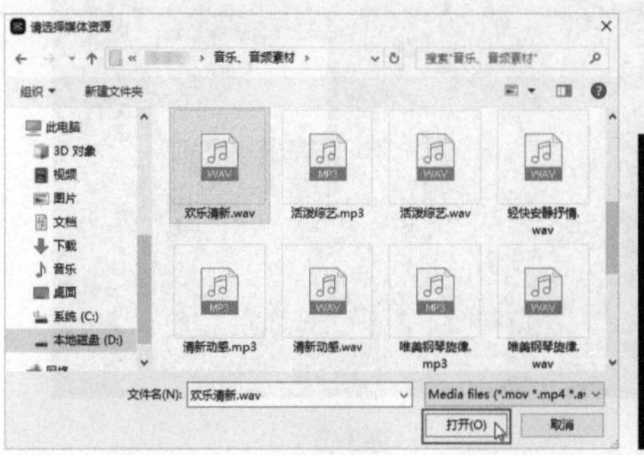

图3-1

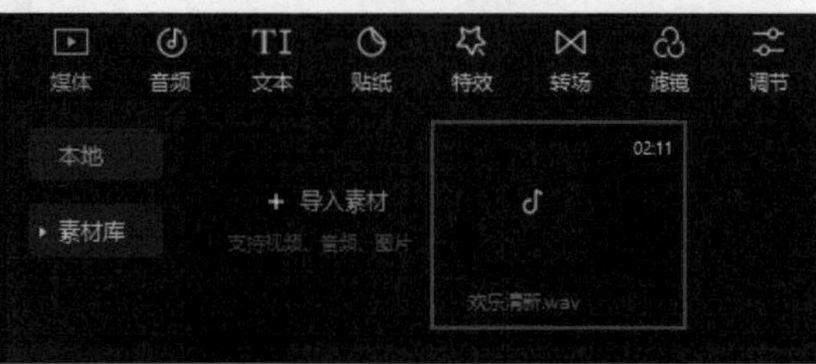

图3-2

3.1.2 添加素材至时间轴

将音频素材添加到本地素材库后，用户可将音频素材添加到时间轴中。但需要注意的是，在将音频素材添加到时间轴中之前，需要确保时间轴中存在视频或图像素材，如图3-3所示。

图3-3

技术指导：复制和删除音频素材

若用户需要对某一段音频素材进行重复利用，则可以选中该段音频素材进行复制操作。此外，在剪辑项目中添加音频素材后，如果发现音频素材的持续时间过长，则可以先对音频素材进行分割处理，再删除多余的部分。下面分别讲解复制和删除音频素材的操作方法。

步骤 01 启动剪映专业版，在首页界面中单击“开始创作”按钮[开始创作]，进入视频编辑界面，单击“导入素材”按钮[+ 导入素材]，打开“请选择媒体资源”对话框，选择路径文件夹中的素材文件，单击“打开”按钮，如图3-4所示。

步骤 02 通过上述操作导入的素材将被放置到本地素材库中，如图3-5所示。

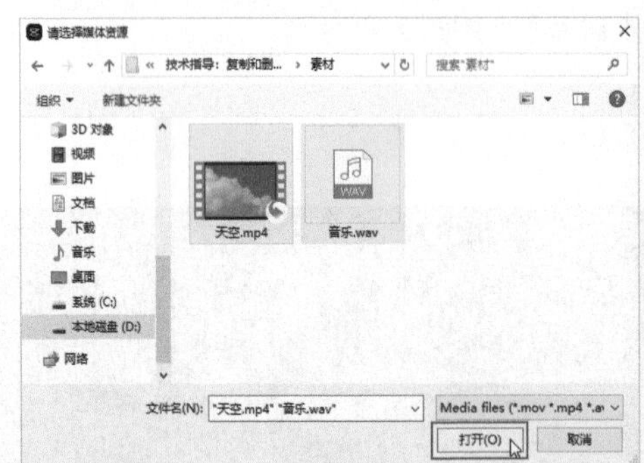

图3-4

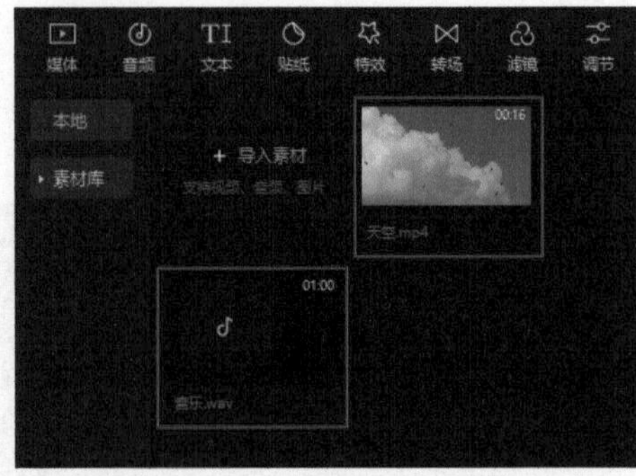

图3-5

步骤 03 在本地素材库中，依次单击“天空.mp4”和“音乐.wav”素材缩览图右下角的“添加到轨道”按钮[+]，将视频和音频素材添加到时间轴中，如图3-6所示。

图3-6

步骤 04 在“时间轴”面板中，将时间线移动到“天空.mp4”的结尾处，然后选中“音乐.wav”，再单击“分割”按钮[II]，如图3-7所示。

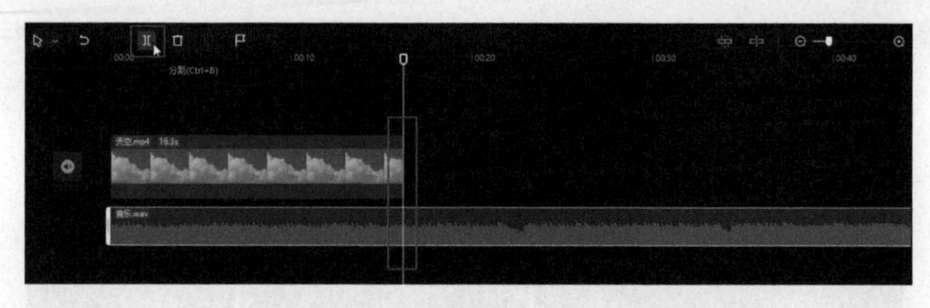

图3-7

步骤 05 完成素材的分割后，选中时间线右侧多余的音频素材，单击“删除”按钮▣，如图3-8所示，或按Delete键，即可将选中的音频素材删除。

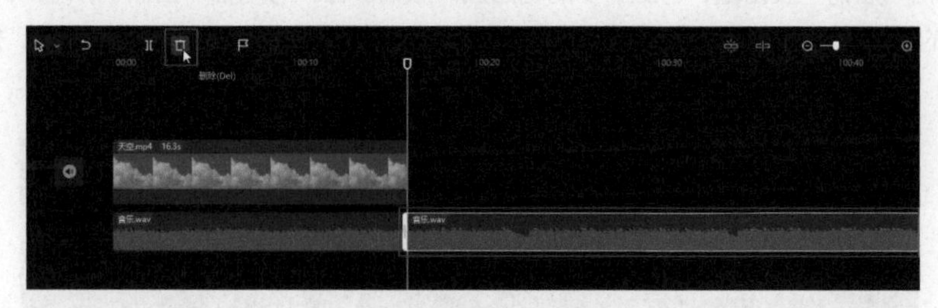

图3-8

步骤 06 在“时间轴”面板中右击“音乐.wav”，在弹出的快捷菜单中选择“复制”选项，或按快捷键Ctrl+C，对音频素材进行复制操作，如图3-9所示。

步骤 07 完成素材的复制后，按快捷键Ctrl+V，即可将复制的音频素材快速粘贴到时间轴中，如图3-10所示。

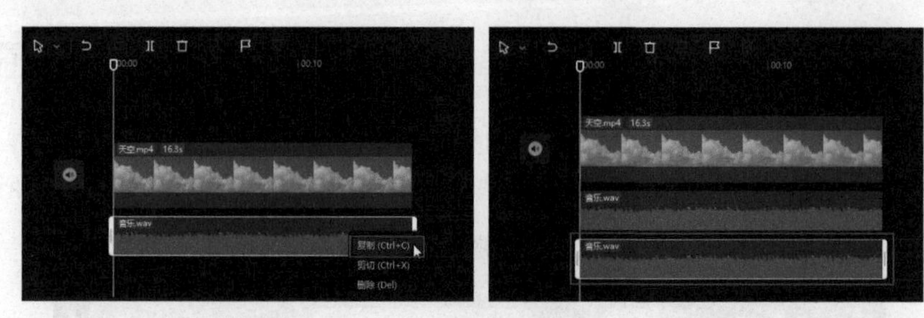

图3-9　　图3-10

步骤 08 单击“撤销”按钮▣，将上一步的粘贴操作撤销。然后将鼠标指针移动到“时间轴”面板中视频素材的结尾处，此时会出现一根黄色的时间线。在空白处右击，在弹出的快捷菜单中选择“粘贴”选项，如图3-11所示。

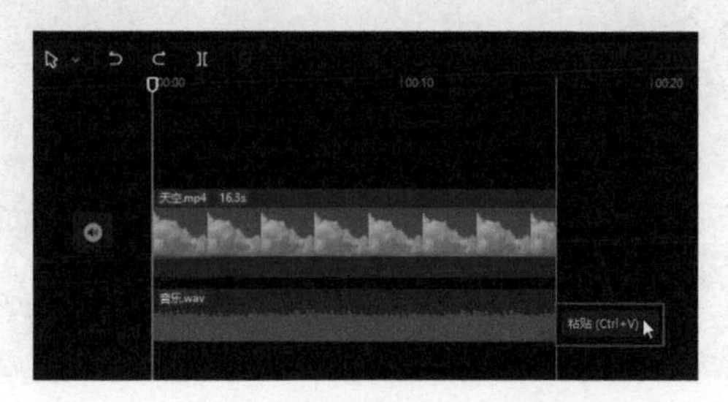

图3-11

上述操作完成后，复制的音频素材将被粘贴在黄色时间线右侧的新轨道中，如图3-12所示。

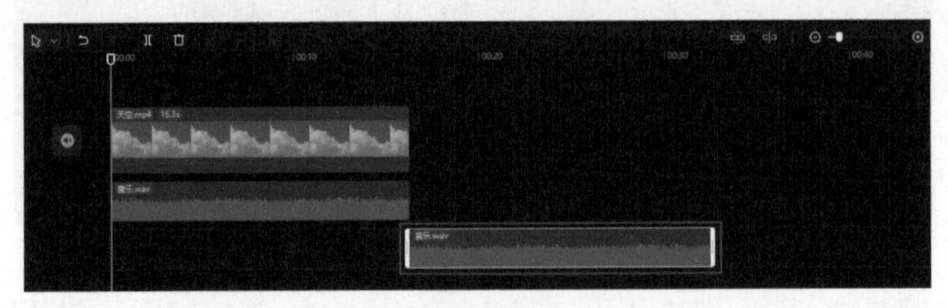

图3-12

步骤 09 单击“撤销”按钮，将上一步的粘贴操作撤销。在“时间轴”面板中，将时间线拖动到视频素材的结尾处，按快捷键Ctrl+V，即可将音频素材粘贴到原音频素材的尾部，如图3-13所示。

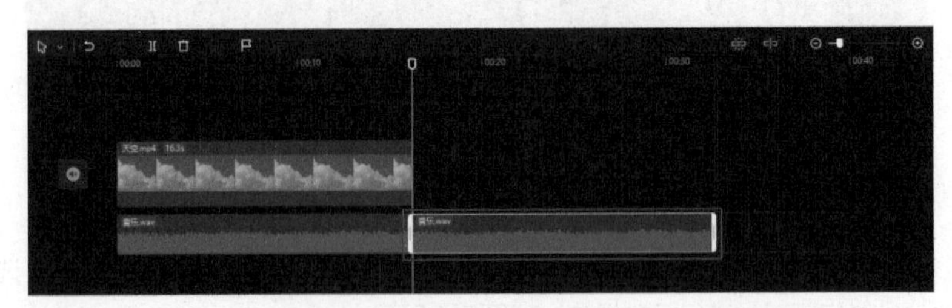

图3-13

3.1.3 调整音频素材的音量

在编辑视频时，为了满足不同的制作需求，在剪辑项目中添加音频素材后，可以对音频素材的音量进行调整。

调整音频素材音量的方法非常简单。在“时间轴”面板中选中需要调整的音频素材，然后在界面右上角的参数调节面板中拖动“音量”滑块，即可调整音频素材的音量，如图3-14所示。

图3-14

延伸讲解：

音频素材的原始音量为100%，当用户拖动滑块调整音量时，音量数值小于100%，声音变小；音量数值大于100%，声音变大。

技术指导：对音频素材进行静音处理

在编辑影片时，如果用户想对影片进行静音处理，可通过直接调整音频素材的音量或删除音频素材的方式来实现静音效果。下面讲解具体的操作方法。

步骤01 启动剪映专业版，在首页界面中单击“开始创作”按钮，进入视频编辑界面，单击“导入素材”按钮，打开“请选择媒体资源”对话框，选择路径文件夹中的素材文件，单击“打开”按钮，如图3-15所示。导入的素材将被放置到本地素材库中，如图3-16所示。

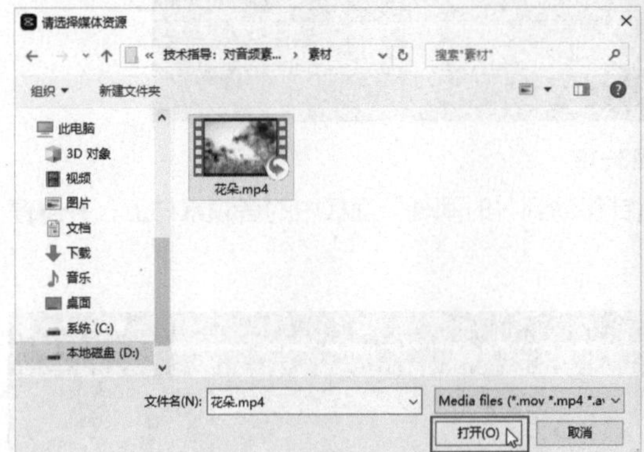

图3-15

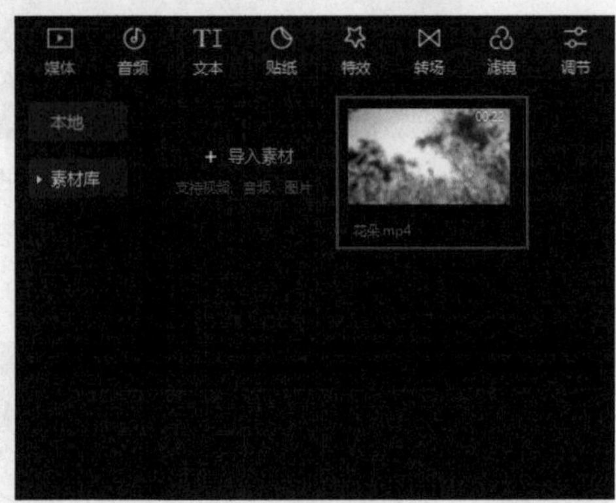

图3-16

步骤02 在本地素材库中，单击“花朵.mp4”素材缩览图右下角的“添加到轨道”按钮，将视频素材添加到时间轴中，如图3-17所示。

图3-17

步骤03 在顶部工具栏中单击“音频”按钮，然后在“音乐素材”|“纯音乐”列表中下载所需音频素材，并单击其右下角的“添加到轨道”按钮，将音频素材添加到时间轴中，如图3-18所示。

图3-18

步骤04 切换至“切割”工具，然后将鼠标指针移动到“时间轴”面板中的音频素材上，并悬停在需要切割的位置，如图3-19所示。

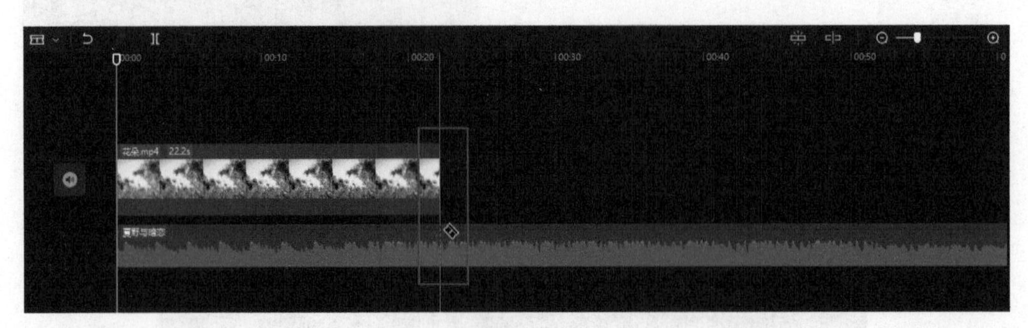

图3-19

步骤05 单击进行切割，然后选中右侧多余的音频素材，单击“删除”按钮，如图3-20所示，即可将多余部分删除。

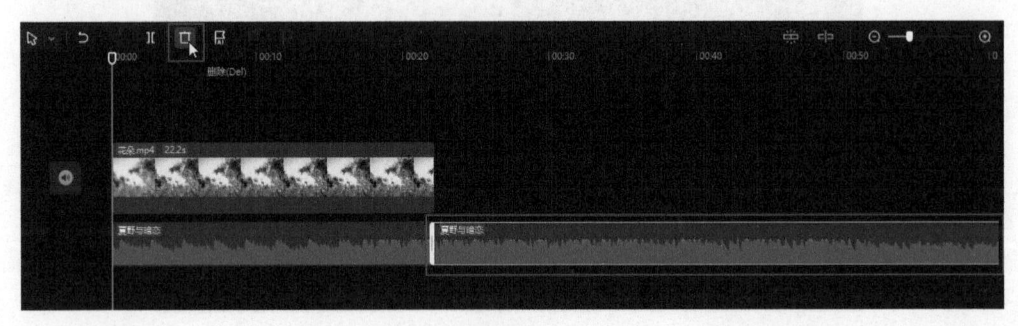

图3-20

步骤 06 单击“播放器”面板中的播放按钮▶，预览视频效果，如图3-21所示。如果要对视频进行静音处理，则选中“时间轴”面板中的音频素材，然后在界面右上角的参数调节面板中拖动“音量”滑块至最左侧，此时“音量”变为0%，如图3-22所示。

步骤 07 再次单击“播放器”面板中的播放按钮▶预览视频效果，会发现音乐的声音被完全关闭。此外，用户也可以通过删除时间轴中的音频素材来实现静音效果。

图3-21

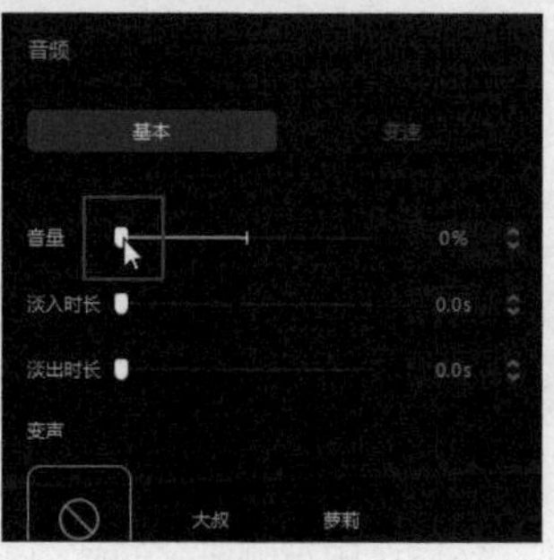

图3-22

3.1.4 音频的淡入和淡出

对于一些没有前奏和尾声的音乐，在音频素材的前后添加淡化效果，可以有效降低音乐进出场时的突兀感；而在两个音频的衔接处添加淡化效果，则可以令音频之间的过渡更加自然。

当用户需要对音频素材进行淡化处理时，只需在“时间轴”面板中选中音频素材，然后在界面右上角的参数调节面板中拖动“淡入时长”或“淡出时长”选项右侧的滑块，即可为音频素材添加淡入或淡出效果，如图3-23所示。

图3-23

3.1.5 调整音频素材的时长

将音频素材拖入时间轴后，如果发现音频素材的时长与视频素材的时长不匹配，可通过以下3种方法调整音频素材的时长。

1. 使用“切割”工具

切换至“切割”工具，将鼠标指针移动到“时间轴”面板中的音频素材上，并悬停在需要切割的位置，如图3-24所示。

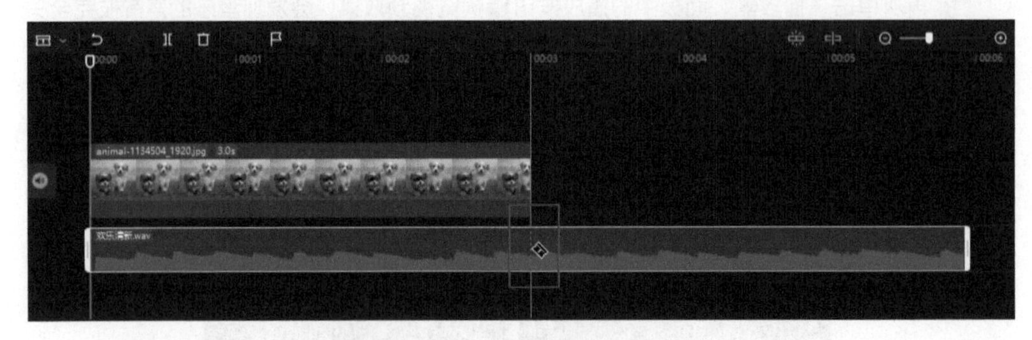

图3-24

单击进行切割，然后选中右侧多余的音频素材，单击“删除”按钮，如图3-25所示，即可将多余部分删除。

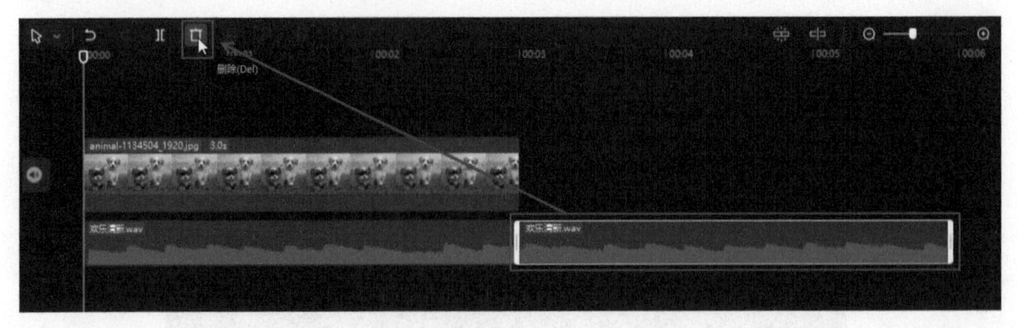

图3-25

2. 使用“分割”按钮

在“时间轴”面板中选中音频素材，然后将时间线拖动到需要分割的位置，再单击“分割”按钮，如图3-26所示，即可分割音频素材。

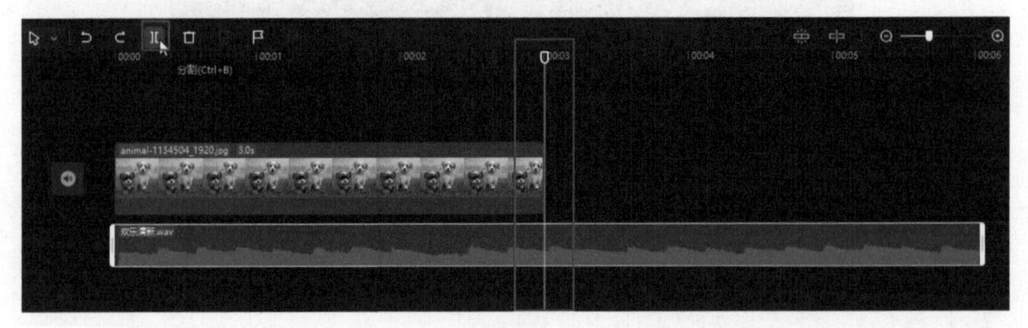

图3-26

分割完成后，选中右侧多余的音频素材，单击“删除”按钮，如图3-27所示，即可将多余部分删除。

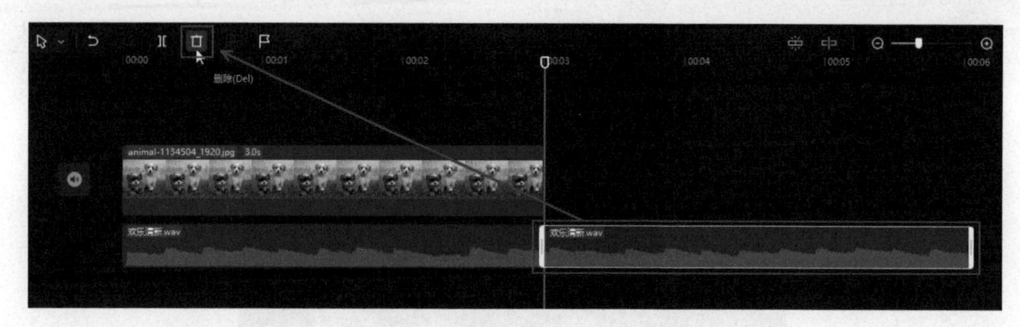

图3-27

3. 拖动音频素材裁剪框调整时长

相较于上述两种方法，以拖动裁剪框的方式调整音频素材的时长是最为直观和便捷的方法。在“时间轴”面板中，将鼠标指针移动到音频素材的裁剪框后端，如图 3-28所示。

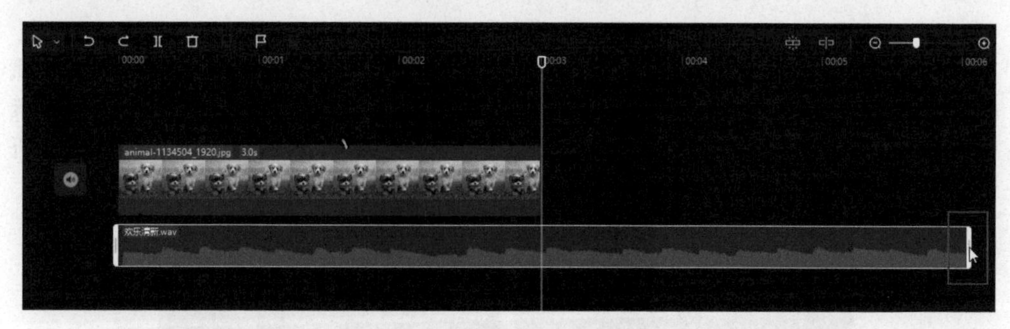

图3-28

按住鼠标左键，将裁剪框后端向左拖动到所需时间点，释放鼠标左键即可，如图3-29所示。

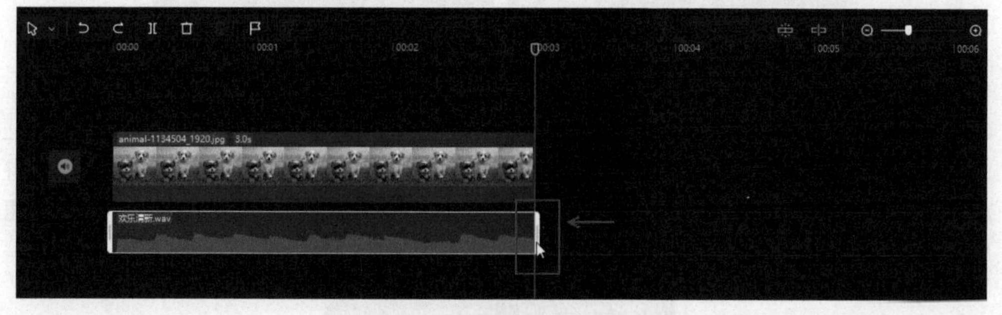

图3-29

延伸讲解：

在上述操作中，若将音频素材的裁剪框后端向右拖动，则可以延长音频素材的时长。用户也可以选择拖动音频素材的裁剪框前端，来改变音频素材的时长。

3.1.6 对音频素材进行变速处理

在剪映专业版中编辑视频时，用户可通过对音频素材进行变速处理，来改变音频的播放速度，以配合画面呈现不同的播放效果。

要在剪映专业版中对音频素材进行变速处理，需要先在“时间轴”面板中选中音频素材，然后将编辑界面右侧的参数调节面板中的“普通”选项卡切换为“变速”选项卡，如图3-30所示。再通过调节“倍数”和“时长”参数对音频的播放速度进行调整。

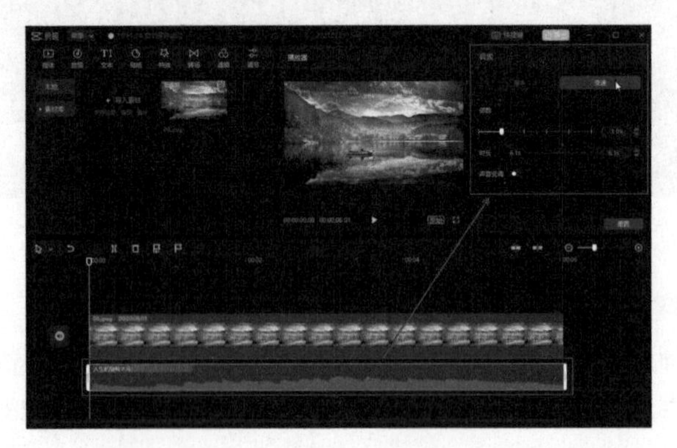

图3-30

“倍数”选项中的调整滑块默认停靠在1.0×的位置，这代表音频素材处于原始（正常）播放速度。如果将滑块向右拖动，“倍数”将变大，如图3-31所示，相应地位于时间轴中的音频素材的时长将变短，音频的播放速度变快。如果将滑块向左拖动，“倍数”将变小，如图3-32所示，相应地位于时间轴中的音频素材的时长将变长，音频的播放速度变慢。

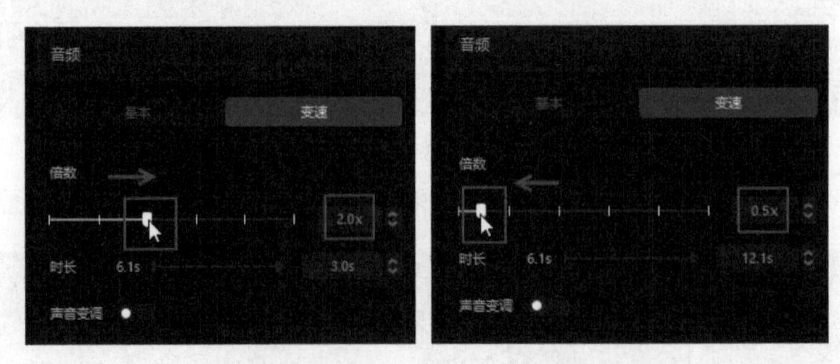

图3-31　　　　图3-32

除此以外，用户还可以通过调整“时长”数值来改变音频播放速度，如图3-33所示。在保持默认时长的基础上，增大“时长”数值可使音频播放速度变慢，减小“时长”数值可使音频播放速度变快。

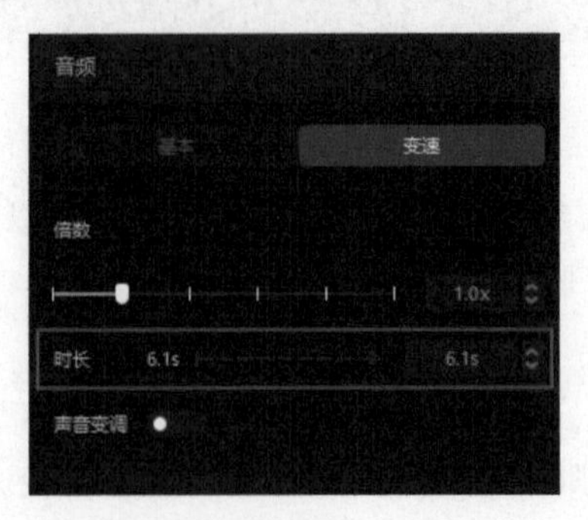

图3-33

延伸讲解：

改变“时长”数值除了可以通过在选项右侧的文本框中直接输入数值，还可以通过单击右侧的调节按钮改变数值。

3.1.7 对音频素材进行变声处理

看过游戏直播的朋友应该知道，很多平台主播会使用变声软件在游戏里对声音进行变声处理。对视频原声进行变声处理，在一定程度上可以强化人物的情绪。对于一些趣味性或恶搞类视频，通过音频变声可以很好地增强视频的幽默感。此外，一些创作者如果对自己的声音条件不是很自信，通过变声处理也能很好地弥补这些缺憾。

在剪映专业版中进行变声处理的操作方法很简单。导入旁白录音素材后，在编辑界面右侧的素材的“音频”选项卡中找到“变声”选项，其中提供了“大叔”“萝莉”“女生”“男生”“怪物”这5种变声效果，如图3-34所示，单击任意效果即可将其应用到选中的音频素材上。

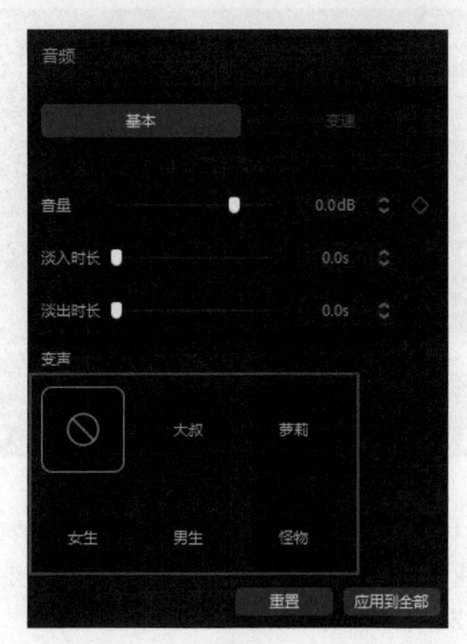

图3-34

技术指导：音频的变速及变声处理

在编辑视频时，对音频恰到好处地进行变速或变声处理，可以使视频内容更加生动、有趣。下面就为各位读者介绍如何在剪映专业版中完成音频的变速及变声处理。

步骤 01 启动剪映专业版，在首页界面中单击“开始创作”按钮，进入视频编辑界面，单击“导入素材”按钮，打开“请选择媒体资源”对话框，选择路径文件夹中的素材文件，单击“打开”按钮，如图3-35所示。

步骤 02 通过上述操作导入的素材将被放置到本地素材库中，如图3-36所示。

图3-35

图3-36

步骤 03 在本地素材库中，单击“阅读.mp4”素材缩览图右下角的“添加到轨道”按钮，将视频素材添加到时间轴中，如图3-37所示。此时可以对导入的视频素材进行播放，预览正常的播放效果。

图3-37

步骤 04 在“时间轴”面板中选中视频素材，然后在编辑界面右侧的参数调节面板中切换至“变速”选项卡，将“常规变速”选项卡中的“倍数”滑块向右拖动至2.0×的位置，如图3-38所示。此时再次播放视频，会发现背景声音的播放速度变快了。

步骤 05 按快捷键Ctrl+Z撤销上一步操作。在“变速”选项卡中，将“自定时长”由36.4秒调整为40.0秒，在调整完“自定时长”参数后，其上方的“倍数”数值也会发生相应变化，如图3-39所示。此时再次播放视频，会发现背景声音的播放速度变慢了。

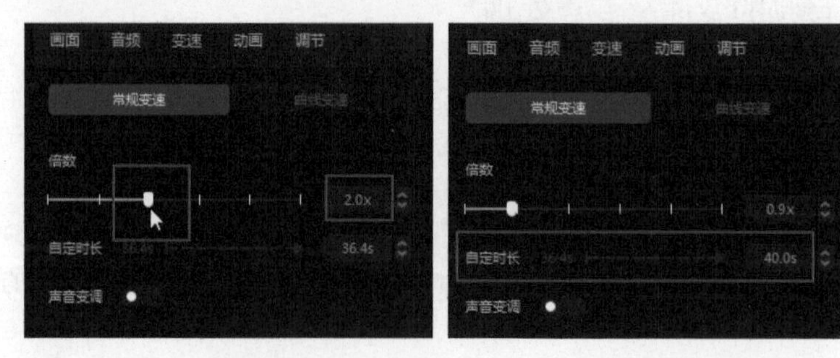

图3-38　　图3-39

步骤 06 按快捷键Ctrl+Z撤销上一步操作，切换至“曲线变速”选项卡，在列表中单击“蒙太奇”选项，如图3-40所示。此时再次播放视频，可以听到应用“蒙太奇”后的声音效果。

步骤 07 如果不想使用剪映专业版提供的变速效果，可单击“自定义”选项，然后调整播放速率滑块，如图3-41所示。在调整音频变速效果时，可同时预览视频，比较不同调整方式对应的声音效果。

步骤 08 按快捷键Ctrl+Z撤销上一步操作，切换至“音频”选项卡，在“变声”选项中单击“男生”选项，如图3-42所示。此时播放视频，会发现视频中的女声变为男声。

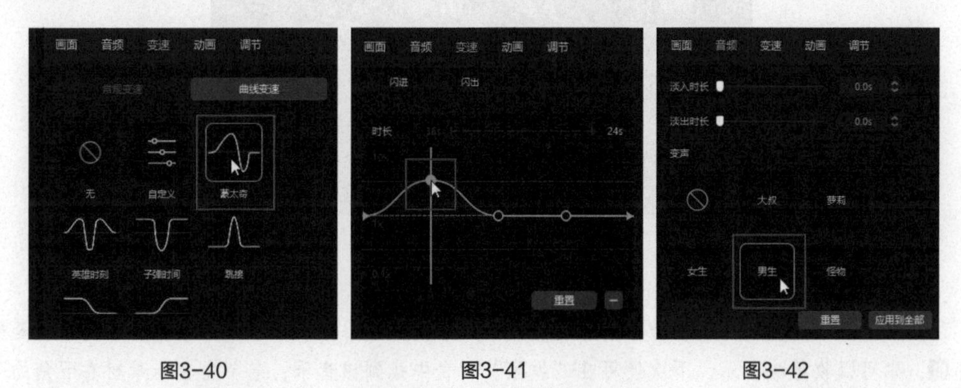

图3-40　　图3-41　　图3-42

3.2 善用剪映音乐素材库

在剪映专业版中，用户既可以使用素材库中提供的音乐素材或音频素材，也可以提取其他视频中的音乐，还可以将抖音等其他平台中的音乐添加到剪辑项目中。图3-43所示为剪映专业版“音频”面板下的相关功能。

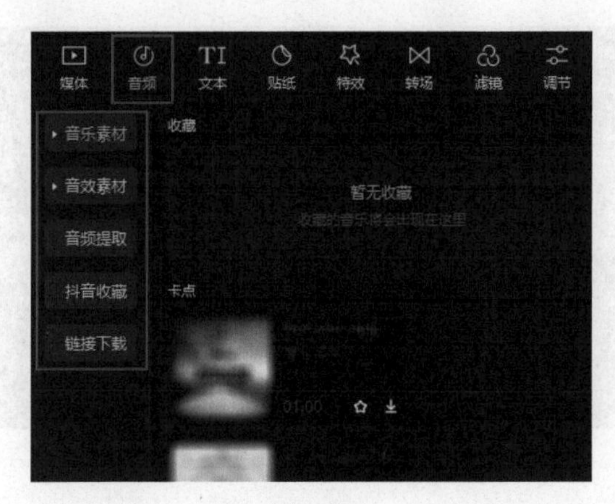

图3-43

3.2.1 使用音乐素材

创建剪辑项目后，先确保已在时间轴中导入至少一段视频素材或至少一张图像素材，将时间线移动到需要添加音乐素材的时间点，然后在顶部工具栏中单击“音频”按钮，在“音乐素材”列表中下载所需音乐素材，并单击右下角的“添加到轨道”按钮，即可将音乐素材添加到时间轴中，如图3-44所示。

图3-44

延伸讲解：

在音乐素材列表中，单击音乐素材可快速下载并试听音乐；若单击音乐素材右下角的收藏按钮，则可以收藏该音乐，下次便可在“收藏”列表中找到该音乐；若单击音乐素材右下角的下载按钮，则可以下载该音乐。

3.2.2 使用音效素材

创建剪辑项目后，先确保已在时间轴中导入至少一段视频素材或至少一张图像素材，将时间线移动到需要添加音效素材的时间点，然后在顶部工具栏中单击“音频”按钮，在“音效素材”列表中下载所需音效素材，并单击右下角的“添加到轨道”按钮，即可将音效素材添加到时间轴中，如图3-45所示。

图3-45

技术指导：使用抖音收藏音乐

抖音短视频平台上有许多独立音乐人会分享自己的音乐作品，供短视频爱好者在创作短视频时使用。如果用户在刷抖音视频时听到喜欢的音乐，并想将其应用到自己的作品中，可以通过关联抖音账号，将音乐收藏至剪映专业版的“收藏”列表中。

步骤 01 启动剪映专业版，单击首页界面右上角的个人按钮，打开登录界面，可以看到一个登录二维码，如图3-46所示。

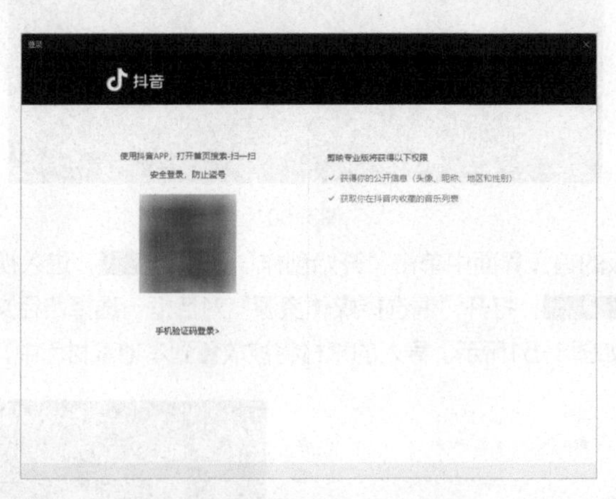

图3-46

步骤 02 打开抖音短视频App，进入App主界面后，单击右上角的搜索按钮，如图 3-47所示。

步骤 03 跳转至搜索界面后，点击右上角的扫描按钮，如图3-48所示。

步骤 04 打开二维码扫描界面扫描所示登录界面上的二维码，接着将跳转至“抖音授权”页面，点击下方的“授权并登录”按钮，如图3-49所示。

图3-47　　图3-48　　图3-49

完成上述操作后，剪映专业版将关联个人抖音账号，在首页界面右上角可以看到自己的账号头像，如图3-50所示。

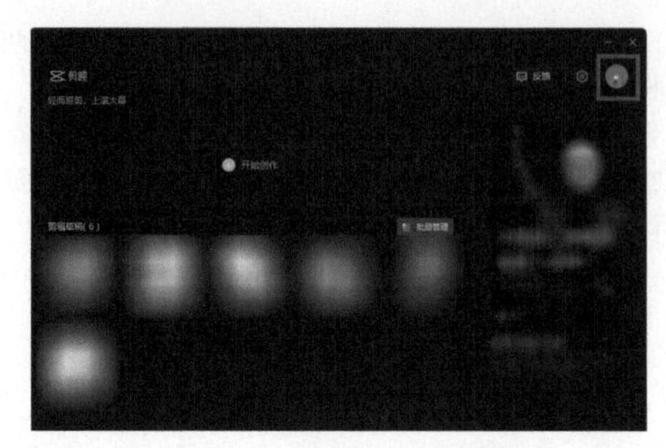

图3-50

步骤05 在剪映专业版的首页界面中单击“开始创作”按钮[开始创作]，进入视频编辑界面。接着单击“导入素材”按钮[+ 导入素材]，打开“请选择媒体资源”对话框，选择路径文件夹中的素材文件，单击“打开”按钮，如图3-51所示。导入的素材将被放置到本地素材库中，如图3-52所示。

图3-51　　　　图3-52

步骤06 在本地素材库中，单击“沙滩.mp4”素材缩览图右下角的“添加到轨道”按钮[+]，将视频素材添加到时间轴中，如图3-53所示。此时可以在“播放器”面板中对导入的视频素材进行播放，预览视频效果。

图3-53

步骤 07 打开抖音短视频App，点击主界面右上角的搜索按钮🔍，如图3-54所示。

步骤 08 在搜索栏中输入关键词“夏日”，然后在“音乐”列表中选择一首音乐并点击该音乐进入详情页，再点击“收藏”按钮☆收藏，如图3-56所示。

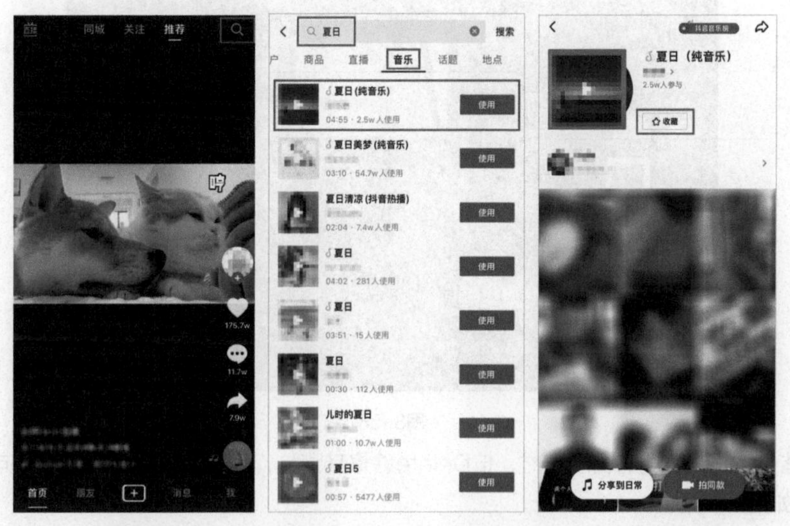

图3-54　图3-55　图3-56

完成上述操作后，回到剪映专业版，在顶部工具栏中单击“音频”按钮，在“抖音收藏”列表中，可以找到刚刚收藏的抖音音乐。单击音乐进行下载，然后单击素材缩览图右下角的“添加到轨道”按钮，将音乐素材添加到时间轴中，如图3-57所示。

图3-57

延伸讲解：

如果在上述操作中，用户未在“抖音收藏”列表中找到收藏的抖音音乐，请在确保网络连接顺畅的情况下，单击“刷新列表”按钮 刷新列表 。

步骤 09 由于音乐素材时长过长，因此需要对音乐素材进行裁剪，以使音乐素材的时长与视频素材时长相匹配。在“时间轴”面板中选中音乐素材，将时间线拖动到00:00:02:17的位置，然后单击“分割”按钮对音乐素材进行分割操作，如图3-58所示。

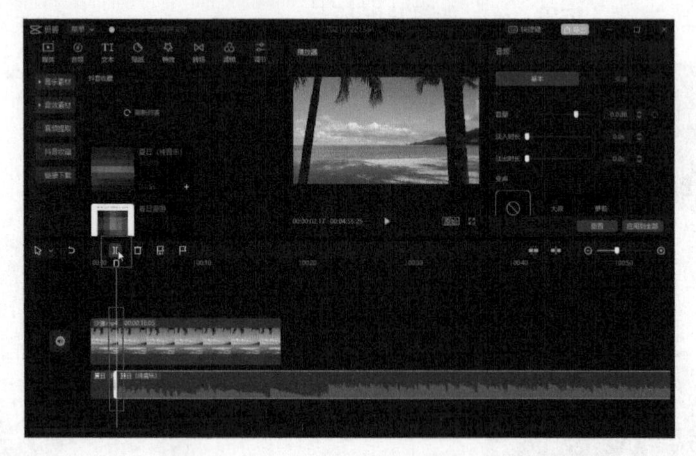

图3-58

步骤10 选中时间线左侧的音乐素材，按Delete键将其删除，然后将剩下的音乐素材向前拖到起始位置，如图3-59所示。

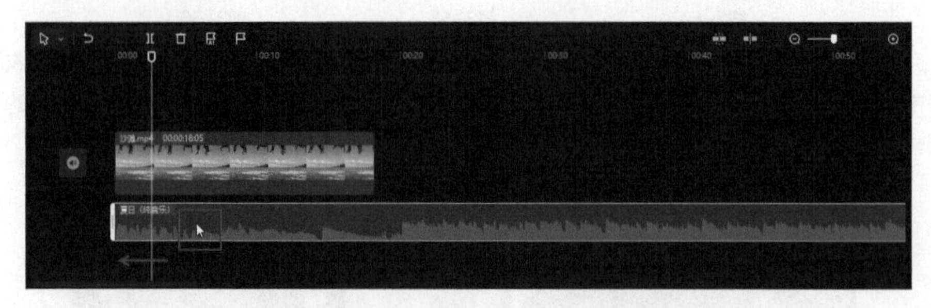

图3-59

步骤11 将时间线拖动到视频素材的结尾处，再次单击“分割”按钮对音乐素材进行分割操作，如图3-60所示。

图3-60

步骤 12 选中时间线右侧的音乐素材，按Delete键将其删除。选中剩下的音乐素材，在编辑界面右侧的参数调节面板中调整“淡入时长”为1.0秒，调整“淡出时长”为1.0秒，如图3-61所示。

图3-61

步骤 13 单击界面右上角的“导出”按钮，在弹出的“导出”对话框中设置作品名称及导出路径等信息，完成后单击“导出”按钮，如图3-62所示。

步骤 14 等待视频导出完成后，单击“导出”对话框中的“关闭”按钮，如图3-63所示。

图3-62

图3-63

步骤 15 在计算机的路径文件夹中找到上述操作中导出的视频文件，预览视频效果，如图3-64和图3-65所示。

图3-64

图3-65

3.2.3 通过链接下载音乐

无论是抖音短视频平台，还是剪映专业版中的音乐素材库，都为用户提供了多样类型的音乐素材，可以满足不同的创作需求。除此以外，如果用户发现不错的音乐素材，可复制其音乐链接，然后粘贴在剪映专业版的“链接下载”模块的输入框中，通过链接将音乐下载至素材库，如图 3-66所示。

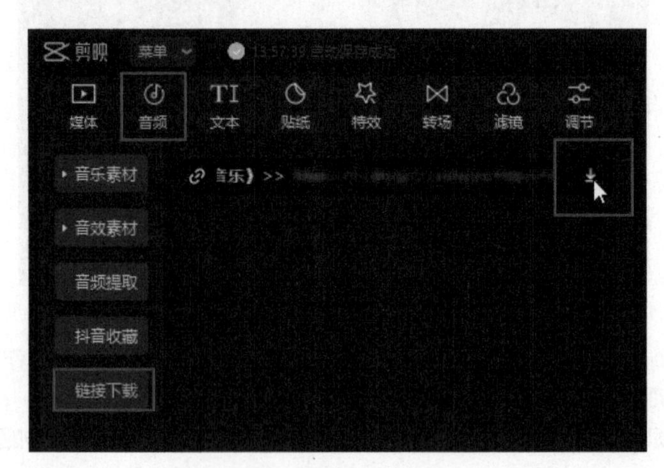

图3-66

延伸讲解：

受音乐版权的限制，部分第三方音乐平台的音乐链接不支持下载及导入剪映专业版的素材库中。

3.3 音频素材的进阶操作

在主流的音乐短视频平台中，卡点音乐视频可以说是观众喜闻乐见的一种短视频形式了。强烈的节奏感配合画面的翻转、变换，即便是平平无奇的视频，经由这样的操作也能变得与众不同。随着剪映App的普及，到如今剪映专业版的诞生，在摒弃了传统视频剪辑软件中手动辨声打点的烦琐操作后，卡点视频的制作方法变得越来越简单。

3.3.1 音频素材卡点

过去，在使用视频剪辑软件制作卡点音乐视频时，用户往往需要一边试听音乐效果，一边手动标记节奏点。在这样的情况下，制作出一个完整的卡点音乐视频是一件既耗费时间又耗费精力的事情。

如今，剪映专业版针对新手推出“自动踩点”功能，帮助用户快速分析背景音乐，自动生成音乐节奏点。应用“自动踩点”功能的方法非常简单，在时间轴中导入音乐素材后，选中音乐素材，单击时间轴顶部的“自动踩点”按钮，在下拉列表中可以选择不同的踩节拍选项，如图3-67所示。

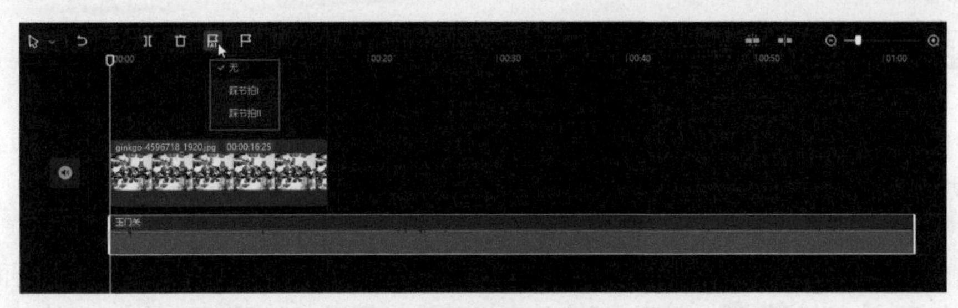

图3-67

选择踩节拍选项，时间轴中的音乐素材下方将生成黄色的节奏点，如图3-68所示。用户可以根据这些黄色节奏点所处的位置调整视频素材或图像素材的变化节奏，快速生成与音乐节奏相匹配的卡点音乐视频。

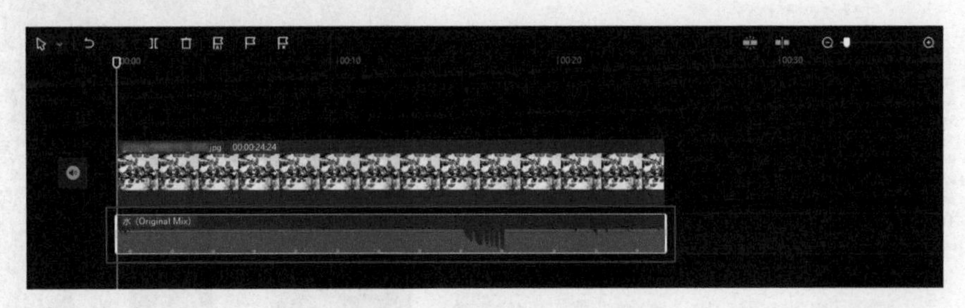

图3-68

用户如果想删除音乐素材上的某一个节奏点，可先将时间线拖动到该节奏点处，然后单击“删除踩点”按钮，如图3-69所示，即可将该节奏点删除。若需要恢复删除的节奏点，单击“手动踩点”按钮，即可在时间线所处位置添加一个新的节奏点。

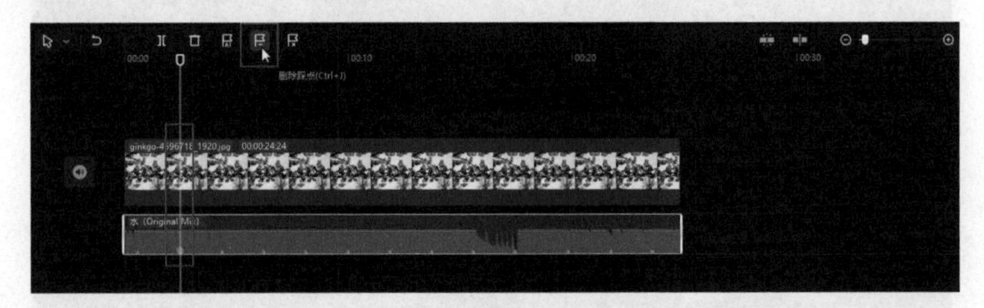

图3-69

如果需要将音乐素材上的所有节奏点删除，则可在选中音乐素材的情况下，单击“清空踩点”按钮，即可一次性清除音乐素材上的所有节奏点，如图3-70所示。

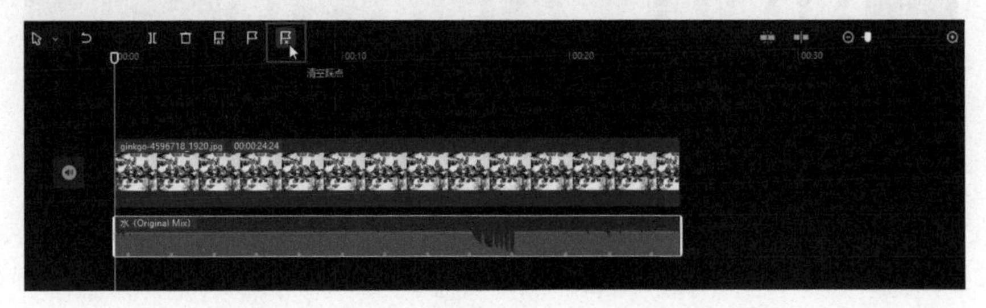

图3-70

技术指导：制作时尚卡点音乐短视频

一些喜欢拍照的朋友会将普通的照片制作成有特色的卡点音乐短视频，然后将其上传至社交平台与他人分享。下面介绍如何在剪映专业版中快速制作一个卡点音乐短视频。

步骤 01 启动剪映专业版，在首页界面中单击“开始创作”按钮，进入视频编辑界面，单击“导入素材”按钮，打开“请选择媒体资源”对话框，选择路径文件夹中的素材文件，单击“打开”按钮，如图3-71所示。

步骤 02 通过上述操作导入的素材将被放置到本地素材库中，如图3-72所示。

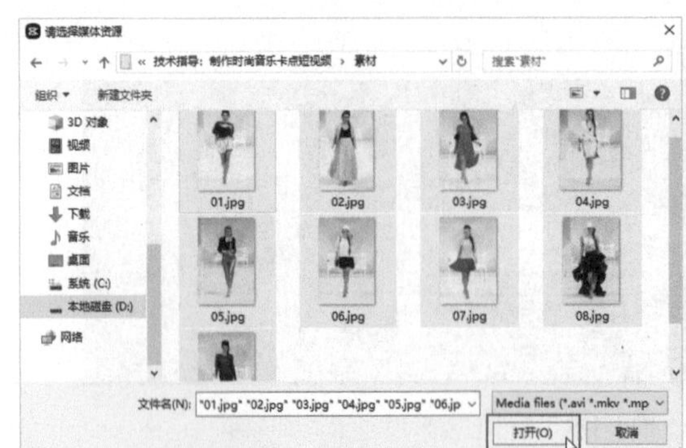

图3-71

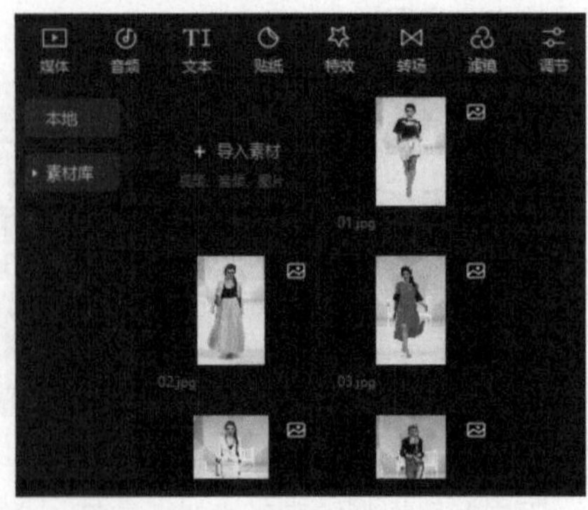

图3-72

步骤 03 按照素材名称，依次将9张图片素材添加到时间轴中，如图 3-73所示。

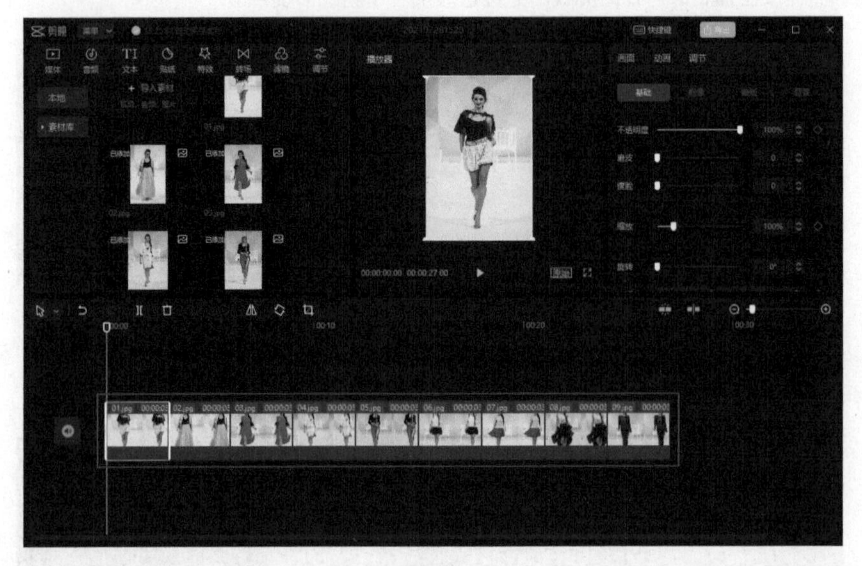

图3-73

延伸讲解：

在将本地素材库中的素材导入时间轴中时，若按照倒序依次将素材添加至时间轴，那么在时间轴中显示的素材的排序为正序。

步骤 04 在顶部工具栏中单击“音频”按钮，然后在“音乐素材”|“卡点”列表中下载所需音乐素材，再单击素材右下角的“添加到轨道”按钮，将音乐素材添加到时间轴中，如图3-74所示。

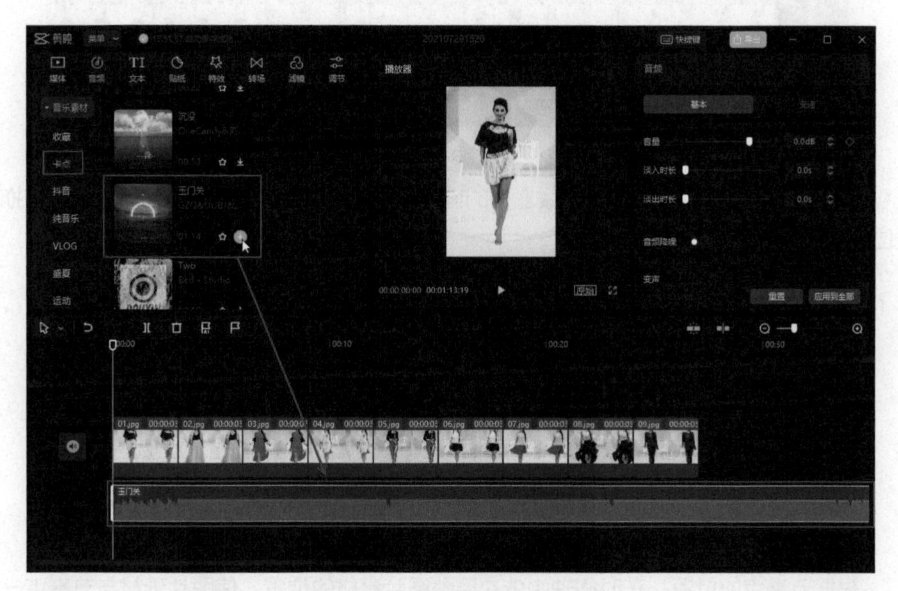

图3-74

步骤 05 在“时间轴”面板中选中音乐素材，然后单击“自动踩点”按钮，在下拉列表中选择“踩节拍I”选项，如图 3-75所示。

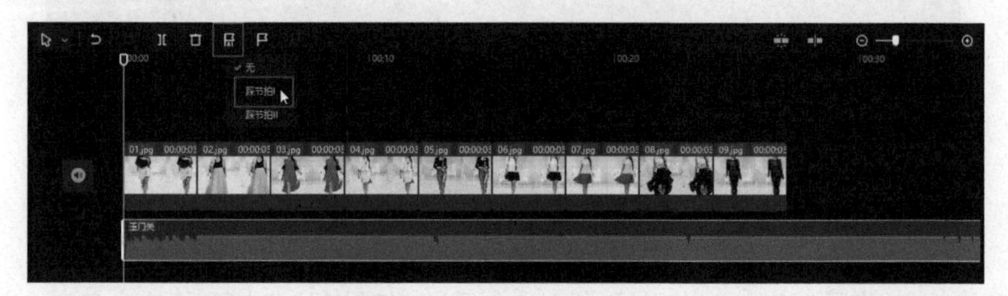

图3-75

完成上述操作后，位于时间轴中的音乐素材的下方自动生成了黄色节奏点，如图3-76所示。

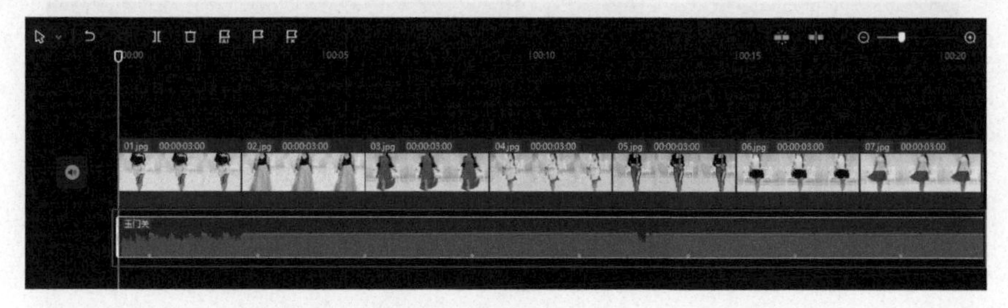

图3-76

步骤 06 将时间线拖动到第5个黄色节奏点处，在音乐素材被选中的情况下，单击“分割”按钮，如图3-77所示，对音乐素材进行分割。

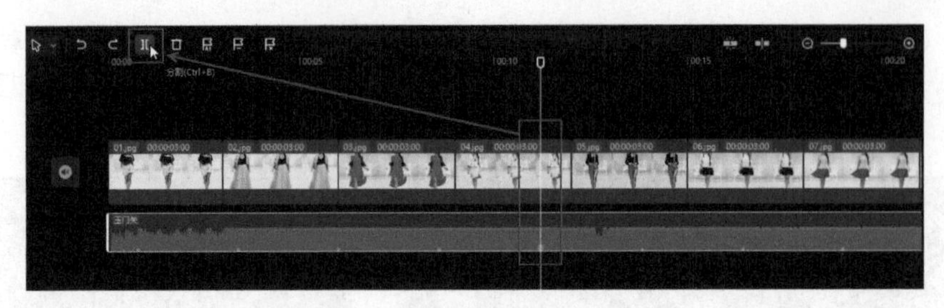

图3-77

步骤07 完成分割操作后，将位于时间线左侧的音乐素材删除，然后将剩下的音乐素材向前拖动到起始位置，如图3-78所示。

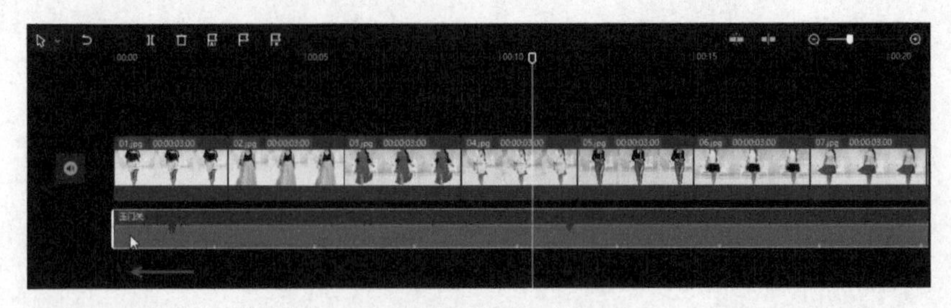

图3-78

步骤08 根据节奏点的位置，在时间轴中依次调整图片素材的位置，使图片素材与节奏点一一对齐，如图3-79所示。

图3-79

完成上述操作后，将时间线拖动到“09.jpg”素材的结尾处，选中音乐素材，单击“分割”按钮，如图3-80所示。

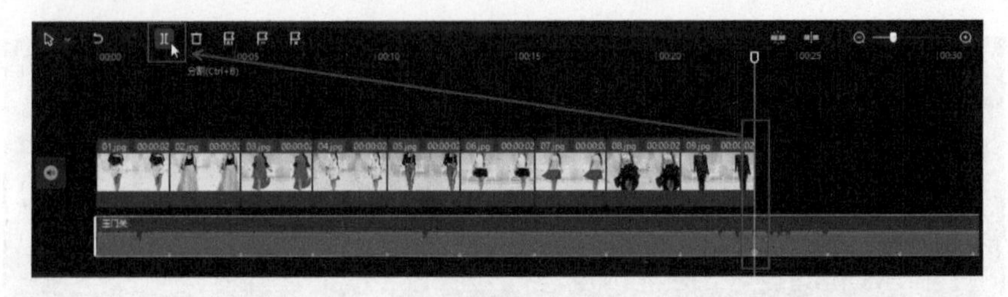

图3-80

步骤09 完成分割操作后，选中时间线右侧多余的音乐素材，将其删除。在顶部工具栏中单击“转场”按钮，然后在“转场效果”|“特效转场”列表中单击“炫光Ⅲ”效果缩览图右下角的“添加到轨道”按钮，将该效果添加到图片素材之间，如图3-81所示。

图3-81

步骤 10 在顶部工具栏中单击“特效”按钮，然后在“特效”|“分屏”列表中单击“九屏跑马灯”效果缩览图右下角的“添加到轨道”按钮，将该效果添加到时间轴中，如图3-82所示。

图3-82

步骤 11 在时间轴中调整“九屏跑马灯”效果的时长，使效果结尾处与“01.jpg”素材结尾处对齐，如图3-83所示。

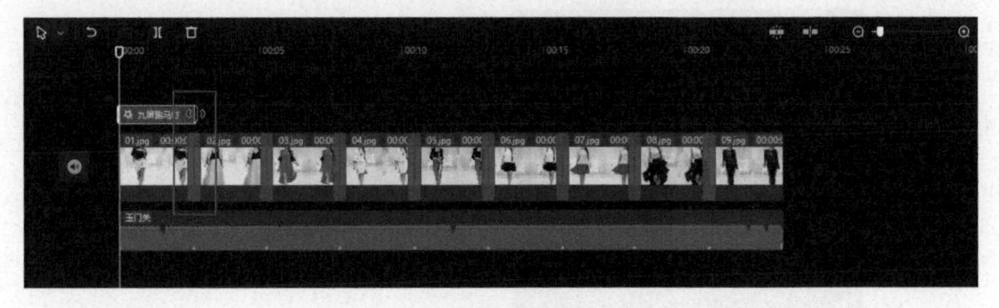

图3-83

步骤 12 单击界面右上角的“导出”按钮，在弹出的“导出”对话框中自定义作品名称及导出路径等信息，完成后单击“导出”按钮，如图3-84所示。

等待视频完成导出后，单击“导出”对话框中的“关闭”按钮，如图3-85所示。

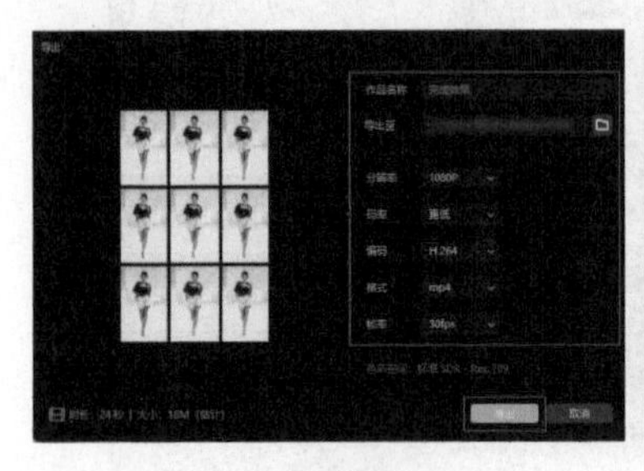

图3-84

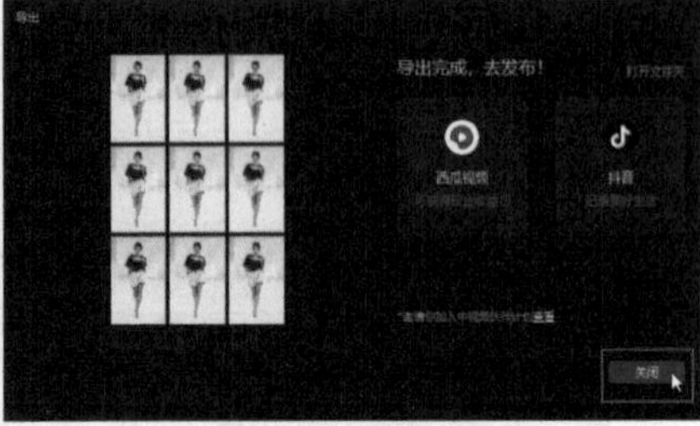

图3-85

步骤 13 在计算机的路径文件夹中找到上述操作中导出的视频文件，预览视频效果，如图3-86和图 3-87所示。

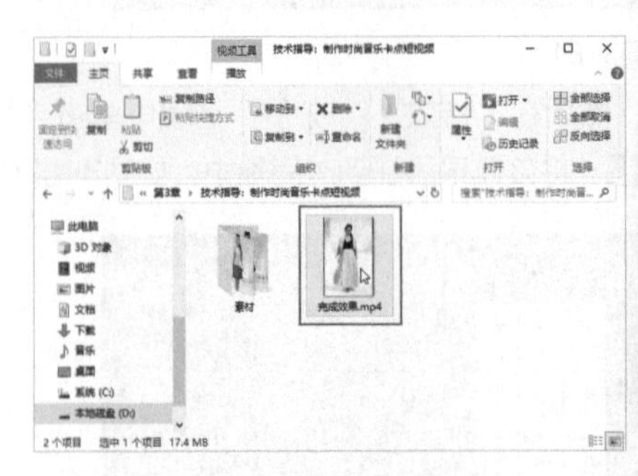

图3-86

图3-87

3.3.2 录制音频素材

剪映专业版支持用户在剪辑项目中导入个人录制的音频素材。用户不仅可以通过计算机录制音频素材，也可以在手机上录制音频素材。

1. 通过计算机录制音频

以Windows10操作系统为例，在安装了声音录制设备的前提下，用户可以单击桌面左下角的“开始”按钮，在打开的“开始”菜单中找到“录音机”选项，如图3-88所示。接着单击“录音机”选项，打开“录音机”工作界面，如图3-89所示。

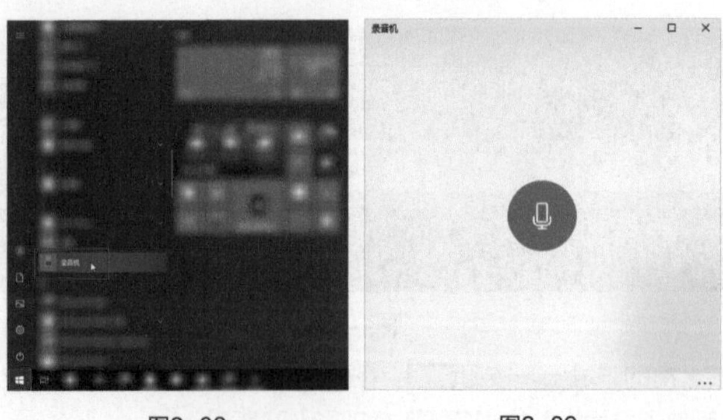

图3-88 图3-89

延伸讲解：

录音前，最好在计算机上连接好耳麦，有条件的可以配备专业的录音设备，这样才能有效地提升声音质量。

在“录音机”工作界面中，单击界面中间的蓝色录制按钮，即可开始录制声音，如图3-90所示。如果需要暂停录制，则单击界面中的“暂停录音”按钮Ⅱ，即可暂停录制工作，如图3-91所示。

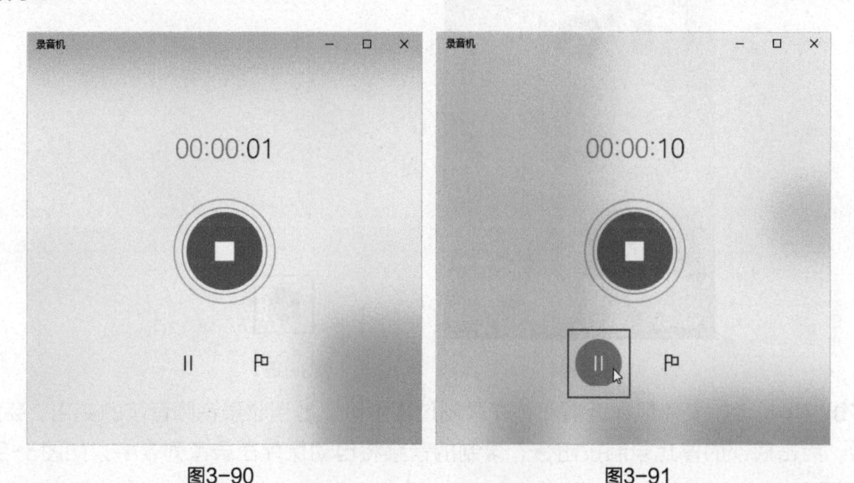

图3-90　　图3-91

完成声音录制后，单击“停止录音”按钮，录音素材将自动保存至计算机存储路径中。右击音频素材，可在弹出的快捷菜单中执行“打开文件位置”命令，即可找到录制的音频素材，如图3-92和图3-93所示。

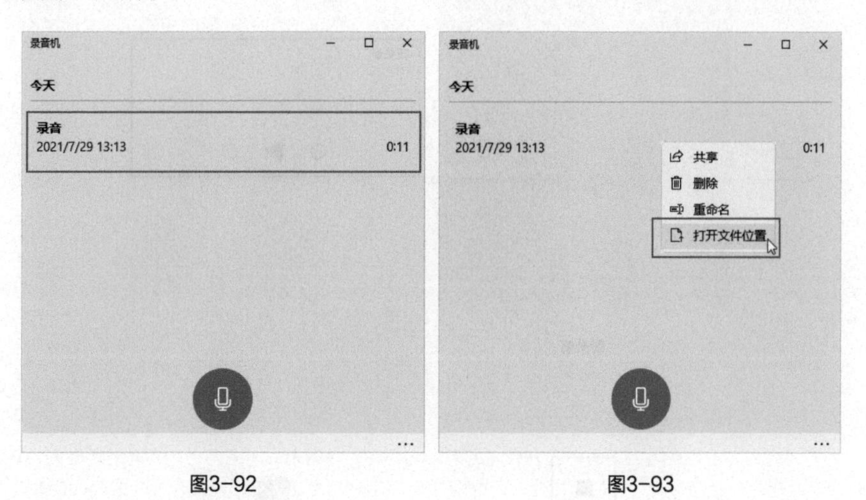

图3-92　　图3-93

2. 在手机上录制音频

如果没有质量较好的音频收录设备，也可以利用手机录制音频素材。在录制音频前，先将线控耳机插入手机的耳机孔。这里以iPhone手机为例，首先打开手机中的“语音备忘录”应用，进入其工作界面后，点击底部的录制按钮，即可录制声音，如图3-94和图3-95所示。

图3-94　　图3-95

将线控耳机上的麦克风靠近嘴部，在录制过程中可以看到收录音频音波的变化。完成音频录制后，点击底部的停止录制按钮◉，录制的音频将自动保存在录音列表中，如图3-96和图3-97所示。

图3-96　　图3-97

点击音频素材下方的拓展按钮…，在弹出的列表中点击“分享”选项，然后可以通过分享至微信、QQ等社交平台的方式，将音频素材传输至计算机，再将音频素材导入剪映专业版中使用，如图3-98和图3-99所示。

图3-98　　图3-99

延伸讲解：

无论在PC端，还是在手机移动端，支持录制音频素材的应用软件都非常多，录制和传输音频素材的方法也不尽相同，用户可以多多尝试，找到自己喜欢的录制方法。

拓展练习：蒙版卡点音乐视频

通过对本章内容的学习，相信大家已经大致掌握了处理音频素材的基本操作方法。下面就结合本章所学，并发挥自己的想象，制作一款蒙版卡点音乐视频吧。本例参考效果如图3-100至图3-102所示。

图3-100　　图3-101　　图3-102

第4章

特效与转场：打造酷炫的视频效果

当下，短视频不论是在制作体量、覆盖人群范围还是播放量上，都足以媲美电视节目和视频网站视频，俨然成为视频内容领域中的第三个发展方向。优质的短视频除了要做到内容上的丰富和创新，更重要的是后期制作质量要过关。在掌握了视频剪辑、音频处理这两项基础操作方法后，要想让自己的作品更加引人注目，可以尝试在剪辑项目中运用特效或转场，为作品增光添彩。

4.1 视频特效的应用

在剪映专业版的工作界面中，单击顶部工具栏中的“特效”按钮，如图4-1所示，可以在特效列表中查看不同类型的特效效果。通过使用这些特效效果，用户可以轻松地制作出开幕、闭幕、模糊、纹理、炫光、分屏、下雨、浓雾等视觉效果。只要用户具备足够的创意和创作热情，通过灵活运用这些视频特效，就可以很容易地制作出吸引人的特效视频。下面介绍几种常用的特效类型。

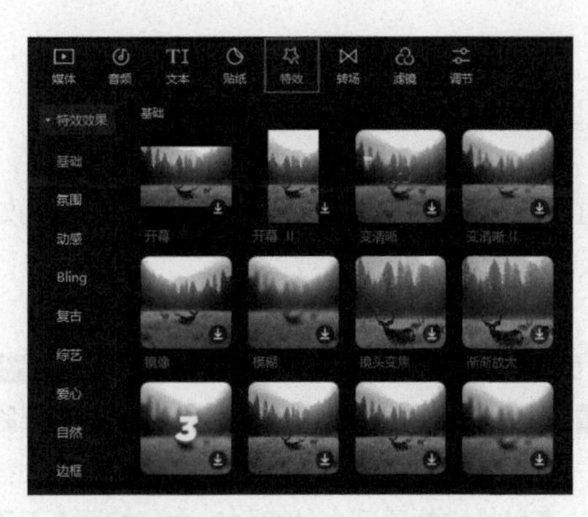

图4-1

4.1.1 使用基础特效

“基础”类型特效列表中包含了“开幕”“变清晰”“镜像”“模糊”“鱼眼”“聚光灯”“马赛克”“暗角”等数十种常用的基础特效。只要使用得当，这类视频特效可以很好地帮助用户优化视频的开场和结尾的视觉效果。

在剪映专业版中应用基础特效的方法非常简单。在创建完剪辑项目并将视频（或图像）素材添加到时间轴中后，将时间线定位至需要出现特效的时间点，然后单击顶部工具栏中的“特效”按钮，在“特效效果”|“基础”特效列表中，单击任意效果缩览图右下角的“添加到轨道”按钮，特效将自动覆盖至时间轴中视频素材的上方，如图4-2所示。

图4-2

添加视频特效前后的画面效果如图4-3和图4-4所示。

图4-3

图4-4

技术指导：为视频添加局部马赛克效果

在进行视频后期处理时，如果需要对视频画面的某一处进行打码处理，可以通过添加“马赛克”特效，并结合形状蒙版的方法来完成这一操作。

步骤 01 启动剪映专业版，在首页界面中单击“开始创作”按钮，进入视频编辑界面，单击“导入素材”按钮，打开“请选择媒体资源”对话框，选择路径文件夹中的素材文件，单击“打开”按钮，如图4-5所示。

步骤 02 通过上述操作导入的素材将被放置到本地素材库中，如图4-6所示。

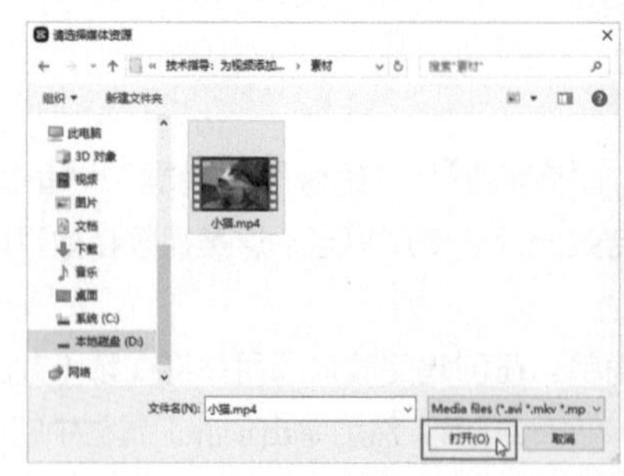

图4-5

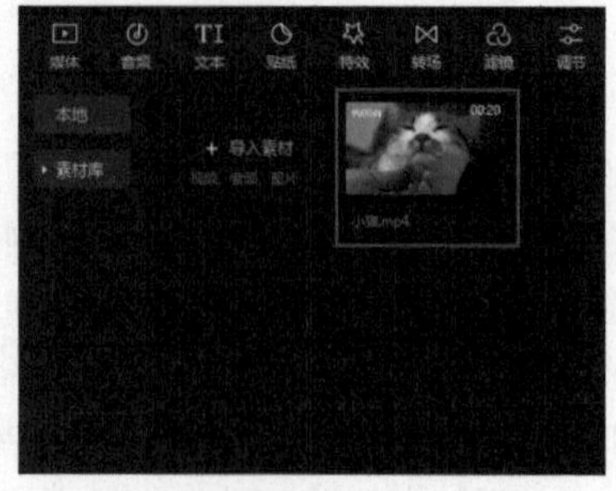

图4-6

步骤 03 在本地素材库中，单击“小猫.mp4”素材缩览图右下角的“添加到轨道”按钮，将视频素材添加到时间轴中，如图4-7所示。

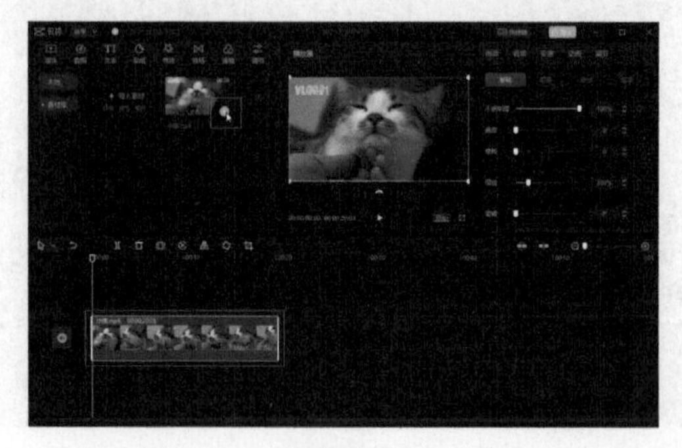

图4-7

步骤 04 下面需要对视频画面中左上角的文字进行打码处理。单击顶部工具栏中的“特效”按钮，在“特效效果”|“基础”特效列表中，单击“马赛克”效果缩览图右下角的“添加到轨道”按钮，将特效添加到时间轴中，如图4-8所示。

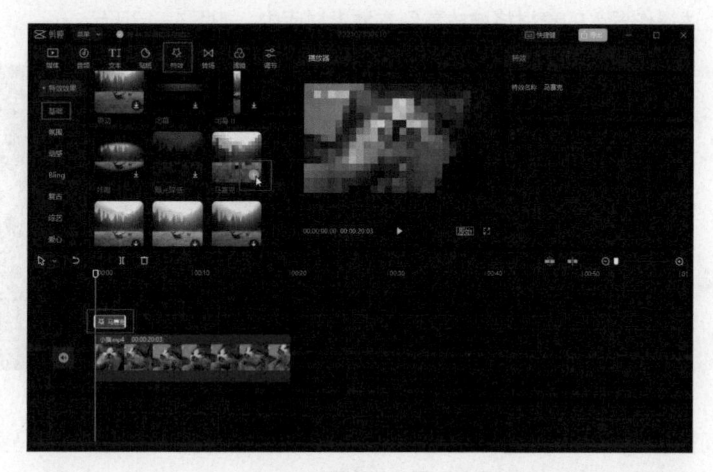

图4-8

步骤 05 在时间轴中拖动“马赛克”效果的结尾处，使其与视频素材的结尾处对齐，如图4-9所示。

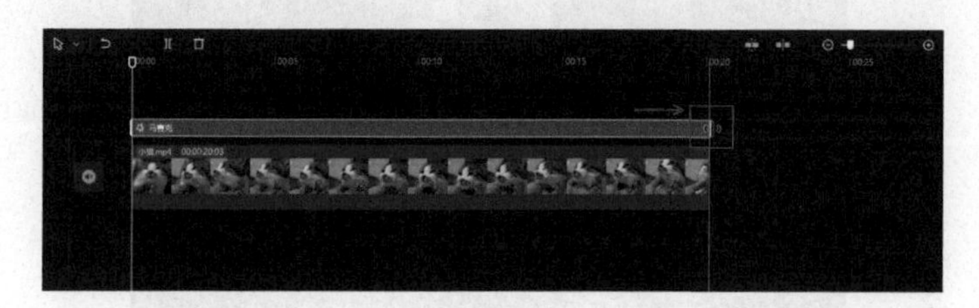

图4-9

完成上述操作后，单击“播放器”面板中的“播放”按钮，预览视频效果。此时可以看到视频画面完全被“马赛克”效果覆盖，如图4-10所示。

步骤 06 单击界面右上角的导出按钮，在弹出的“导出”对话框中自定义作品名称及导出路径等信息，完成后单击“导出”按钮，如图4-11所示。

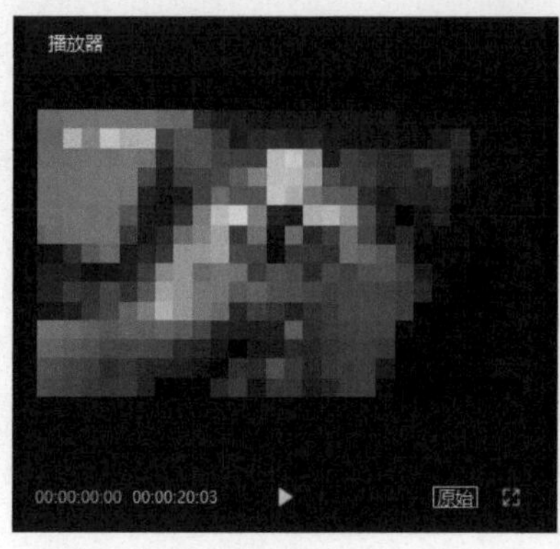

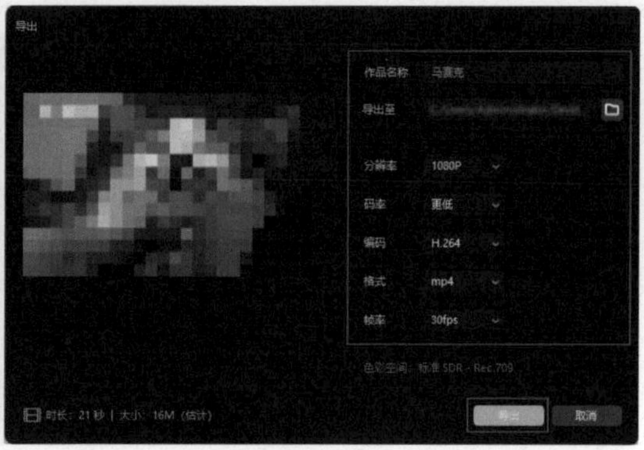

图4-10

图4-11

步骤 07 导出视频完成后，在视频编辑界面中单击“导入素材”按钮 + 导入素材 ，打开“请选择媒体资源”对话框，在路径文件夹中选择刚刚导出的视频素材文件，单击“打开”按钮，如图4-12所示。

步骤 08 通过上述操作导入的素材将被放置到本地素材库中，如图4-13所示。

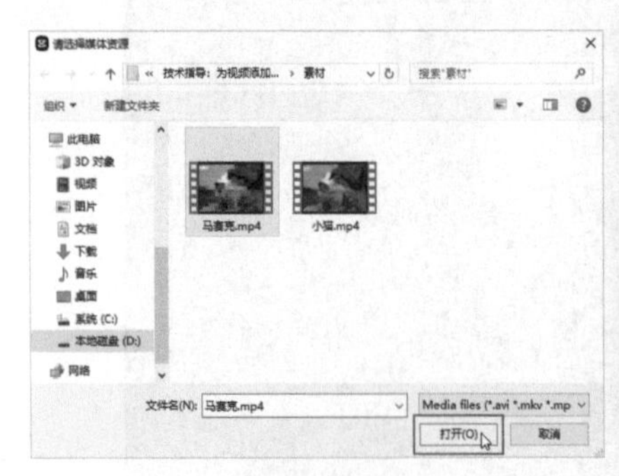

图4-12

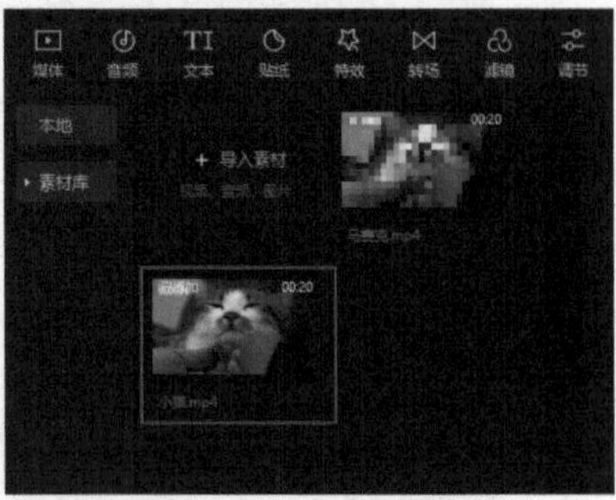

图4-13

步骤 09 将时间轴中已有的视频素材和特效素材删除，接着将“小猫.mp4”和“马赛克.mp4”视频素材依次拖入时间轴，素材放置顺序如图4-14所示。

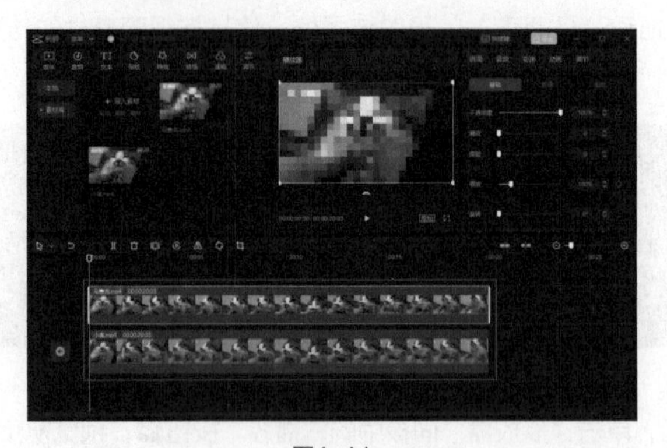

图4-14

步骤 10 在时间轴中选中“马赛克.mp4”，然后在编辑界面右侧的参数调节面板中切换至“蒙版”选项卡，在列表中选择“矩形”蒙版，并在“播放器”面板中拖动调整蒙版的大小及位置，如图4-15所示。

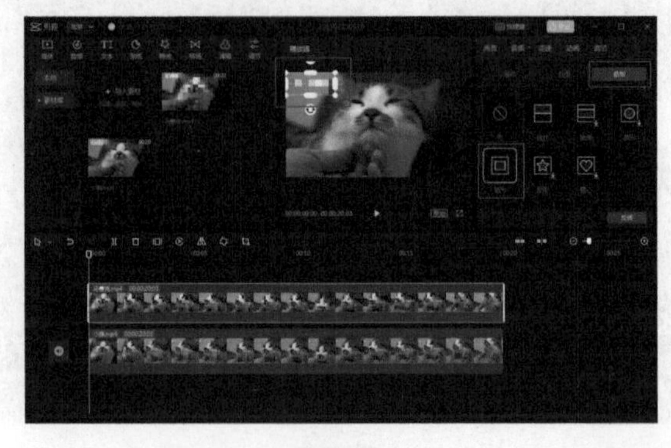

图4-15

步骤11 单击界面右上角的“导出”按钮，在弹出的“导出”对话框中自定义作品名称及导出路径等信息，完成后单击“导出”按钮，如图4-16所示。

导出视频完成后，在计算机的路径文件夹中找到导出的视频文件并预览视频效果，如图4-17所示。

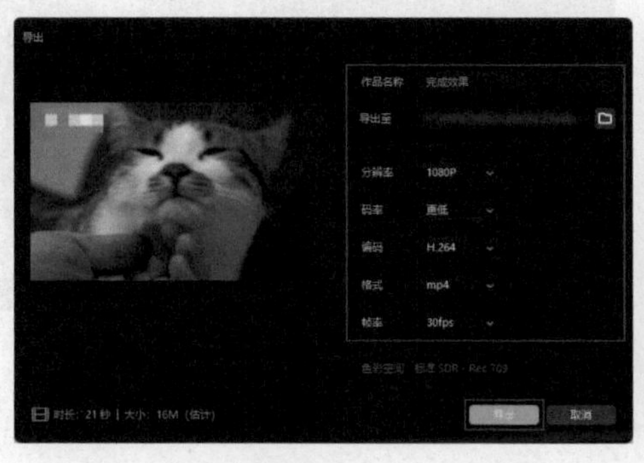

图4-16

图4-17

4.1.2 使用氛围特效

在“氛围”类型特效列表中，用户可以选择“发光”“金粉”“星光绽放”“小花花”“烟花”“烟雾”等特效。这类视频特效可用于营造画面的氛围感及浪漫感，还可用于制作一些自然景观效果，如下雨、下雪等。图4-18和图4-19所示分别为应用了“泡泡”和“梦幻雪花”特效的画面效果。

图4-18

图4-19

技术指导：为夜景视频添加闪电特效

在进行视频后期处理时，如果需要在视频画面中制作闪电效果，可以通过添加“闪电”特效和“闪电”音频来完成这一操作。

步骤01 启动剪映专业版，在首页界面中单击“开始创作”按钮，进入视频编辑界面，单击“导入素材”按钮，打开“请选择媒体资源”对话框，选择路径文件夹中的素材文件，单击“打开”按钮，如图4-20所示。

步骤 02 通过上述操作导入的素材将被放置到本地素材库中，如图4-21所示。

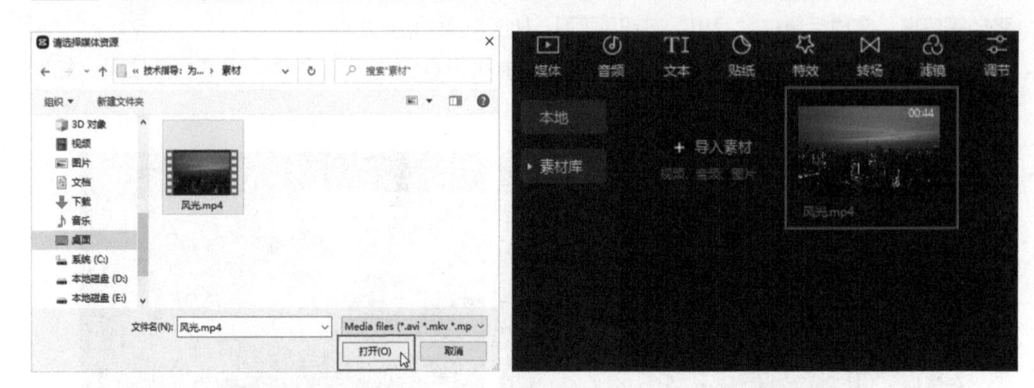

图4-20　　　　　　　　　　图4-21

步骤 03 在本地素材库中，单击“风光.mp4”素材缩览图右下角的“添加到轨道”按钮，将视频素材添加到时间轴中，如图4-22所示。

图4-22

步骤 04 在时间轴中拖动时间线至00:00:10:00，然后选中“风光.mp4”，单击“分割”按钮，如图4-23所示。

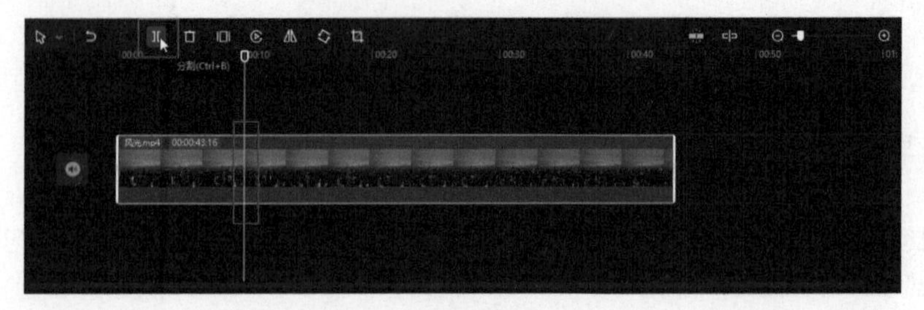

图4-23

步骤 05 完成分割操作后，将时间线右侧的视频素材选中并删除。拖动时间线至00:00:03:05，然后单击顶部工具栏中的“特效”按钮，在“特效效果”|“自然”特效列表中，单击“闪电”效果缩览图右下角的“添加到轨道”按钮，将特效添加到时间轴中，如图4-24所示。

图4-24

步骤 06 单击顶部工具栏中的“音频”按钮，在“音效素材”列表的搜索框中输入“闪电”，找到对应的音效素材，并将其添加到时间轴中，如图4-25所示。

图4-25

步骤 07 单击顶部工具栏中的“音频”按钮，在“音乐素材”|“纯音乐”音乐列表中选择合适的背景音乐并下载，单击音乐素材右下角的“添加到轨道”按钮，将其添加到时间轴中，如图4-26所示。

图4-26

步骤 08 在时间轴中拖动音乐素材裁剪框的后端，使音乐素材的时长与视频素材的时长保持一致，如图4-27所示。

图4-27

步骤 09 单击界面右上角的“导出”按钮，在弹出的“导出”对话框中设置作品名称及导出路径等信息，完成后单击“导出”按钮，如图4-28所示。

导出视频完成后，在计算机的路径文件夹中找到导出的视频文件并预览视频效果，如图4-29所示。

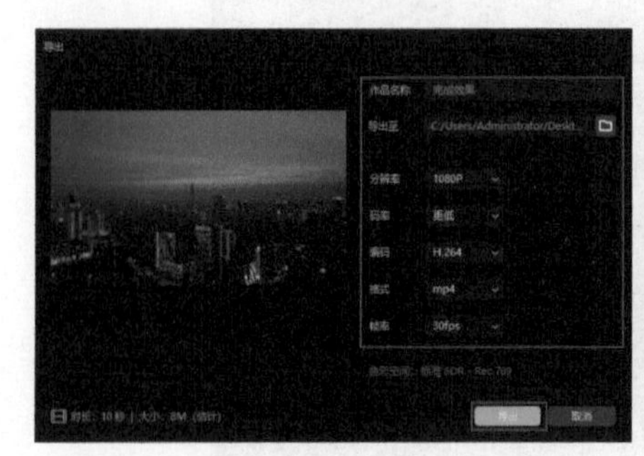

图4-28

图4-29

4.1.3 使用动感特效

在“动感”类型特效列表中，用户可以选择“彩色描边”“水波纹”“彩色负片”“闪黑”“闪白”“心跳”“幻影”等特效。这类视频特效大多数使用了绚丽、动感的光线，搭配一些强节奏的背景音乐，可以营造出极具动感的视频效果。图4-30和图4-31所示分别为应用了“故障读条”和“色差放大”特效的画面效果。

图4-30

图4-31

4.1.4 使用Bling特效

在“Bling”类型特效列表中，用户可以选择“彩钻”“细闪”“闪亮登场”“星光”“梦境”等特效。使用这类视频特效能为视频画面增添星光闪烁的视觉效果，营造梦幻感。图4-32和图4-33所示分别为应用了“模糊星光”和“闪亮登场”特效的画面效果。

图4-32

图4-33

4.1.5 使用复古特效

在“复古”类型特效列表中，用户可以选择“录像带”“监控”“电视纹理”“色差默片”“荧幕噪点”“色差故障”等特效。这类视频特效主要是通过在画面中添加一种朦胧感或噪点质地，使画面呈现出浓郁的复古风格，非常适合在制作一些纪录片和街访短片时使用。图4-34和图4-35所示分别为应用了“录像带”和“胶片IV”特效的画面效果。

图4-34

图4-35

4.1.6 使用综艺特效

在“综艺”类型特效列表中，用户可以选择“打击”“预警”“乌鸦飞过”“时间停止”“冲刺”等特效。这类视频特效可以增强画面的趣味性和综艺感，在一些街头采访或恶搞类视频中使用的频率较高。图4-36和图4-37所示分别为应用了“哈哈弹幕”和“满屏问号”特效的画面效果。

图4-36

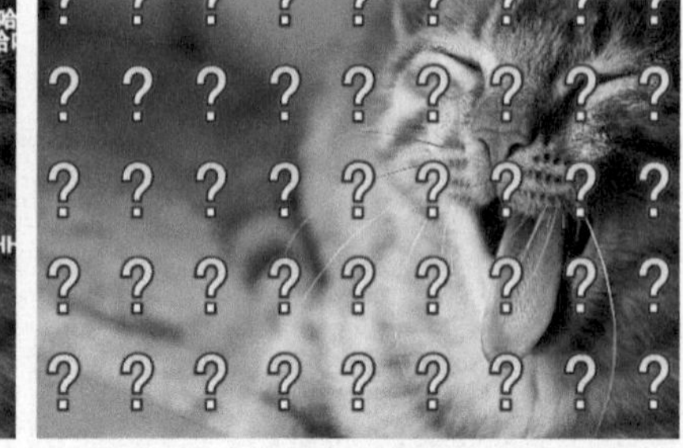

图4-37

4.1.7 使用爱心特效

在“爱心”类型特效列表中，用户可以选择“复古甜心”“爱心暗角”“加载甜蜜”“爱心泡泡”“爱心射线”等特效。这类视频特效适合表现一些带有甜蜜感的画面，例如情侣之间的互动日常、婚礼或纪念日短片等。图4-38和图4-39所示分别为应用了“少女心事”和“爱心气泡”特效的画面效果。

图4-38

图4-39

4.1.8 使用自然特效

在“自然”类型特效列表中，用户可以选择“落樱”“爆炸”“闪电”“落叶”“蒸汽腾腾”“水滴滚动”等特效。使用这类视频特效可以在画面中添加飞花、落叶、烟花、星空等修饰元素，也能制作下雪、浓雾、闪电、下雨等天气效果。图4-40和图4-41所示分别为应用了“大雪”和“雾气”特效的画面效果。

图4-40

图4-41

4.1.9 使用边框特效

在“边框”特效列表中，用户可以选择唱片封面、纸膜边框、白噪点边框、MV封面、录制边框等特效。通过使用这类视频特效，可以为画面添加一些趣味性十足的边框效果。图4-42和图4-43所示分别为应用“原相机”和“手绘弹窗”特效的画面效果。

图4-42

图4-43

4.1.10 使用光影特效

在“边框”特效列表中，用户可以选择日落灯、夕阳、彩虹光、丁达尔光线、树影、星星投影等特效。这类视频特效可用于在画面中添加一些常见的自然光影效果，营造与众不同的氛围美感。图4-44和图4-45所示分别为应用“彩虹光晕”和“蒸汽波路灯”特效的画面效果。

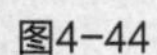

图4-44

图4-45

4.1.11 使用分屏特效

在“分屏”特效列表中，用户可以选择三屏、黑白三格、六屏、九屏跑马灯等特效，如图4-46所示。使用这类视频特效可以非常方便地将一个画面分隔为多个画面，并使多个画面同时段进行播放。

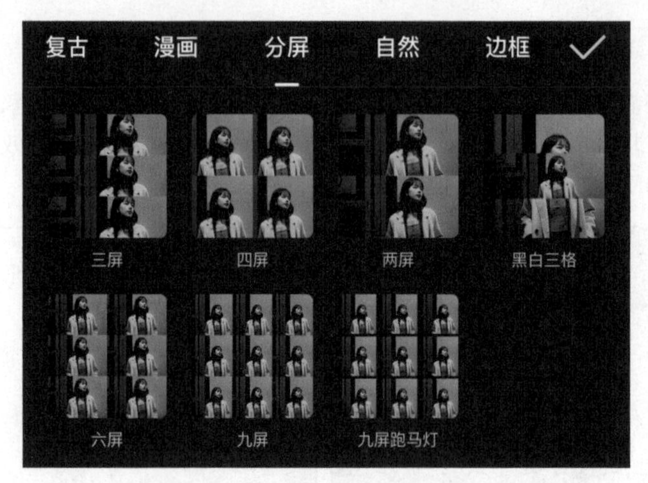

图4-46

技术指导：制作三屏特效视频

三屏特效视频是抖音短视频平台上比较流行的一种视频形式。简单来说就是将视频画面分为上中下三个部分，相比于单画面呈现的效果更加具有视觉冲击力。下面就为各位读者介绍如何在剪映专业版中制作三屏特效视频。

步骤01 启动剪映专业版，在首页界面中单击“开始创作”按钮，进入视频编辑界面，单击“导入素材”按钮，打开“请选择媒体资源”对话框，选择路径文件夹中的素材文件，单击“打开”按钮，如图4-47所示。

步骤02 通过上述操作导入的素材，会被放置到本地素材库中，如图4-48所示。

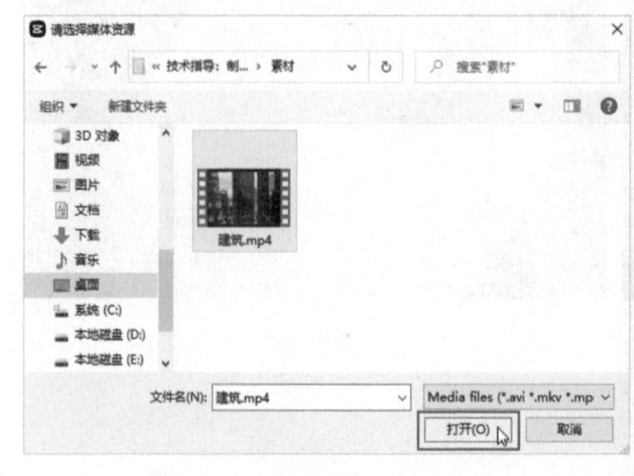

图4-47

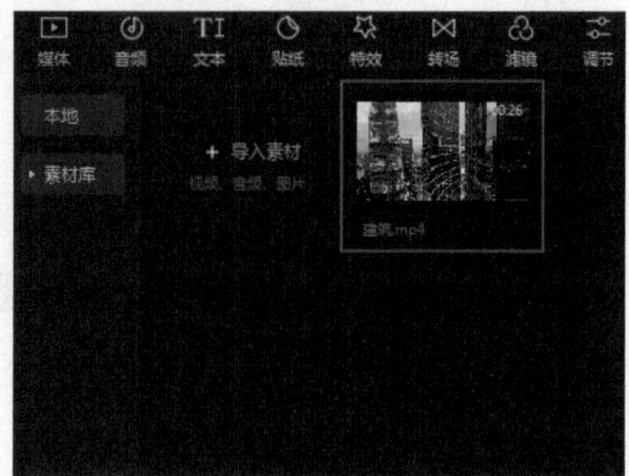

图4-48

步骤03 在本地素材库中，单击“建筑.mp4”素材缩览图右下角的“添加到轨道”按钮，将视频素材添加到时间轴中，如图4-49所示。

步骤04 单击“播放器”中的画面比例按钮，在下拉列表中选择“9：16”选项，如图4-50所示。

图4-49

图4-50

完成上述操作后，视频素材将由横屏画面转变为竖屏画面，变化前后效果如图4-51和图4-52所示。

图4-51

图4-52

步骤 05 单击顶部工具栏中的“特效”按钮，在“特效效果”|“分屏”特效列表中，单击“三屏”效果缩览图右下角的“添加到轨道”按钮，将特效添加到时间轴中，如图4-53所示。

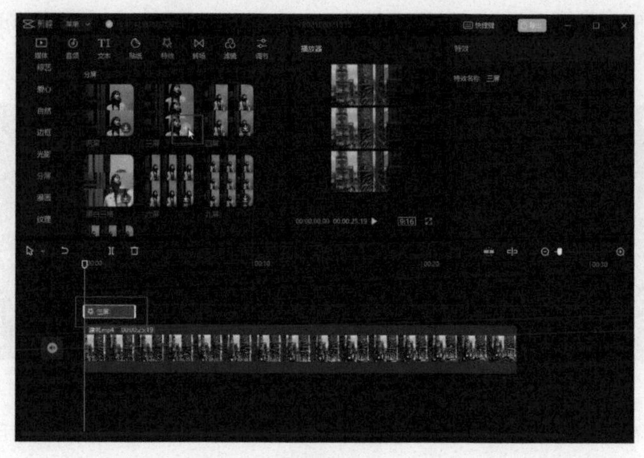

图4-53

步骤 06 在时间轴中拖动“三屏”特效素材的裁剪框后端，使特效素材的时长与视频素材的时长保持一致，如图4-54所示。

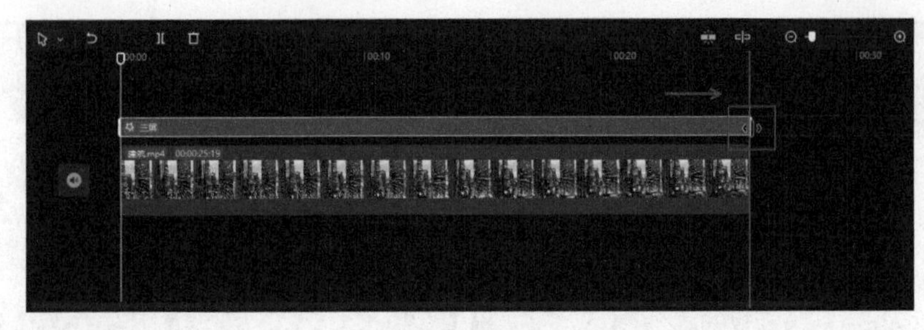

图4-54

步骤07 单击顶部工具栏中的“音频”按钮，在“音乐素材”|“动感”音乐列表中，选择合适的背景音乐，将其添加到时间轴中，如图4-55所示。

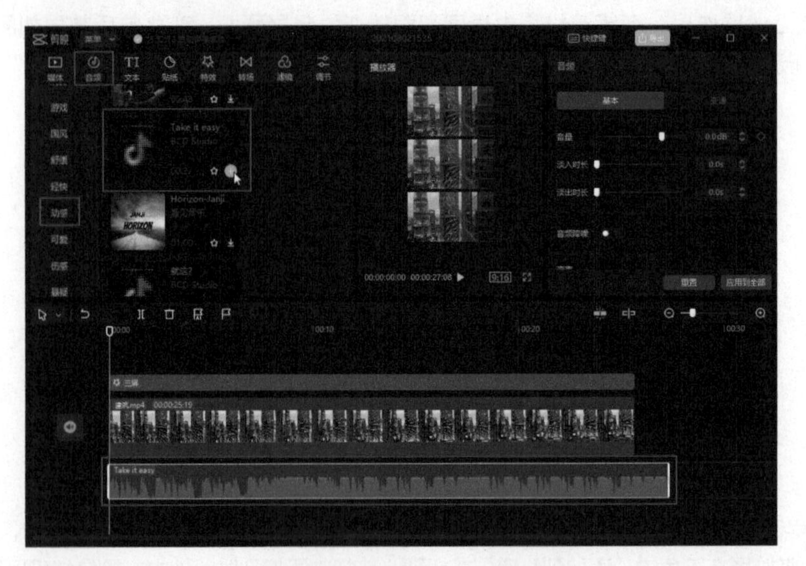

图4-55

步骤08 在时间轴中拖动音乐素材的裁剪框后端，使音乐素材的时长与视频素材的时长保持一致，如图4-56所示。

图4-56

步骤09 单击界面右上角的“导出”按钮，弹出“导出”对话框，修改其中自定义作品名称及导出路径等信息，完成后单击“导出”按钮，如图4-57所示。

导出视频后，在计算机的路径文件夹中找到导出的视频文件并预览视频效果，如图4-58所示。

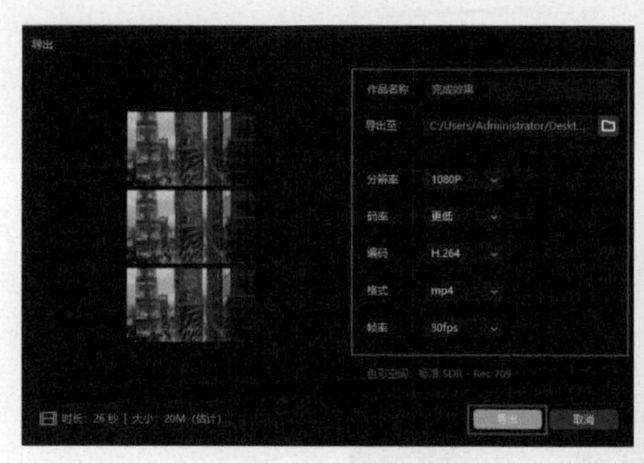

图4-57

图4-58

4.1.12 使用漫画特效

在“漫画”特效列表中，用户可以选择火光包围、黑白漫画、黑白线描、电光包围、三格漫画、彩色漫画等特效，为画面添加一些趣味性十足的漫画效果。图4-59和图4-60所示分别为应用“三格漫画”和“告白氛围”特效的画面效果。

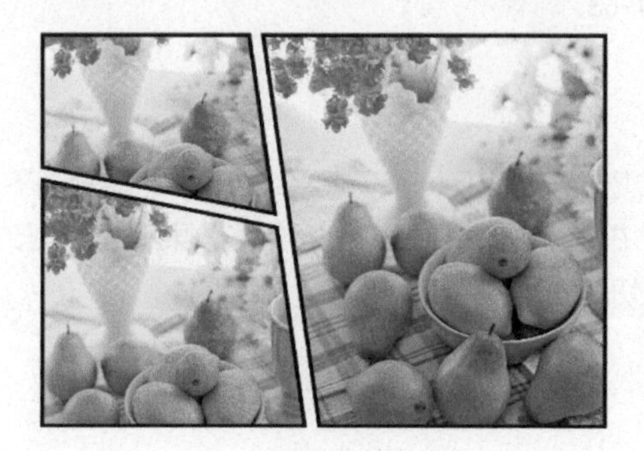

图4-59

图4-60

4.1.13 使用纹理特效

在“纹理”特效列表中，用户可以选择老照片、折痕、纸质撕边、杂志、塑料封面等特效。通过使用这类视频效果，可以对画面进行做旧处理，营造出年代感。图4-61和图4-62所示分别为应用“老照片”和“折痕V”特效的画面效果。

图4-61

图4-62

4.2 转场特效的应用

用户在时间轴中添加两段视频素材后，打开转场效果选项栏，可以看到在选项栏中提供了“基础转场”“运镜转场”“特效转场”“MG转场”“幻灯片”“遮罩转场”等不同类别的转场效果，如图4-63所示。

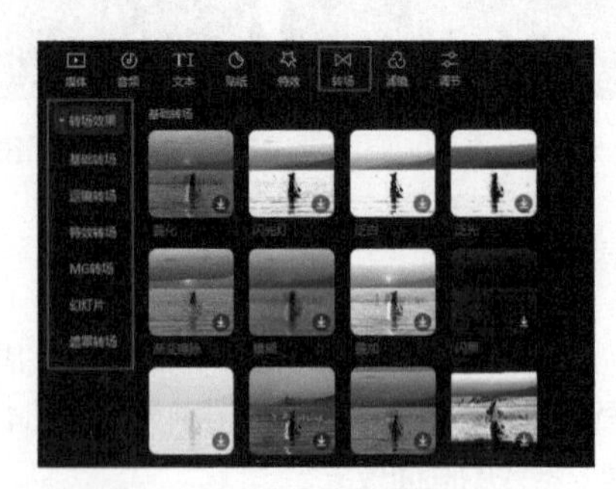

图4-63

4.2.1 转场的概念及作用

视频转场又称视频过渡或视频切换。使用转场效果可以使一个场景平缓且自然地转换到下一个场景，也可以极强地增加影片的艺术感染力。在进行视频剪辑时，利用转场效果不仅可以改变视角、推进故事的发展，还可以避免两个镜头在切换时产生突兀的跳动。

技术指导：转场效果的添加及应用

要在剪映专业版中为视频添加转场效果，首先需要确保剪辑项目中的同一轨道上至少存在两个素材。下面介绍在两个片段之间添加及应用转场效果的方法。

步骤 01 启动剪映专业版，在首页界面中单击“开始创作”按钮，进入视频编辑界面，单击“导入素材”按钮，打开“请选择媒体资源”对话框，选择路径文件夹中的素材文件，单击“打开”按钮，如图4-64所示。

步骤 02 通过上述操作导入的素材，会被放置到本地素材库中，如图4-65所示。

图4-64

图4-65

步骤 03 在本地素材库中，依次单击“动物.jpg”和“树木.jpg”素材缩览图右下角的“添加到轨道”按钮，将图像素材添加到时间轴中，如图4-66所示。

图4-66

步骤 04 单击顶部工具栏中的“转场”按钮，在“转场效果”|“运镜转场”特效列表中，单击“推近”效果缩览图右下角的“添加到轨道”按钮，即可将该转场效果添加到两个素材片段之间，如图4-67所示。

图4-67

步骤 05 为了让转场效果具有视听冲击力，可以在产生转场效果对应的时间点添加转场音效。在时间轴中拖动时间线至转场效果的起始时间点，如图4-68所示。

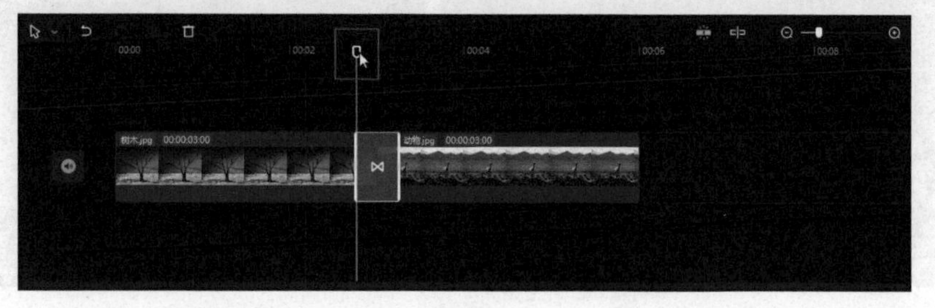

图4-68

步骤 06 单击顶部工具栏中的“音频”按钮，在“音效素材”|“转场”音效列表中，找到“旋风”音效，将其添加到时间轴中，如图4-69所示。

图4-69

步骤 07 观察时间轴中添加的转场音频素材，可以看到音波上有一段红色的标记，这代表音效的高潮部分。在时间轴中拖动音效素材，将其中的红色高潮部分的开始对齐转场效果的开始，如图4-70所示。

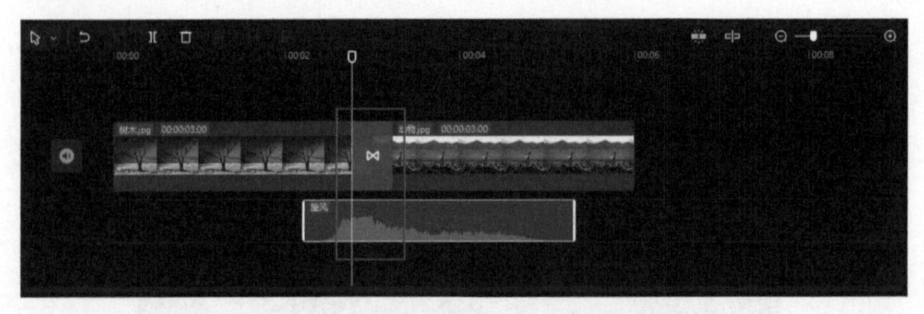

图4-70

步骤 08 单击界面右上角的“导出”按钮，弹出“导出”对话框，修改其中自定义作品名称及导出路径等信息，完成后单击“导出”按钮，如图4-71所示。

导出视频后，在计算机的路径文件夹中找到导出的视频文件并预览视频效果，如图4-72所示。

图4-71

图4-72

4.2.2 使用基础转场效果

在转场特效选项栏的“基础转场”类别中包含了“叠化”“闪光灯”“模糊”“闪黑”“闪白”“色彩溶解”“滑动”等转场效果。这类转场效果主要是通过平缓的叠化、推移运动来实现画面之间的切换。图4-73至图4-75所示为使用“基础转场”类别中“色彩溶解”效果后的展示图。

图4-73

图4-74

图4-75

4.2.3 使用运镜转场效果

在转场特效选项栏的“运镜转场”类别中包含了“推近”“拉远”“色差顺时针”“向上”“向下”等转场效果。在画面切换过程中，这类转场效果会产生一定的回弹感和运动模糊效果。图4-76至图4-78所示为使用“运镜转场”类别中“顺时针旋转”效果后的展示图。

图4-76

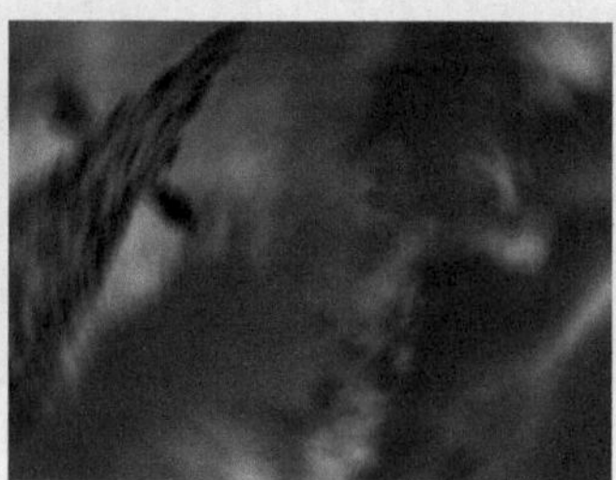

图4-77

图4-78

技术指导：运动特效转场视频

在进行视频编辑处理时，结合视频素材中主体对象的运动方向，灵活地运用视频转场效果，可以营造出与众不同的视觉效果。下面就结合本节所学内容，为各位读者讲解如何利用剪映专业版中的运镜转场效果制作一个运动特效转场视频。

步骤01 启动剪映专业版，在首页界面中单击“开始创作”按钮 开始创作，进入视频编辑界面，单击“导入素材”按钮 + 导入素材，打开“请选择媒体资源”对话框，选择路径文件夹中的素材文件，单击“打开”按钮，如图4-79所示。

步骤02 通过上述操作导入的素材，会被放置到本地素材库中，如图4-80所示。

图4-79

图4-80

步骤 03 单击顶部工具栏中的“音频”按钮，在“音乐素材”|“运动”音乐列表中，选择合适的背景音乐，将其添加到时间轴中，如图 4-81所示。

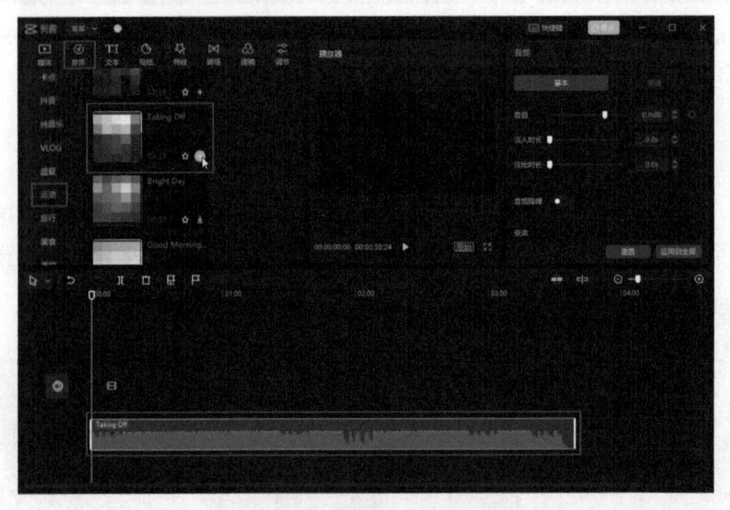

图4-81

步骤 04 单击时间轴顶部的“自动踩点”按钮，在下拉列表中选择“踩节拍I”选项，如图4-82所示。

图4-82

步骤 05 在本地素材库中，单击“01.mp4”素材缩览图右下角的“添加到轨道”按钮，将素材添加到时间轴中，如图4-83所示。

图4-83

步骤 06 选中时间轴中的“01.mp4”，然后在编辑界面右侧的参数调节面板中切换至“变速”选项卡，调整“常规变速”中的“倍速”为2.8×。此时时间轴中的视频素材时长变短，如图4-84所示。

图4-84

步骤 07 在时间轴中拖动“01.mp4”的裁剪框后端，使其与背景音乐素材中的第1个黄色节奏点对齐，如图4-85所示。

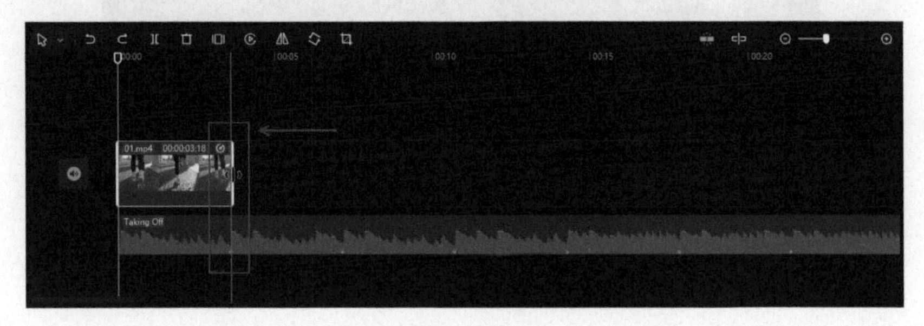

图4-85

步骤 08 拖动本地素材库中的“02.mp4”，将其放置到“01.mp4”的右侧。接着，将时间线拖动到背景音乐素材中的第2个黄色节奏点所处的时间点，在“02.mp4”被选中的情况下，单击“分割”按钮，对视频素材进行分割，如图4-86所示。

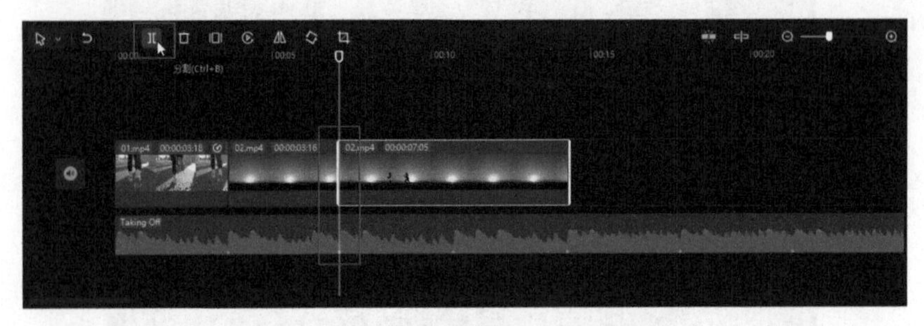

图4-86

步骤 09 完成分割操作后，将“02.mp4”位于时间线左侧的部分删除，剩余的素材会自动拼接到前一段素材的后方。继续选中时间轴中的“02.mp4”，单击“分割”按钮，对视频素材进行分割，如图4-87所示。

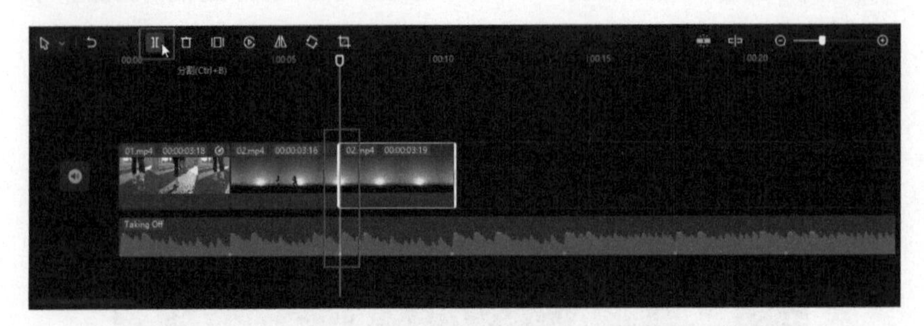

图4-87

步骤 10 完成分割操作后，删除“02.mp4”位于时间线右侧的部分。单击顶部工具栏中的“转场”按钮，在“转场效果”|“运镜转场”特效列表中，单击“推近”效果缩览图右下角的“添加到轨道”按钮，将该转场效果添加到两个素材片段之间，如图4-88所示。

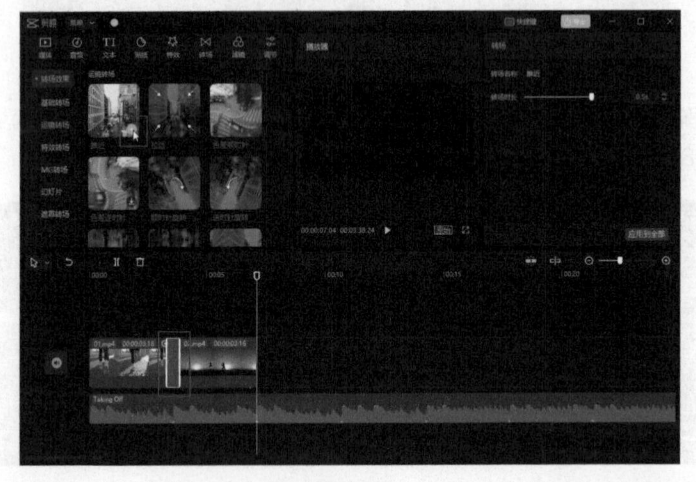

图4-88

步骤 11 拖动本地素材库中的“03.mp4”，将其放置到“02.mp4”的右侧。接着，在编辑界面右侧的参数调节面板中切换至“变速”选项卡，调整“常规变速”中的“倍速”为2.8×，如图4-89所示。

图4-89

步骤 12 在时间轴中拖动“03.mp4”的裁剪框后端，使其与背景音乐素材中的第3个黄色节奏点对齐，如图4-90所示。

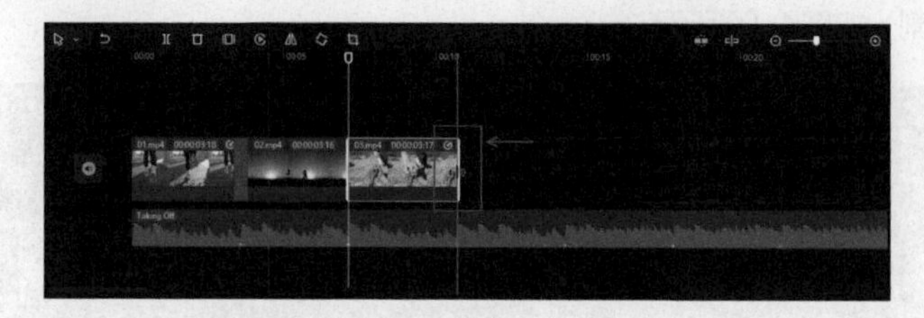

图4-90

步骤 13 单击顶部工具栏中的“转场”按钮⊠，在“转场效果”|“运镜转场”特效列表中，单击“向左上”效果缩览图右下角的“添加到轨道”按钮⊕，将该转场效果添加到“02.mp4”和“03.mp4”两个素材之间，如图4-91所示。

图4-91

步骤14 拖动本地素材库中的“04.mp4”，将其放置到“03.mp4”的右侧。接着，在编辑界面右侧的参数调节面板中切换至“变速”选项卡，调整“常规变速”中的“倍速”为5.0×，如图4-92所示。

图4-92

步骤15 将时间线拖动到00:00:16:12，在选中“04.mp4”的情况下，单击“分割”按钮，对视频素材进行分割，如图4-93所示。

图4-93

步骤16 完成分割操作后，将“04.mp4”位于时间线左侧的部分删除。在时间轴中拖动“04.mp4”的裁剪框后端，使其与背景音乐素材中的第4个黄色节奏点对齐，如图4-94所示。

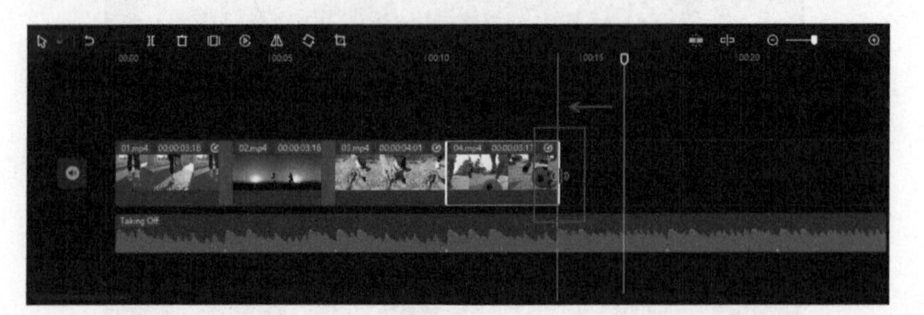

图4-94

步骤17 单击顶部工具栏中的“转场”按钮，在“转场效果”|“运镜转场”特效列表中，单击“向右上”效果缩览图右下角的“添加到轨道”按钮，将该转场效果添加到“03.mp4”和“04.mp4”两个素材之间，如图4-95所示。

图4-95

步骤 18 拖动本地素材库中的“05.mp4”，将其放置到“04.mp4”的右侧。将时间线拖动到背景音乐素材中的第6个黄色节奏点所处的时间点，在“05.mp4”被选中的情况下，单击“分割”按钮，对视频素材进行分割，如图4-96所示。

图4-96

步骤 19 完成分割操作后，将“05.mp4”位于时间线右侧的部分删除。单击顶部工具栏中的“转场”按钮，在“转场效果”|“运镜转场”特效列表中，单击“推近”效果缩览图右下角的“添加到轨道”按钮，将该转场效果添加到“04.mp4”和“05.mp4”两个素材之间，如图4-97所示。

图4-97

步骤20 拖动本地素材库中的“06.mp4”，将其放置到“05.mp4”的右侧。将时间线拖动到背景音乐素材中的第7个黄色节奏点所处的时间点，在“06.mp4”被选中的情况下，单击“分割”按钮，对视频素材进行分割，如图4-98所示。

图4-98

步骤21 完成分割操作后，将“06.mp4”位于时间线右侧的部分删除。单击顶部工具栏中的“转场”按钮，在“转场效果”|“运镜转场”特效列表中，单击“拉远”效果缩览图右下角的“添加到轨道”按钮，将该转场效果添加到“05.mp4”和“06.mp4”两个素材之间，如图4-99所示。

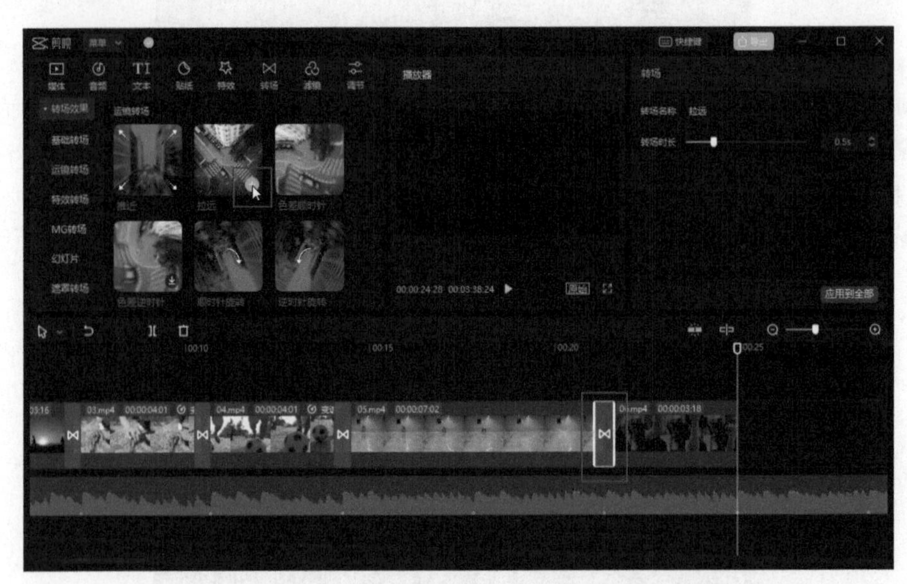

图4-99

步骤22 拖动本地素材库中的“07.mp4”，将其放置到“06.mp4”的右侧。接着，单击顶部工具栏中的“转场”按钮，在“转场效果”|“运镜转场”特效列表中，单击“向左上”效果缩览图

右下角的“添加到轨道”按钮，将该转场效果添加到“06.mp4”和“07.mp4”两个素材之间，如图4-100所示。

图4-100

步骤 23 单击顶部工具栏中的“音频”按钮，在“音效素材”|“转场”列表中，找到“旋风”音效，将该音效添加到时间轴中，并调整其位置，使每个音效的高潮部分都对应到每个转场效果所处的时间点，如图4-101所示。

图4-101

步骤 24 拖动时间线至00:00:29:08，单击顶部工具栏中的“文本”按钮，在“新建文本”|“默认”列表中单击“默认文本”选项右下角的“添加到轨道”按钮，将文本素材添加到时间轴中，如图4-102所示。

图4-102

步骤25 在编辑界面右侧的参数调节面板中，修改文本内容为“生命不息”，设置“字体”为“新青年体”，如图4-103所示。

步骤26 在“排列”选项卡中，设置“对齐”方式为竖直顶端首字对齐排列，如图4-104所示。

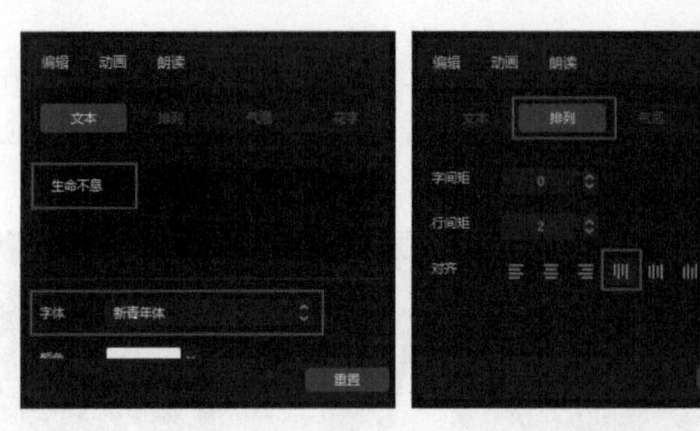

图4-103　　图4-104

步骤27 切换至“动画”选项卡，设置“入场”动画为“模糊”，设置“动画时长”为1.0秒，如图4-105所示。

完成上述操作后，在“播放器”中调整文字的摆放位置，如图4-106所示。

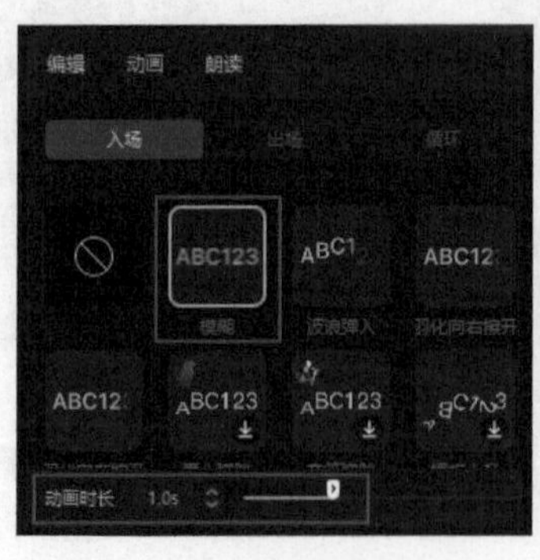

图4-105　　图4-106

步骤 28 在时间轴中选中“生命不息”文本素材，对其进行复制并粘贴到00:00:31:25时间点上，然后在编辑界面右侧的参数调节面板中，修改文字内容为“运动不止”，并在“播放器”中调整文字的摆放位置，如图 4-107所示。

图4-107

步骤 29 将时间线拖动到00:00:41:16，然后分别拖动“07.mp4”和背景音乐素材的裁剪框后端至时间线所处位置，如图4-108所示。

图4-108

步骤 30 将时间线拖动到00:00:39:26，然后将两个文本素材的裁剪框后端拖至时间线所处位置，如图 4-109所示。

图4-109

步骤 31 单击界面右上角的“导出”按钮，弹出“导出”对话框，修改其中自定义作品名称及导出路径等信息，完成后单击“导出”按钮，如图4-110所示。

导出视频后，在计算机的路径文件夹中找到导出的视频文件并预览视频效果，如图4-111所示。

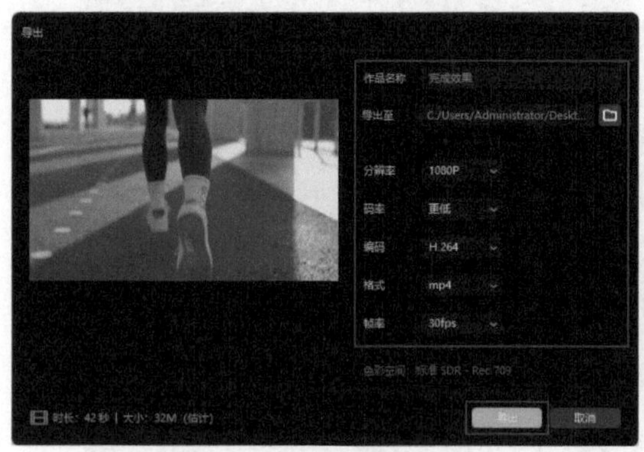

图4-110

图4-111

4.2.4 使用特效转场效果

在转场特效选项栏的“特效转场”类别中包含了“光束”“分割”“向左拉伸”“冰雪结晶”“雪花故障”“快门”“白色烟雾”“动漫火焰”等转场效果。这类转场效果主要是通过使用火焰、光斑、射线等炫酷的视觉特效，来实现两个画面的切换。图4-112至图4-114所示为使用“特效转场”类别中“快门”效果后的展示图。

图4-112

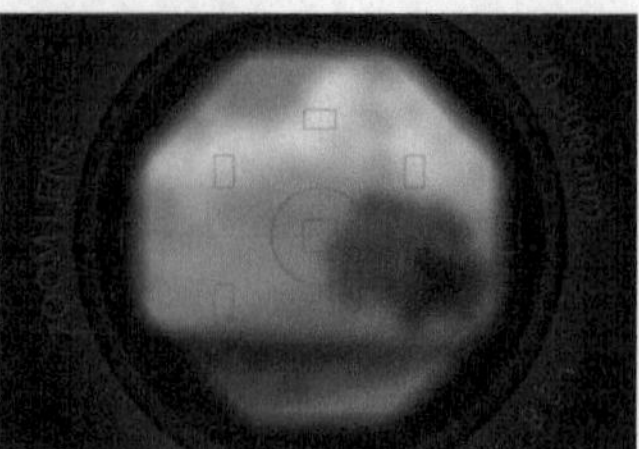

图4-113

图4-114

技术指导：制作照片卡点转场特效视频

在进行视频编辑处理时，大家要结合自己作品的特点，灵活运用不同的转场效果，这样才能达到理想的视频效果。下面讲解一个制作照片卡点转场特效视频的方法。

步骤 01 打开抖音短视频App，进入主页后单击右上角的搜索按钮，在搜索栏中输入文字“万有引力”，搜索对应的音乐，如图4-115所示。

步骤 02 点击音乐进入详情页，然后点击收藏按钮，如图4-116所示。

图4-115　　图4-116

步骤 03 启动剪映专业版，在首页界面中单击“开始创作”按钮，进入视频编辑界面，单击“导入素材”按钮，打开“请选择媒体资源”对话框，选择路径文件夹中的素材文件，单击“打开”按钮，如图4-117所示。

步骤 04 通过上述操作导入的素材，会被放置到本地素材库中，如图4-118所示。

图4-117　　图4-118

步骤 05 单击顶部工具栏中的“音频”按钮，在“抖音收藏”列表中，找到之前收藏的音乐，将其添加到时间轴中，如图4-119所示。

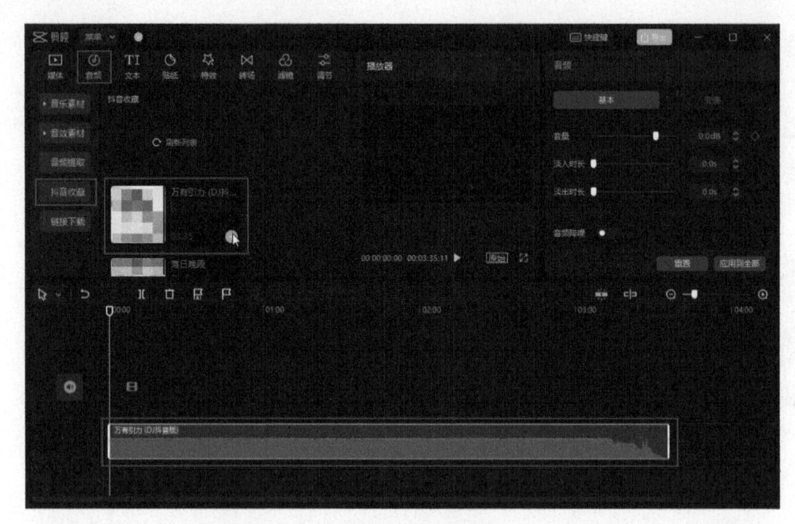

图4-119

步骤 06 单击时间轴顶部工具栏中的“自动踩点”按钮，在下拉列表中选择“踩节拍I”选项，如图4-120所示。

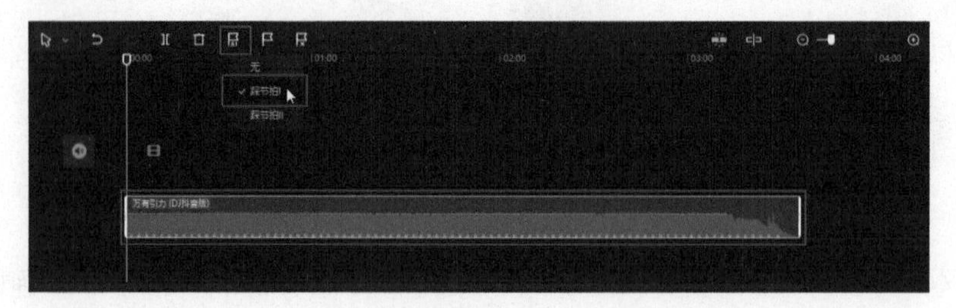

图4-120

步骤 07 在本地素材库中，单击“01.mp4”素材缩览图右下角的“添加到轨道”按钮，将素材添加到时间轴中，如图4-121所示。

图4-121

步骤 08 将时间线拖动到第2个黄色节奏点所处的位置，在“01.mp4”被选中的情况下，单击“定格”按钮，如图4-122所示。

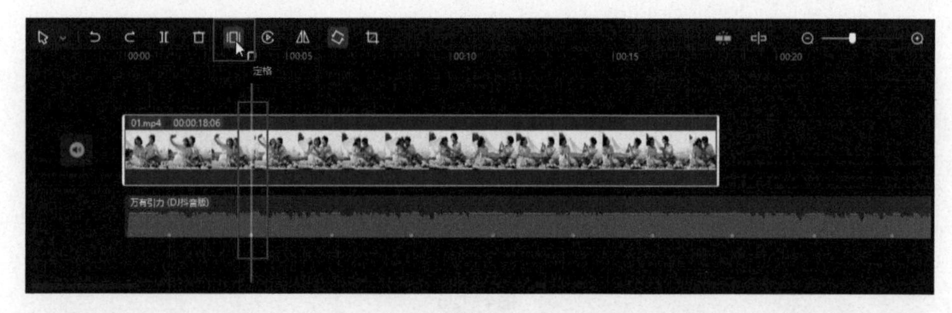

图4-122

完成上述操作后，时间线右侧会自动生成定格单帧画面，如图4-123所示。

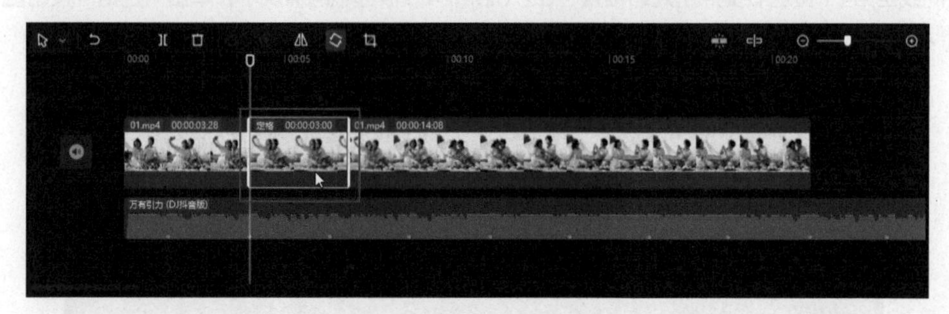

图4-123

步骤 09 将“01.mp4”位于定格素材右侧的部分删除。接着，单击顶部工具栏中的“转场”按钮，在“转场效果”|“特效转场”特效列表中，单击“快门”效果缩览图右下角的“添加到轨道”按钮，将该转场效果添加到“01.mp4”和定格素材之间，如图4-124所示。

图4-124

步骤 10 将时间线拖动到00:00:05:03，然后将定格素材的裁剪框后端拖动到时间线所处位置，如图4-125所示。

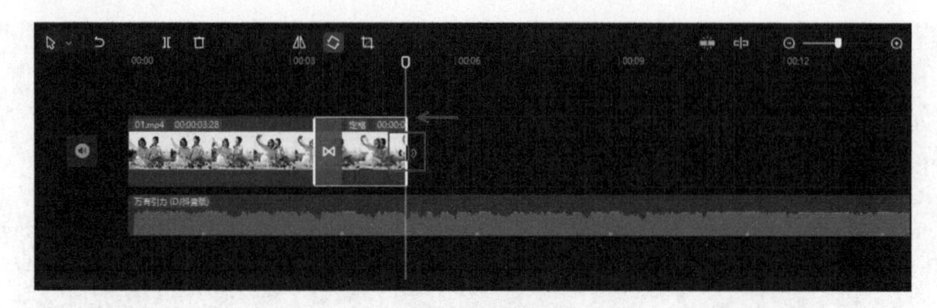

图4-125

步骤 11 拖动本地素材库中的“02.mp4”，将其放置到定格素材的右侧。接着，在时间轴中拖动时间线至第4个黄色节奏点所处的位置，在“02.mp4”被选中的情况下，单击“定格”按钮，时间线右侧会自动生成定格单帧画面，如图4-126所示。

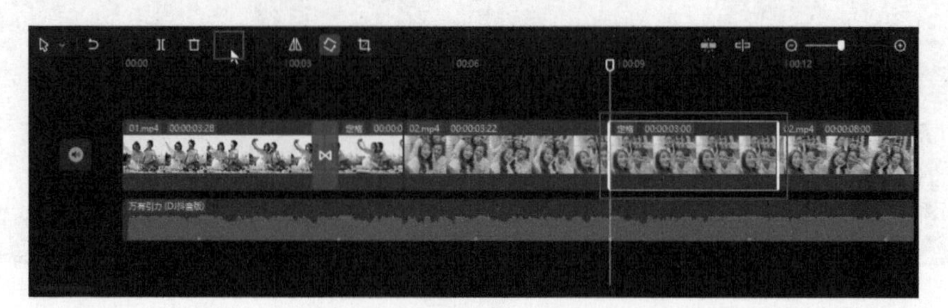

图4-126

步骤 12 将“02.mp4”位于定格素材右侧的部分删除。接着，单击顶部工具栏中的“转场”按钮，在“转场效果”|“特效转场”特效列表中，单击“快门”效果缩览图右下角的“添加到轨道”按钮，将该转场效果添加到“02.mp4”和其右侧的定格素材之间，如图4-127所示。

图4-127

步骤13 将时间线拖动到00:00:10:02，然后将第2个定格素材的裁剪框后端拖动到时间线所处的位置，如图4-128所示。

图4-128

步骤14 拖动本地素材库中的“03.mp4”，将其放置到第2个定格素材的右侧，然后在编辑界面右侧的参数调节面板中切换至“变速”选项卡，调整“常规变速”中的“倍速”为4.0×，如图4-129所示。

图4-129

步骤15 在时间轴中拖动时间线至第6个黄色节奏点所处的位置，在“03.mp4”被选中的情况下，单击“定格”按钮，时间线后会自动生成定格单帧画面，如图4-130所示。

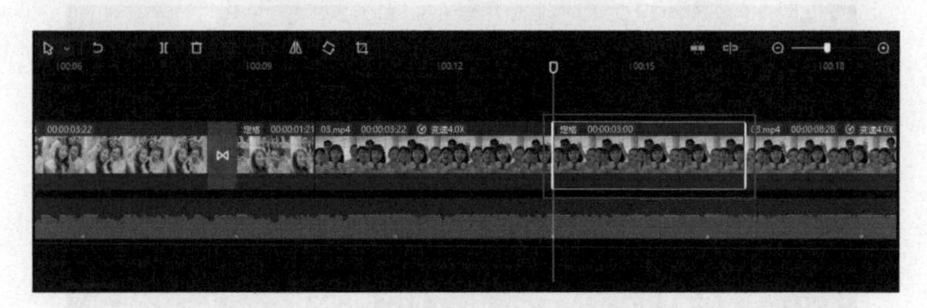

图4-130

步骤16 将位于“03.mp4”定格素材右侧的部分删除。接着，单击顶部工具栏中的“转场”按钮，在“转场效果”|“特效转场”特效列表中，单击“快门”效果缩览图右下角的“添加到轨道”按钮，将该转场效果添加到“03.mp4”和其右侧的定格素材之间，然后将第3个定格素材的裁剪框后端拖动到00:00:15:00，如图4-131所示。

图4-131

用同样的方法，对“04.mp4”及“05.mp4”进行编辑处理，如图4-132所示。

图4-132

步骤 17 在时间轴中拖动音乐素材的裁剪框后端，使其与视频素材的结尾处对齐。然后在编辑界面右侧的参数调节面板中，设置“淡入时长”为0.8秒，“淡出时长”为0.8秒，如图4-133所示。

图4-133

步骤 18 单击界面右上角的“导出”按钮，弹出“导出”对话框，修改其中自定义作品名称及导出路径等信息，完成后单击“导出”按钮，如图4-134所示。

导出视频后，在计算机的路径文件夹中找到导出的视频文件并预览视频效果，如图4-135所示。

图4-134

图4-135

4.2.5 使用MG转场效果

在转场特效选项栏的“MG转场”类别中包含了“水波卷动”“动漫旋涡”“矩形分割”“中心旋转”“向下流动”等转场效果。这类转场效果主要是通过在两个画面中插入简单的图形动画来实现画面的过渡。图4-136至图4-138所示分别为使用“MG转场”类别中“白色墨花”效果后的展示图。

图4-136

图4-137

图4-138

4.2.6 使用幻灯片转场效果

在转场特效选项栏的“幻灯片”类别中包含了“翻页”“回忆”“立方体”“倒影”“百叶窗”“风车”“万花筒”等转场效果。这类转场效果主要是通过一些简单的画面运动和图形变化来实现画面之间的切换。图4-139至图4-141所示为使用“幻灯片”类别中“翻页”效果后的展示图。

图4-139

图4-140

图4-141

4.2.7 使用遮罩转场效果

在转场特效选项栏的“遮罩转场”类别中包含了“云朵”“圆形遮罩”“星星”“爱心”“水墨”“画笔擦除”等转场效果。这类转场效果主要是通过不同的图形遮罩来实现画面之间的切换。图4-142至图4-144所示为使用“遮罩转场”类别中“星星Ⅱ”效果后的展示图。

图4-142

图4-143

图4-144

拓展练习：星河光影特效音乐视频

本章主要为各位读者介绍了应用特效及转场的方法。下面就结合本章所学，利用剪映专业版中提供的各类视频特效，制作一款星河光影特效音乐视频吧。本例参考效果如图4-145至图4-148所示。

图4-145

图4-146

图4-147

图4-148

第 5 章

画面的调整：优化画面并丰富内容

在剪映专业版中完成对作品的剪辑后，大家可以继续在软件中对视频进行加工润色，例如添加字幕、添加贴纸，或者对视频画面进行调色处理。这些操作可以使剪辑后的画面更加完整和精致。

创建和编辑字幕

在影视作品中，字幕就是将语音内容以文字的形式显示在画面中。对于观众，观看视频的过程是一个被动接受信息的过程，此时就需要用到字幕来帮助观众更好地理解和接受视频所传达的内容。

5.1.1 创建字幕

启动剪映专业版，在时间轴中导入图像素材或视频素材后，便可以开始为素材创建及编辑相关字幕了。创建字幕的方法非常简单，首先将时间线定位至需要出现字幕的时间点，然后单击顶部工具栏中的“文本”按钮TI，此时可以看到图5-1所示的“文本”选项栏。单击“新建文本”|“默认”选项，在对应列表中单击“默认文本”选项右下角的“添加到轨道”按钮，如图5-2所示。

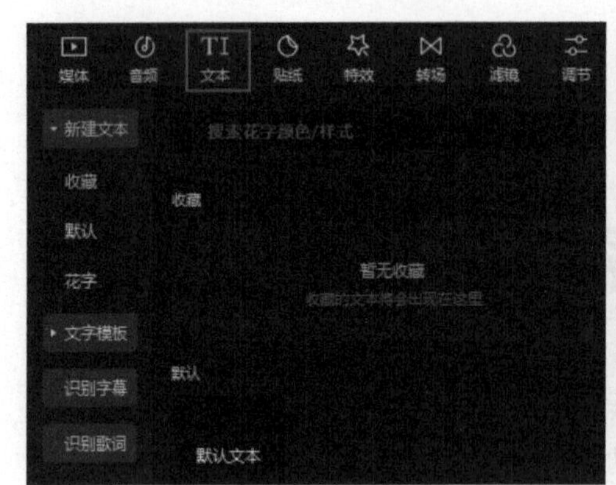

图5-1

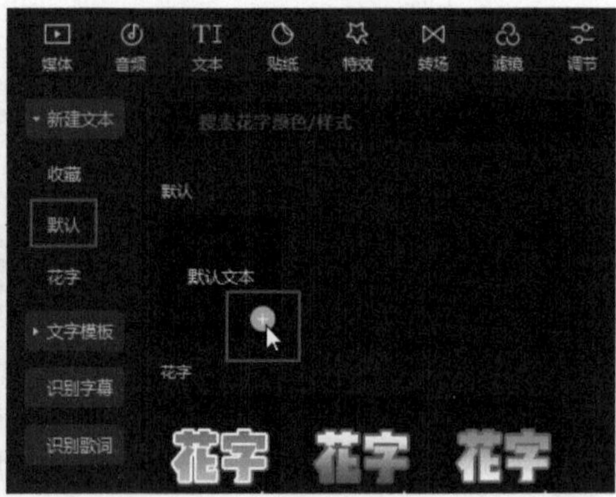

图5-2

完成上述操作后，时间轴中会自动生成一个字幕素材，同时在“播放器”中可以看到生成的字幕，如图5-3所示。

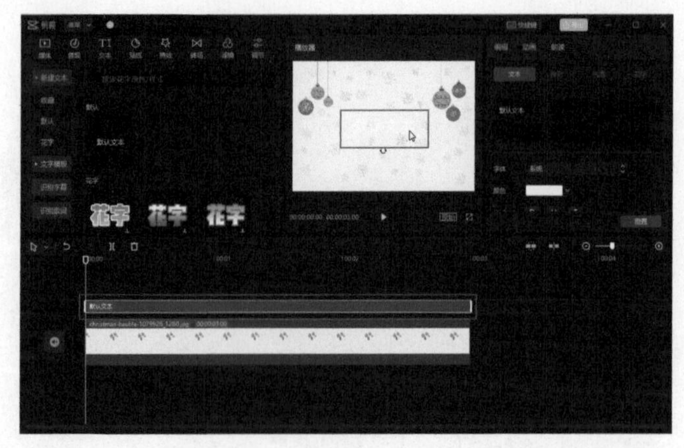

图5-3

5.1.2 调整字幕的基本参数

在创建了字幕素材后，用户可以在编辑界面右侧的参数调节面板中调整字幕的基本参数，如图5-4所示。

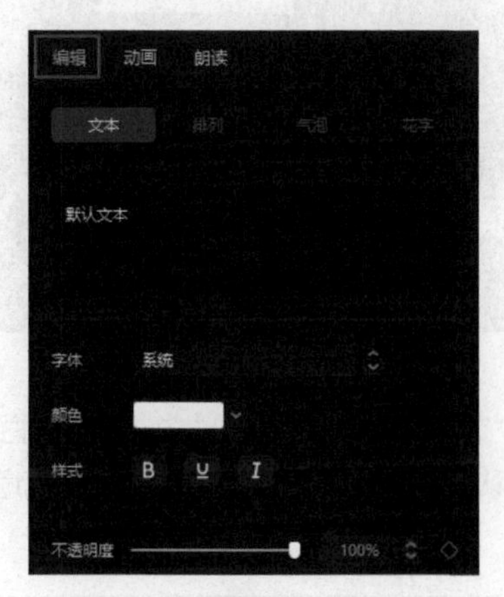

图5-4

技术指导：掌握字幕的创建与编辑方法

在剪辑项目中创建了基本字幕后，用户可以对字幕的字体、颜色、描边和阴影等样式进行设置，以达到更好的视觉效果。下面就通过案例来帮助各位读者掌握字幕的创建与编辑方法。

步骤01 启动剪映专业版，在首页界面中单击“开始创作”按钮，进入视频编辑界面，单击“导入素材”按钮，打开“请选择媒体资源”对话框，选择路径文件夹中的素材文件，单击“打开”按钮，如图5-5所示。

步骤02 通过上述操作导入的素材，会被放置到本地素材库中，如图5-6所示。

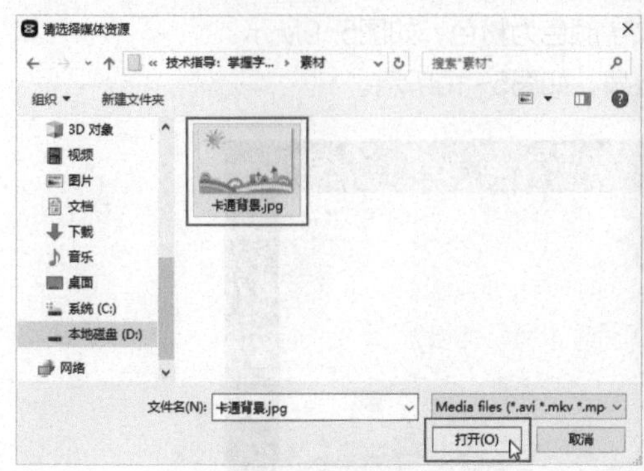

图5-5

图5-6

步骤03 在本地素材库中，单击“卡通背景.jpg”素材缩览图右下角的“添加到轨道”按钮，将图像素材添加到时间轴中，如图5-7所示。

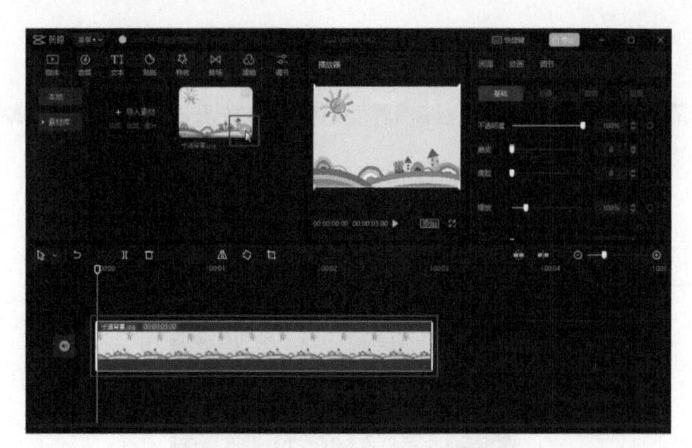

图5-7

步骤04 单击顶部工具栏中的“文本”按钮TI，在“文本”选项栏中单击“新建文本”|“默认”选项，在对应列表中单击“默认文本”选项右下角的“添加到轨道”按钮，在时间轴中添加一个字幕素材，如图5-8所示。

图5-8

步骤05 在字幕素材被选中的情况下，在编辑界面右侧的参数调节面板中，修改文字内容为“儿童节快乐”，设置“字体”为“新青年体”，设置文字颜色为粉色，如图5-9所示。

完成上述操作后，在“播放器”中预览文字效果，如图5-10所示。

图5-9　　图5-10

步骤 06 在编辑界面右侧的参数调节面板中找到“描边”选项，并勾选该选项复选框，然后修改描边“颜色”为红色，将描边“粗细”参数调整为22，如图5-11所示。

完成上述操作后，在“播放器”中预览文字效果，如图5-12所示。

图5-11

图5-12

步骤 07 在编辑界面右侧的参数调节面板中找到“阴影”选项，并勾选该选项复选框，然后修改阴影“颜色”为灰色，并依次调整下方的阴影参数，如图5-13所示。

完成上述操作后，在“播放器”中预览文字效果，如图5-14所示。

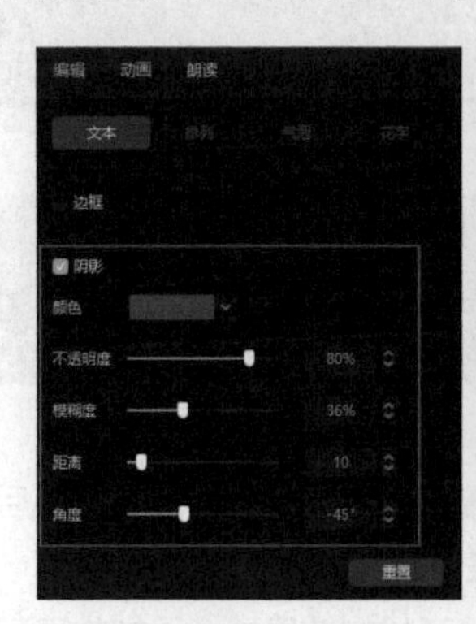

图5-13

图5-14

步骤 08 在编辑界面右侧的参数调节面板中切换至“排列”选项卡，修改“字间距”参数为20，如图5-15所示。

完成上述操作后，在“播放器”中预览文字效果，如图5-16所示。

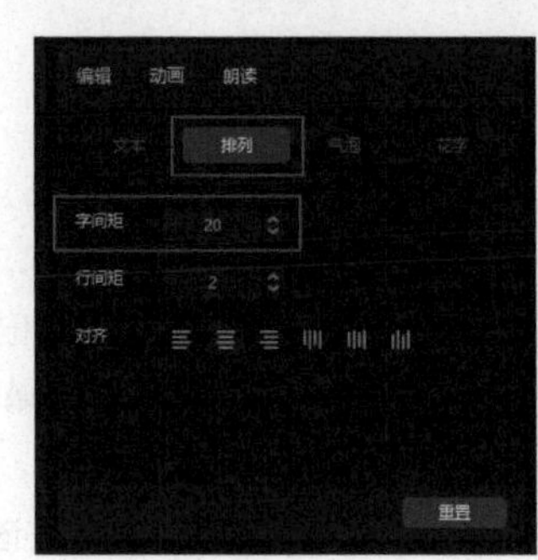

图5-15

图5-16

5.1.3 应用字幕动画

用户在完成基本字幕的创建后，可在编辑界面右侧的参数调节面板中为其选择合适的动画效果，让单调的字幕变得生动、有趣。在时间轴中选择已经创建好的字幕素材，然后在编辑界面右侧的参数调节面板中切换至“动画”选项卡，其中提供了入场动画、出场动画和循环动画3种类别的动画效果，如图 5-17所示。

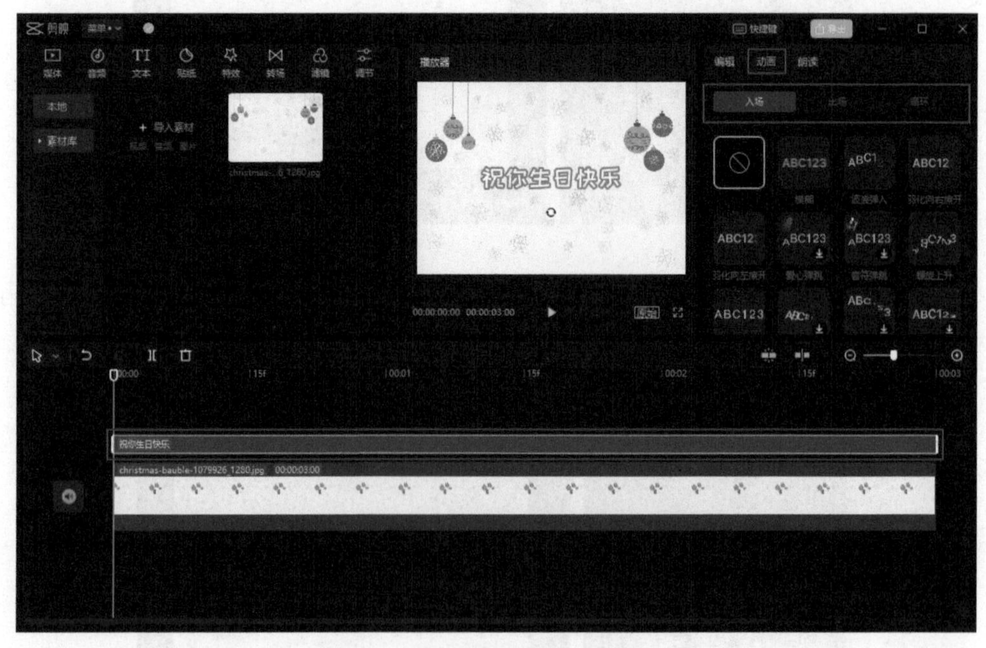

图5-17

- 入场动画：该列表中的动画效果主要应用于字幕素材的起始处，添加效果后可在列表下方调整“动画时长”参数，来自定义动画效果的持续时长。
- 出场动画：该列表中的动画效果主要应用于字幕素材的结尾处，添加效果后可在列表下方调整“动画时长”参数，来自定义动画效果的持续时长。
- 循环动画：在添加该列表中的动画效果后，字幕将循环播放动画，通过调节列表下方的“动画快慢”参数可以调整动画的播放速度。

技术指导：为字幕添加动画效果

在剪映专业版中为用户提供了众多字幕动画效果，用户可根据作品的创作需求，为字幕设置进出场或循环动画效果。应用字幕动画效果的方法非常简单，在字幕动画列表中单击任意效果，即可快速为选中的字幕素材添加该效果，并可以在“播放器”中实时预览对应的字幕动画效果。

步骤 01 启动剪映专业版，在首页界面中找到需要添加动画效果的剪辑项目，单击该项目将其打开，如图5-18所示。

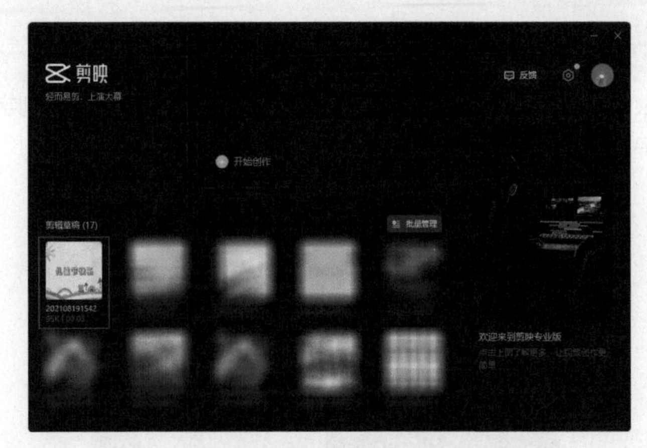

图5-18

步骤 02 进入视频编辑界面后，在时间轴中选中“儿童节快乐”字幕素材，然后在编辑界面右侧的参数调节面板中切换至“动画”选项卡，在“循环”效果列表中单击“调皮”选项，即可将该效果添加到字幕素材中，如图5-19所示。

图5-19

完成上述操作后，在“播放器”中单击播放按钮▶，可预览应用的字幕动画效果，如图5-20和图5-21所示。

图5-20

图5-21

5.1.4 识别视频字幕

当用户在剪映专业版中导入带有语音的视频素材时，可通过内置的“识别字幕”功能快速地在时间轴中生成字幕素材，如图5-22所示。

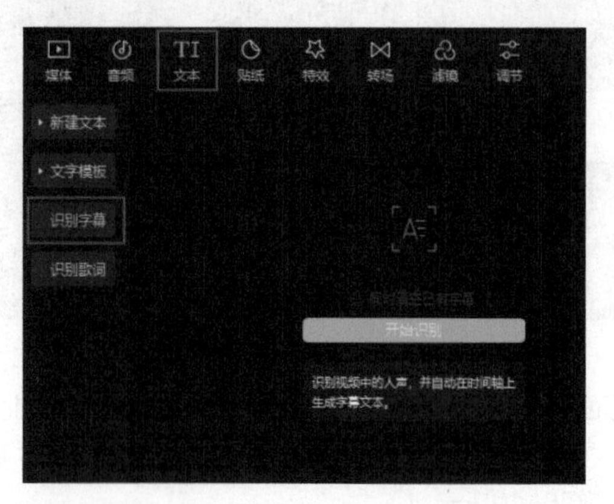

图5-22

技术指导：通过识别音频内容快速生成视频字幕

在制作一些访谈类或有对白的视频时，难免要在视频中插入字幕。在以往的视频编辑工作中，为视频插入字幕是一项较为烦琐的工作。而如今在剪映专业版中，用户只需要单击相关的功能按钮，软件便可快速识别音频内容并生成视频字幕，从而节省了大量的工作时间。

步骤 01 启动剪映专业版，在首页界面中单击“开始创作”按钮，进入视频编辑界面，单击“导入素材”按钮，打开“请选择媒体资源”对话框，选择路径文件夹中的素材文件，单击“打开”按钮，如图5-23所示。

步骤 02 通过上述操作导入的素材，会被放置到本地素材库中，如图 5-24所示。

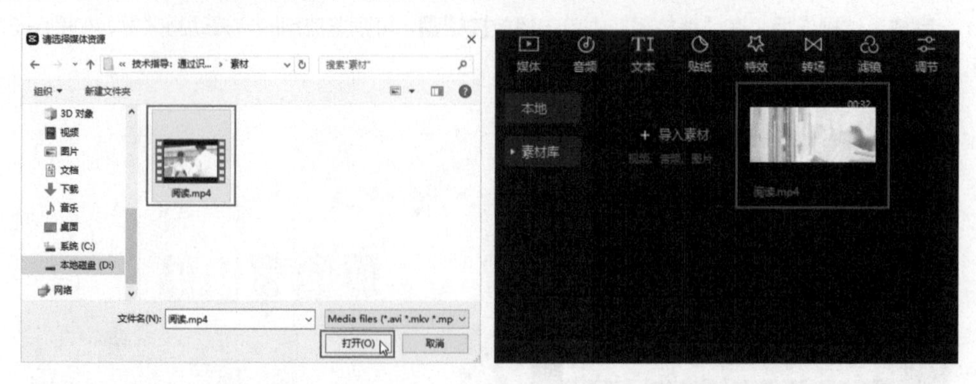

图5-23　　图5-24

步骤 03 在本地素材库中，单击“阅读.mp4”素材缩览图右下角的“添加到轨道”按钮，将视频素材添加到时间轴中，如图5-25所示。

图5-25

步骤04 选中时间轴中的视频素材，单击顶部工具栏中的“文本”按钮TI，在“文本”选项栏中单击“识别字幕”选项，然后单击该选项中的“开始识别”按钮，软件将自动开始识别视频中的人声，如图5-26和图5-27所示。

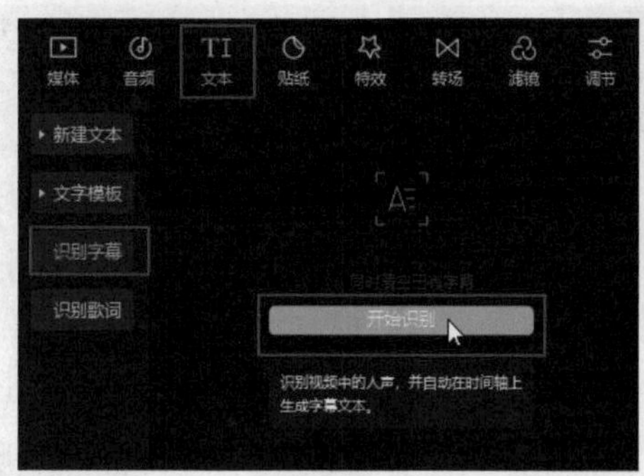

图5-26

图5-27

完成上述操作后，时间轴中会生成相应的字幕素材，如图5-28所示。

图5-28

步骤05 将时间线拖动到第1段字幕素材上，同时选中该字幕素材，在编辑界面右侧的参数调节面板中，设置“字体”为“快乐体”，“缩放”参数为130%，如图5-29所示。

步骤 06 完成字幕参数的调整后，在“播放器”中调整字幕的位置，将其放置在视频画面的下方，如图5-30所示。

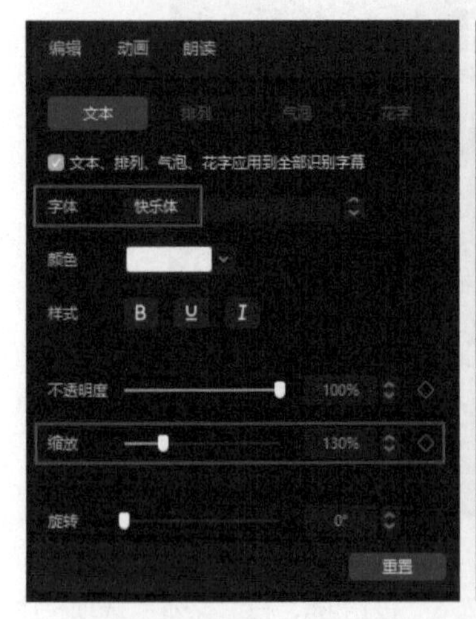

图5-29

图5-30

逐个检查一遍生成的字幕素材的文字内容，及时地修改错别字，如图5-31和图5-32所示。

图5-31

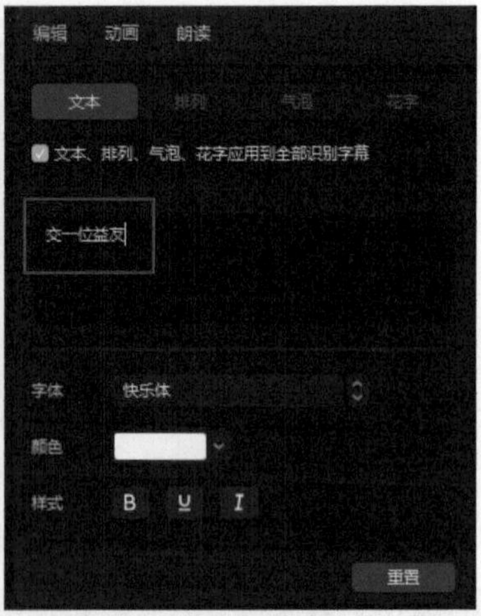

图5-32

延伸讲解：

在“文本”选项卡中，若勾选“文本、排列、气泡、花字应用到全部识别字幕”复选框，则对单个字幕执行的上述相关命令将同时应用到所有字幕素材中，这大大节省了逐个调整字幕的操作时间。

步骤 07 单击界面右上角的“导出”按钮，弹出“导出”对话框，修改其中自定义作品名称及导出路径等信息，完成后单击“导出”按钮，如图5-33所示。

导出视频后，在计算机的路径文件夹中找到导出的视频文件并预览视频效果，如图5-34所示。

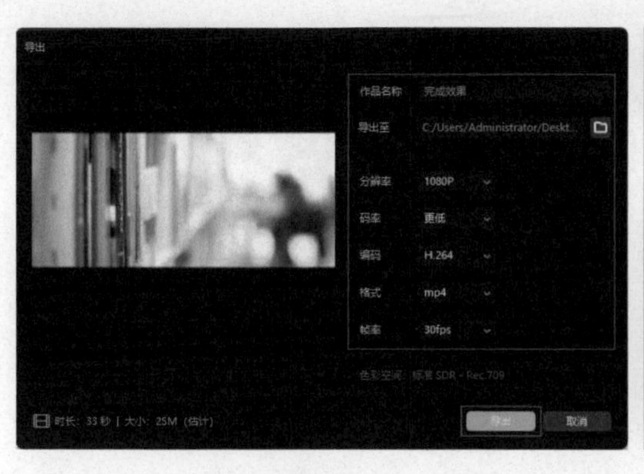

图5-33　　图5-34

5.1.5 识别歌词

当用户在剪辑项目中添加背景音乐素材时，可通过“识别歌词”功能在剪辑项目中快速生成一个歌词字幕素材，如图5-35所示。

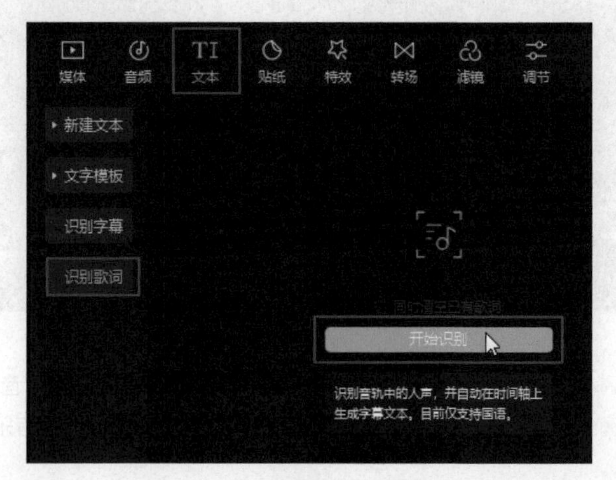

图5-35

技术指导：在视频中快速生成歌词字幕

在剪辑项目中添加背景音乐后，通过“识别歌词”功能，可以对音乐内容进行自动识别，并生成相应的字幕素材。对于想要制作音乐MV短片、卡拉OK视频的创作者来说，这是一项非常省时省力的功能。下面就为各位读者详细讲解在视频中快速生成歌词字幕的方法。

步骤 01 启动剪映专业版，在首页界面中单击“开始创作”按钮，进入视频编辑界面，单击“导入素材”按钮，打开“请选择媒体资源”对话框，选择路径文件夹中的素材文件，单击“打开”按钮，如图5-36所示。

步骤 02 通过上述操作导入的素材，会被放置到本地素材库中，如图5-37所示。

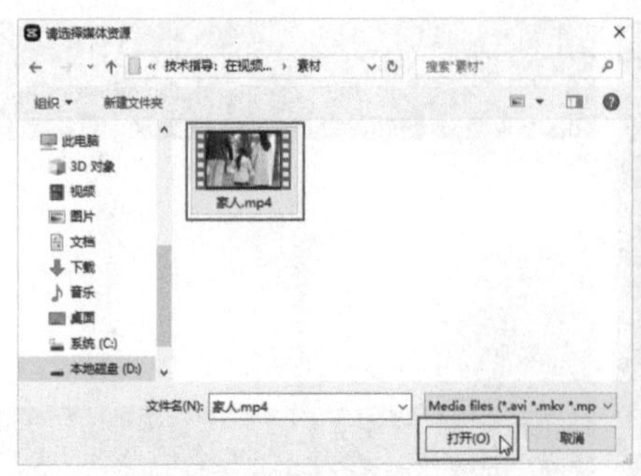

图5-36

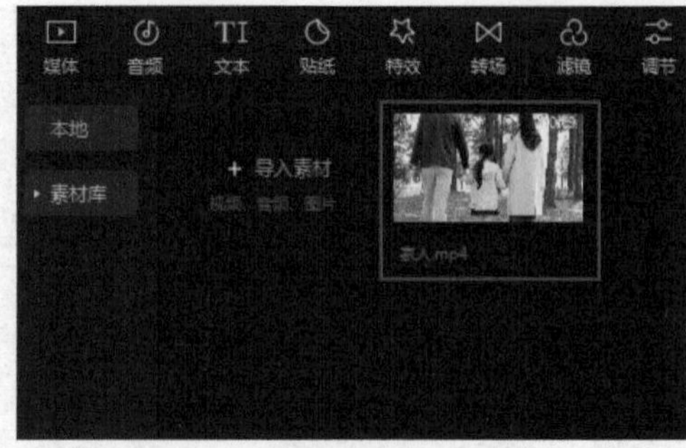

图5-37

步骤 03 在本地素材库中，单击“家人.mp4”素材缩览图右下角的“添加到轨道”按钮，将视频素材添加到时间轴中，如图 5-38所示。

图5-38

步骤 04 添加视频素材后，在顶部工具栏中单击“音频”按钮，然后在“音乐素材”|“抖音”列表中下载所需的音乐素材并单击其右下角的“添加到轨道”按钮，将音乐素材添加到时间轴中，如图5-39所示。

图5-39

步骤05 将时间线拖动到00:00:04:22，单击“分割”按钮，对音乐素材进行分割，如图5-40所示。

图5-40

步骤06 选中位于时间线左侧的音乐素材，按Delete键将其删除，然后将剩下的音乐素材向左拖动至视频起始处，如图5-41所示。

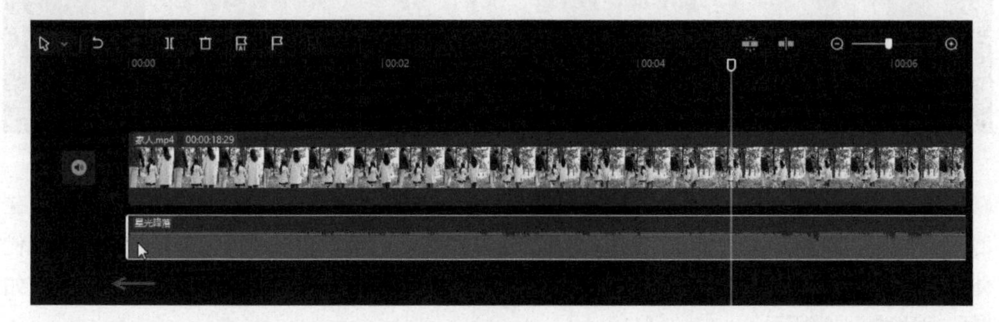

图5-41

步骤07 将时间线拖动到视频素材的结尾处，单击“分割”按钮，对音乐素材进行分割，如图5-42所示。

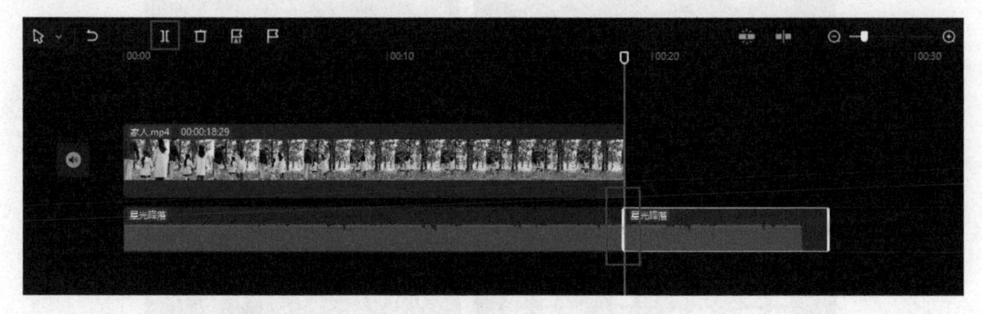

图5-42

步骤08 选中位于时间线右侧的音乐素材，按Delete键将其删除。接着，单击顶部工具栏中的“文本”按钮，在“文本”选项栏中单击“识别歌词”选项，然后单击“开始识别”按钮，软件将自动开始识别视频中背景音乐的歌词内容，如图5-43和图5-44所示。

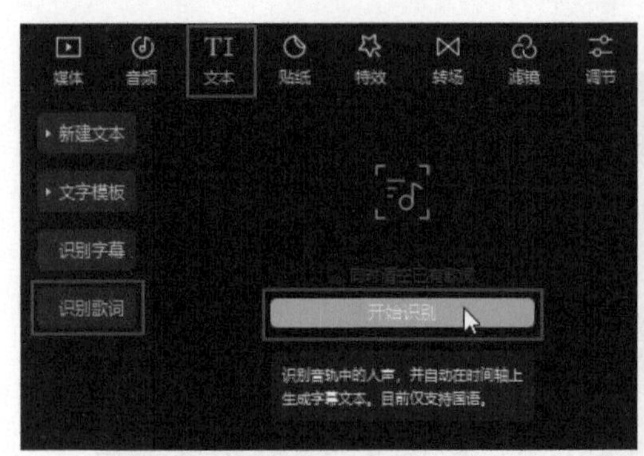

图5-43

图5-44

完成上述操作后，时间轴中会自动生成一个字幕素材，如图5-45所示。

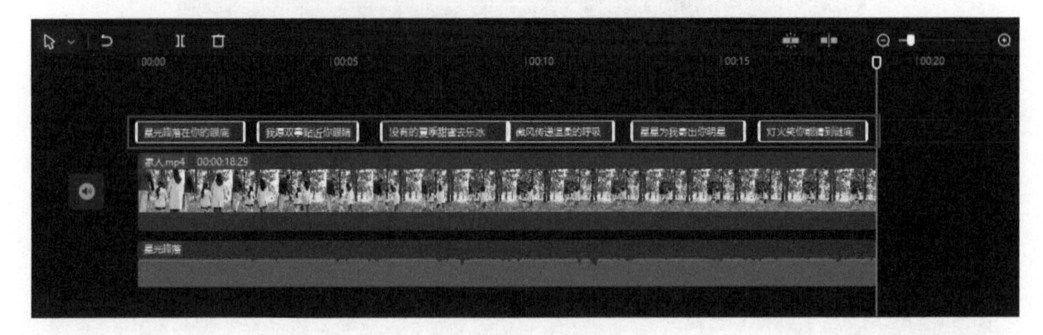

图5-45

步骤09 生成字幕后，读者需要检查歌词内容，对错误的文字内容进行修改。内容调整完成后，在时间轴中选中第1个字幕素材，在编辑界面右侧的参数调节面板中，设置“字体”为“后现代体”，“颜色”为浅黄色，“缩放”为156%，并在“预设样式”列表中选择黄底黑边样式，如图5-46和图5-47所示。

图5-46　图5-47

步骤 10 在“播放器”中调整字幕的位置，并实时预览字幕效果，如图5-48和图5-49所示。

图5-48　　图5-49

步骤 11 在时间轴中选中音乐素材，然后在编辑界面右侧的参数调节面板中，调整“淡入时长”为1.0秒，“淡出时长”为1.0秒，如图5-50所示。

图5-50

步骤 12 单击界面右上角的“导出”按钮，弹出“导出”对话框，修改其中自定义作品名称及导出路径等信息，完成后单击“导出”按钮，如图5-51所示。

导出视频后，在计算机的路径文件夹中找到导出的视频文件并预览视频效果，如图5-52所示。

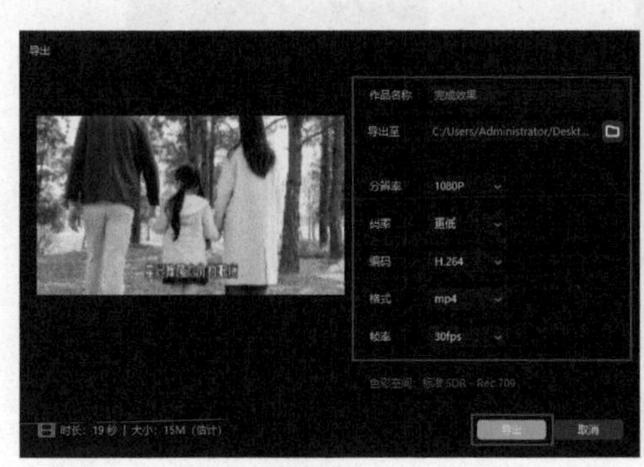

图5-51　　图5-52

5.2 添加不同类型的动画贴纸

动画贴纸是如今许多短视频编辑类软件具备的一项功能。在视频画面上添加动画贴纸，不仅可以起到不错的遮挡作用（类似于马赛克的作用），还可以让视频画面看上去十分酷炫、有趣。

5.2.1 添加剪映内置贴纸效果

在剪映专业版中创建剪辑项目后，在时间轴中添加视频素材或图像素材。接着，将时间线拖动到需要放置贴纸的时间点，然后单击顶部工具栏中的“贴纸”按钮，此时可以看到图5-53所示的“贴纸”选项栏。

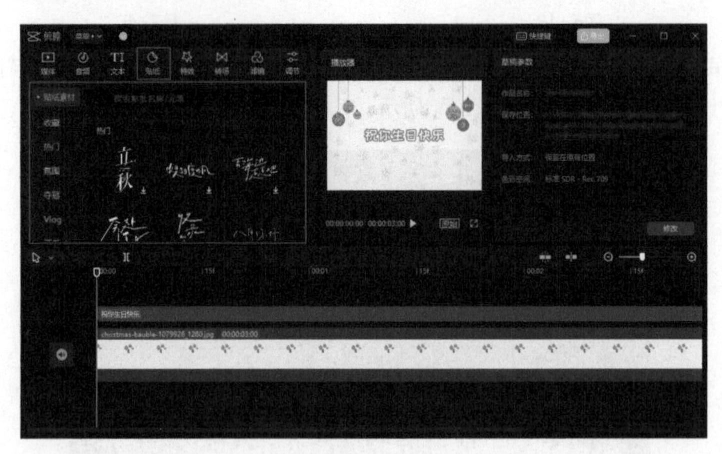

图5-53

“贴纸”选项栏中提供了热门、氛围、Vlog、遮挡、旅行、时尚、漫画、食物等不同类别的贴纸，用户可以根据自己作品的需求选择相应的贴纸，并将其添加到剪辑项目中。在贴纸列表中，点击任意贴纸右下角的“添加到轨道”按钮，即可将贴纸素材添加到时间轴中，如图5-54所示。

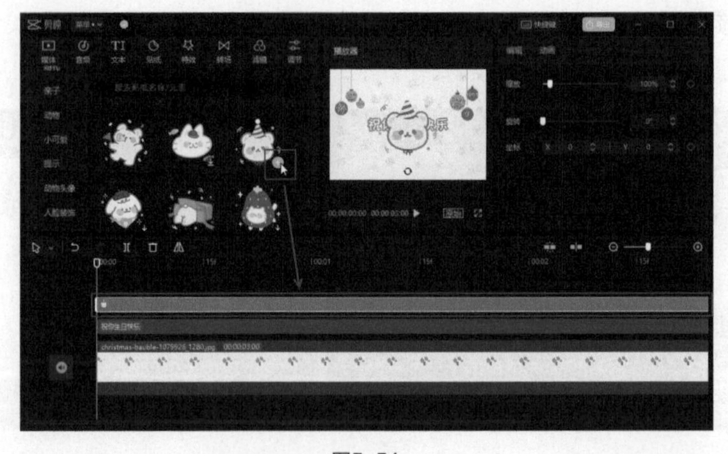

图5-54

在贴纸素材被选中的情况下，可在编辑界面右侧的参数调节面板中调节贴纸的“旋转”和“缩放”等参数，如图5-55所示。

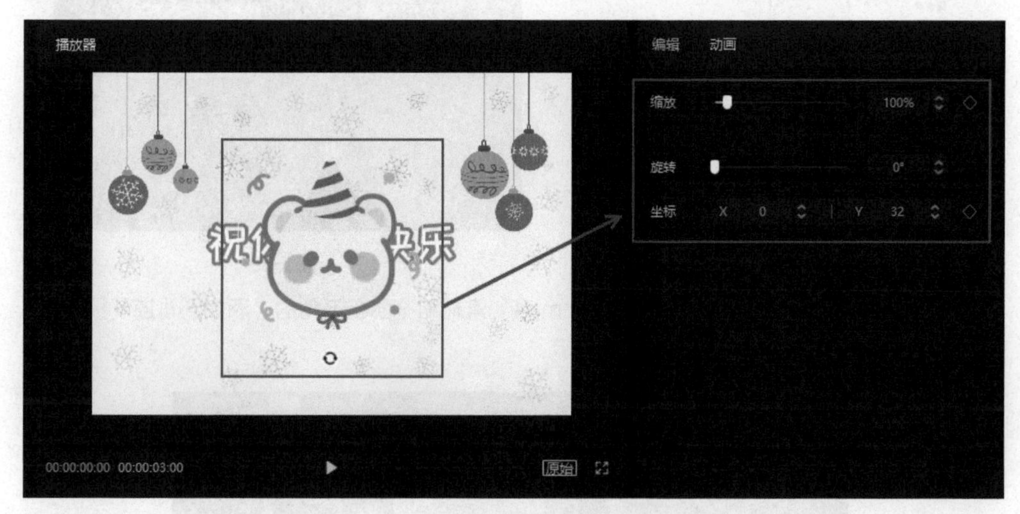

图5-55

可以在“播放器”中拖动贴纸来改变其位置，如图5-56和图5-57所示。

图5-56　　图5-57

技术指导：制作Vlog视频开场效果

下面将通过实例演示的方式，为各位读者讲解如何利用剪映专业版中的贴纸效果，快速制作一个Vlog视频开场效果。

步骤 01 启动剪映专业版，在首页界面中单击“开始创作”按钮，进入视频编辑界面，单击“导入素材”按钮，打开“请选择媒体资源”对话框，选择路径文件夹中的素材文件，单击“打开”按钮，如图5-58所示。

步骤 02 通过上述操作导入的素材，会被放置到本地素材库中，如图5-59所示。

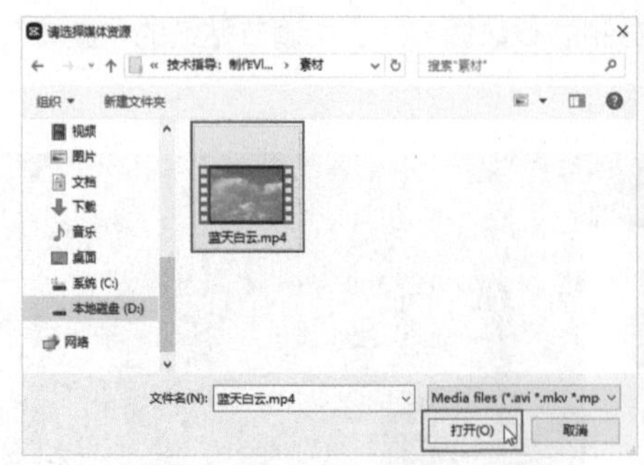

图5-58

图5-59

步骤 03 在本地素材库中，单击“蓝天白云.mp4”素材缩览图右下角的“添加到轨道”按钮，将视频素材添加到时间轴中，如图5-60所示。

图5-60

步骤 04 在顶部工具栏中单击“音频”按钮，然后在“音乐素材”|“VLOG”列表中下载所需的音乐素材，并单击其右下角的“添加到轨道”按钮，将音乐素材添加到时间轴中，如图5-61所示。

图5-61

步骤 05 将时间线拖动到00:00:10:28，单击“分割”按钮，对音乐素材进行分割，如图5-62所示。

图5-62

步骤 06 选中位于时间线左侧的音乐素材，按Delete键将其删除，然后将剩下的音乐素材向左拖动至视频起始处，如图5-63所示。

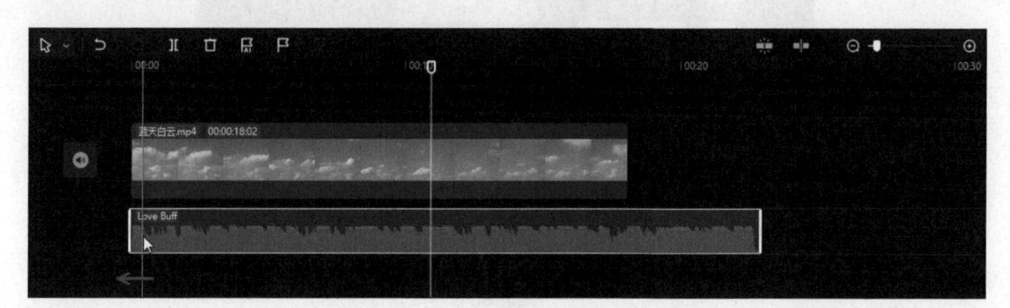

图5-63

步骤 07 将时间线拖动到视频素材的结尾处，单击“分割”按钮，对音乐素材进行分割，如图5-64所示。

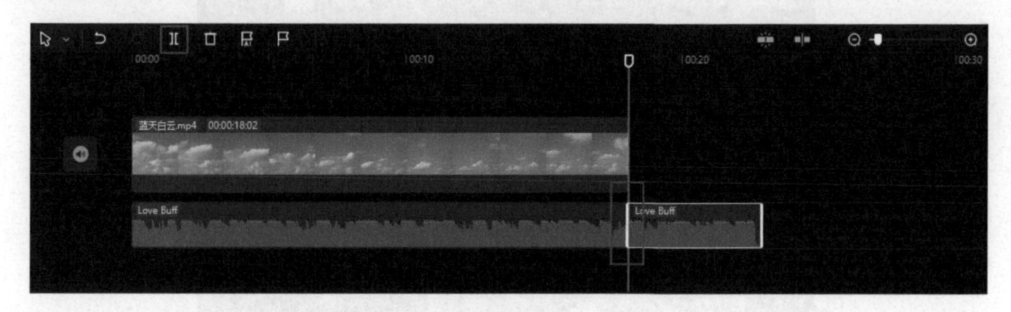

图5-64

步骤 08 选中位于时间线右侧的音乐素材，按Delete键将其删除。选中剩下的音乐素材，在编辑界面右侧的参数调节面板中调整“淡入时长”为1.0秒，“淡出时长”为1.0秒，如图5-65所示。

图5-65

步骤 09 将时间线拖动到视频素材起始的时间点，然后单击顶部工具栏中的“特效”按钮，在“特效效果”|“基础”特效列表中，单击“逆光对焦”效果缩览图右下角的“添加到轨道”按钮，将特效添加到时间轴中，如图 5-66所示。

图5-66

步骤 10 将时间线拖动到00:00:02:05，单击顶部工具栏中的“贴纸”按钮，在“贴纸素材”|“Vlog”列表中，选择一款Vlog贴纸添加到时间轴中，如图5-67所示。

图5-67

步骤 11 选中上述操作中添加的贴纸素材，在编辑界面右侧的参数调节面板中切换至“动画”选项卡，设置“入场”动画为“轻微放大”，“动画时长”为0.8秒，如图5-68所示。

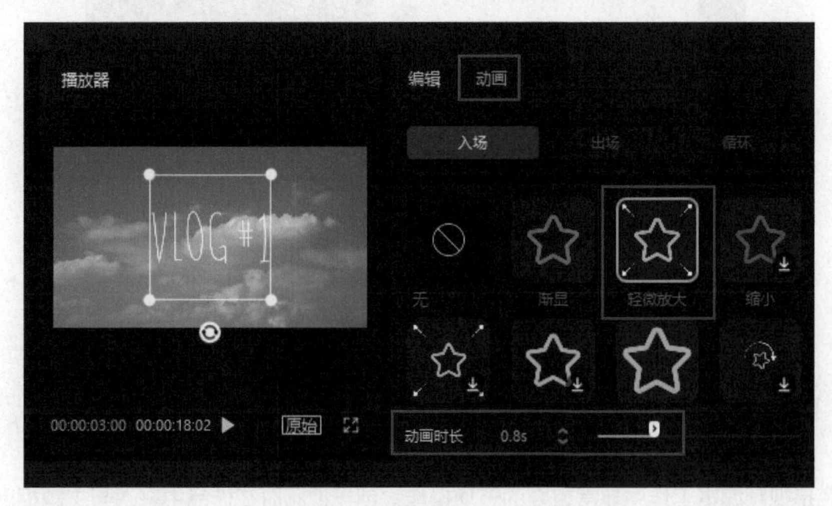

图5-68

步骤 12 单击界面右上角的“导出”按钮，弹出“导出”对话框，修改其中自定义作品名称及导出路径等信息，完成后单击“导出”按钮，如图5-69所示。

导出视频后，在计算机的路径文件夹中找到导出的视频文件并预览视频效果，如图5-70所示。

图5-69

图5-70

5.2.2 为贴纸添加动画效果

贴纸库中的贴纸基本分为两类，即静态贴纸和动态贴纸，顾名思义就是本身不具备动画效果和本身具备动画效果的贴纸。

除了贴纸本身的动态效果，用户还可以通过为贴纸素材设置入场、出场及循环动画效果，来强化贴纸的动态效果。在时间轴中添加贴纸素材后，在编辑界面右侧的参数调节面板中切换至“动画”选项卡，其中提供了“入场”“出场”“循环”3类动画效果，如图5-71所示。

图5-71

5.3 调整素材画面的颜色

调色是视频编辑工作中非常重要的一项操作。创作视频时在作品中融入与主题相匹配的颜色，不仅可以向观众传达作品的主旨思想，还可以令观众通过丰富多变的画面色彩感知到不同的情绪。下面就为各位读者详细讲解调整素材画面颜色的操作方法。

5.3.1 滤镜效果的应用

滤镜效果可以说是如今各大视频编辑软件必备的“亮点”。通过为素材添加滤镜效果，不仅可以很好地掩盖由于拍摄造成的画面效果缺陷，还可以使画面变得生动、绚丽。

剪映专业版为用户提供了数十种风格各异的滤镜效果，通过使用这些滤镜效果，可以在美化视频画面的同时，呈现出各种艺术效果，从而使视频作品引人瞩目。

1. 添加滤镜效果

在时间轴中添加视频素材或图像素材后，将时间线移动到需要插入滤镜效果的时间点，然后单击顶部工具栏中的“滤镜”按钮，此时可以看到图5-72所示的“滤镜”列表。

图5-72

“滤镜”列表中包含了“精选”“质感”“清新”“风景”“复古”“美食”“油画”“电影”“风格化”“胶片”这几类不同风格的滤镜效果，用户可根据自己作品风格的需求选择相应的滤镜效果。应用滤镜效果的方法很简单，只需单击所需效果缩览图右下角的“添加到轨道”按钮，即可将该滤镜效果添加到时间轴中，如图5-73所示。

图5-73

图5-74和图5-75所示分别为添加“风景”类别中的“春日序”滤镜效果前后的画面效果。在添加滤镜效果后，画面色调产生了明显的变化。

图5-74

图5-75

2. 调整滤镜效果

在添加滤镜效果后，用户可以在编辑界面右侧的参数调节面板中调整滤镜效果的应用强度，如图5-76所示。在调整滤镜效果时需要记住，“滤镜强度”参数越小，滤镜效果越弱；“滤镜强度”参数越大，滤镜效果越强。

图5-76

延伸讲解：

单击“重置”按钮，可将“滤镜强度”参数恢复至起始状态。

在剪映专业版中，用户可以选择将滤镜效果应用到单个素材，也可以选择将滤镜效果应用到素材的某一段时间内。在时间轴上可以调整滤镜效果应用时长及范围，左右拖动滤镜素材可以调整滤镜效果的应用范围。例如将滤镜效果拖动到两段素材之间，即表示处于这两段素材的过渡时间段内的画面会被滤镜效果覆盖，如图5-77所示。

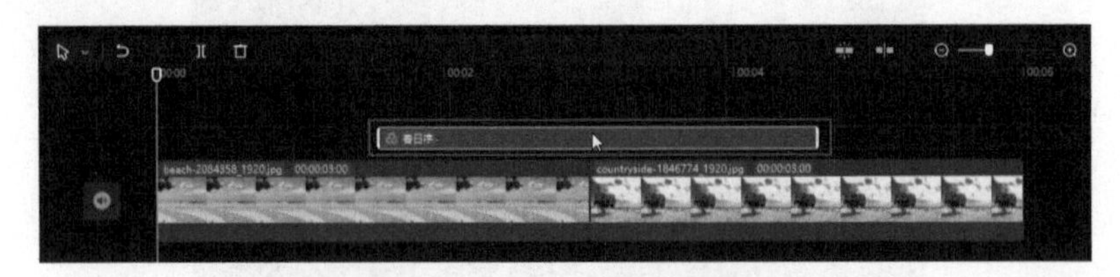

图5-77

此外，通过拖动滤镜素材两端的裁剪框，可以自由地调整滤镜素材的时长，如图5-78所示。

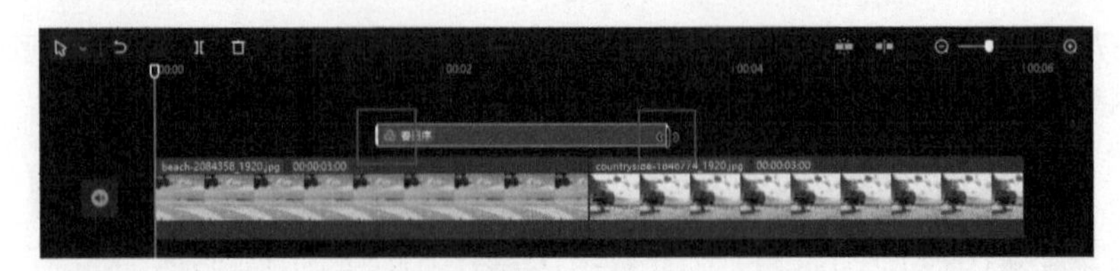

图5-78

5.3.2 调整素材的基本颜色参数

在剪映专业版中，用户除了可以运用滤镜效果改善画面色调，还可以通过手动调整素材的亮度、对比度、饱和度等色彩参数，制作出自己想要的画面效果。

在时间轴中添加视频素材或图像素材后，选中素材，然后单击顶部工具栏中的“调节”按钮，在列表中单击“自定义调节”选项右下角的“添加到轨道”按钮，即可将调节素材添加到时间轴中，并在编辑界面右侧的参数调节面板中显示各项调节参数，如图5-79所示。

图5-79

“调节”选项栏中包含“亮度”“对比度”“饱和度”“色温”等色彩调节选项。下面介绍几个常用的色彩调节选项。

- 亮度：用于调整画面的明亮程度。数值越大，画面越明亮。
- 对比度：用于调整画面中黑与白的比值。数值越大，从黑到白的渐变层次越多，色彩的表现力越丰富。
- 饱和度：用于调整画面色彩的鲜艳程度。数值越大，画面饱和度越高，画面色彩越鲜艳。
- 锐化：用来调整画面中细节的锐化程度。数值越大，画面细节的锐化程度越高。
- 高光/阴影：用来调整画面中的高光或阴影部分。
- 褪色：用来调整画面中颜色的附着程度。
- 色温：用来调整画面中色彩的冷暖倾向。数值越大，画面色彩越偏向于暖色；数值越小，画面色彩越偏向于冷色。
- 色调：用来调整画面中色彩的颜色倾向。

技术指导：风景视频的色彩调节操作

日常拍摄时，由于天气、光线等外界因素，拍摄的风景视频可能会出现画面暗沉、没有亮点的情况。针对这种情况，可以尝试通过调色处理，将不起眼的影片包装美化。下面就讲解如何对风景视频进行调色处理。

步骤 01 启动剪映专业版，在首页界面中单击“开始创作”按钮，进入视频编辑界面，单击“导入素材”按钮，打开“请选择媒体资源”对话框，选择路径文件夹中的素材文件，单击“打开”按钮，如图5-80所示。

步骤 02 通过上述操作导入的素材，将被放置到本地素材库中，如图5-81所示。

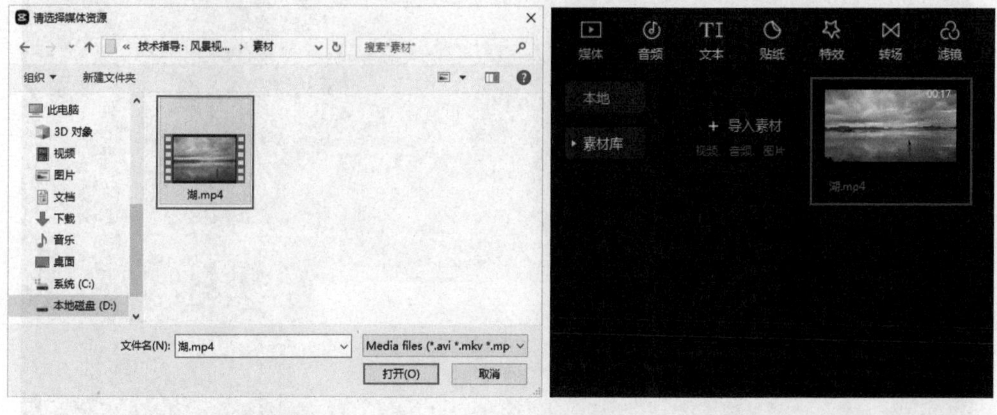

图5-80　　　　图5-81

步骤 03 在本地素材库中，单击“湖.mp4”素材缩览图右下角的“添加到轨道”按钮，将该素材添加到时间轴中，如图5-82所示。

图5-82

步骤04 在时间轴中选中“湖.mp4”，单击顶部工具栏中的“调节”按钮，然后单击“自定义调节”选项右下角的添加按钮，即可在时间轴中添加一个调节素材，如图5-83所示。

图5-83

步骤05 在编辑界面右侧的参数调节面板中，调整“亮度”为50，“对比度”为50，“饱和度”为50，“锐化”为50，“高光”为50，如图5-84所示。

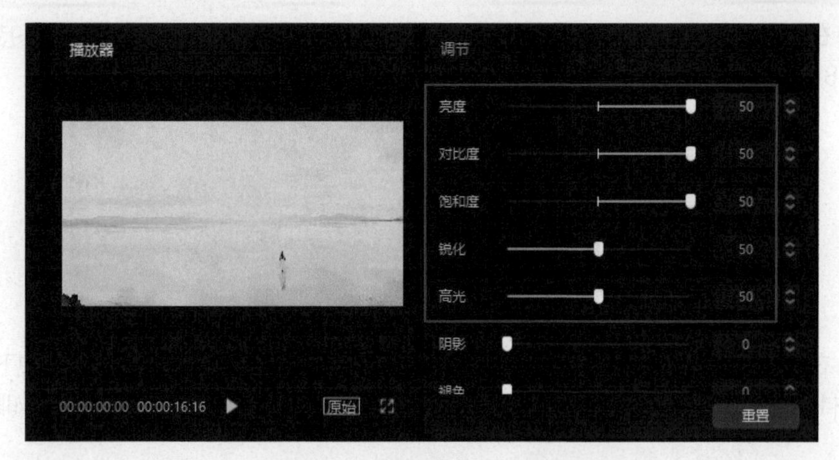

图5-84

步骤 06 下滑“调节”参数列表，调整“色调”参数为50，如图5-85所示。

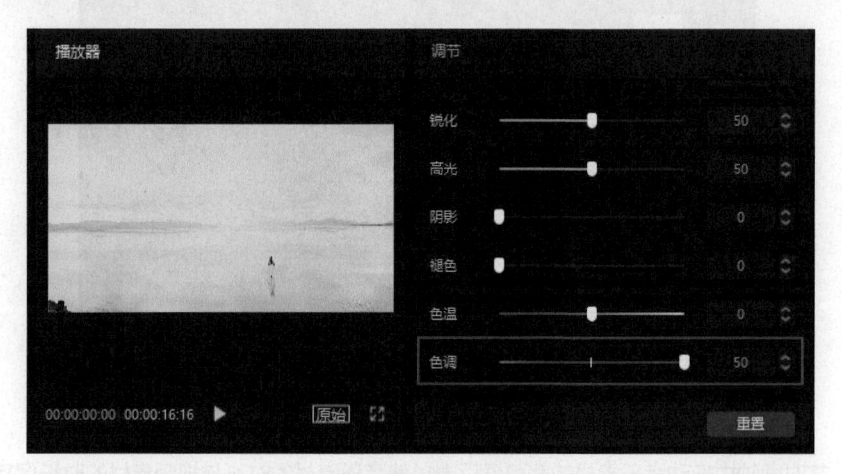

图5-85

步骤 07 在“调节”参数列表中，依据画面情况降低“亮度”参数值至-4，如图5-86所示。

图5-86

步骤 08 在时间轴中拖动“调节1”的裁剪框后端，使调节素材的时长与视频素材时长保持一致，如图5-87所示。

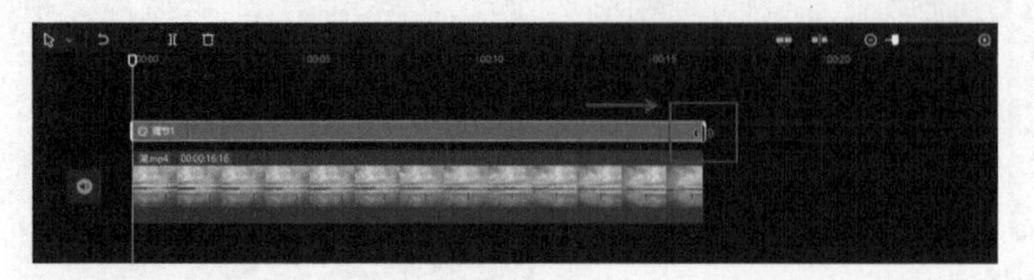

图5-87

步骤 09 在顶部工具栏中单击“音频”按钮，然后在“音乐素材”|“纯音乐”列表中下载所需音乐素材，并单击其右下角的“添加到轨道”按钮，将音乐素材添加到时间轴中，如图5-88所示。

图5-88

步骤 10 在时间轴中拖动音乐素材的裁剪框后端，使音乐素材的时长与视频素材的时长保持一致，并在编辑界面右侧的参数调节面板中调整“淡出时长”为1.0秒，如图5-89所示。

图5-89

步骤 11 单击界面右上角的“导出”按钮，弹出“导出”对话框，修改其中自定义作品名称及导出路径等信息，完成后单击“导出”按钮，如图5-90所示。

步骤 12 导出视频完成后，在计算机的路径文件夹中找到导出的视频文件并预览视频效果，如图5-91所示。

图5-90

图5-91

拓展练习：制作Vlog视频封面

本章主要带领各位读者学习如何在剪映专业版中运用字幕、贴纸、滤镜等效果完善视频画面。下面就请大家结合本章所学的内容，对照参考效果图制作一款Vlog视频封面。本例参考效果如图5-92至图5-95所示。

图5-92

图5-93

图5-94

图5-95

第6章

变装短视频：淋漓尽致地展现时尚品位

变装短视频是很多短视频创作者喜欢的题材之一。简单来说，变装短视频的制作原理是先拍摄一段换衣服的视频，然后将中间换衣服的过程剪掉。变装视频的拍摄方法其实很简单，比如大家可以先穿着白色T恤，拍摄一段做舞蹈动作的视频，然后再换上一件黄色T恤，继续之前的动作，拍摄一段新的视频素材，后期将素材导入剪映专业版，剪掉中间换衣服的过程，添加特效及背景音乐，这样一个有趣的变装短视频就完成了。

通过上面的介绍，相信大家对于制作变装短视频的步骤已经有了大致了解。下面就通过两个变装短视频的制作案例，为各位读者进一步详细讲解这类短视频的拍摄和制作方法。

6.1 酷炫甩手慢动作变装视频

本节将为各位读者介绍一款酷炫甩手慢动作变装视频的拍摄及制作方法。前期需要先拍好用于剪辑处理的素材，后期将素材导入剪映专业版，利用变速功能及酷炫的视觉效果，即可轻松完成作品。本例的制作方法比较简单，下面详细讲解拍摄和编辑视频的具体操作方法。

6.1.1 拍摄视频素材

步骤 01 在拍摄前，可以先找一处干净的背景用于拍摄，如家中的白墙，有条件的读者也可以选择自行搭建拍摄场景。纯色的背景布也是不错的选择，如图6-1所示。

步骤 02 在选好背景后，将手机架设好。如果想要营造较为稳定的拍摄环境，可以将手机架设在三脚架或其他固定支架上，并调整到合适的高度及拍摄角度，如图6-2所示。

图6-1

图6-2

延伸讲解：

如果拍摄环境较暗，可以加装补光灯进行拍摄补光，如图6-3所示。

图6-3

步骤03 在拍摄前，拍摄对象需要准备两件不同的衣服，如两件颜色不同的T恤，尽可能地为后续的变换营造较大的反差效果，如图6-4和图6-5所示。

图6-4

图6-5

步骤04 准备工作完成后，打开手机中的相机。如果是个人独立拍摄，建议点击相机中的前后镜头切换按钮，切换至前置摄像头观察拍摄，如图6-6所示。

步骤05 此时，拍摄对象可以换上事先准备好的白色T恤，站在镜头前方，并将拍摄模式切换为“视频”模式，如图6-7所示。

图6-6

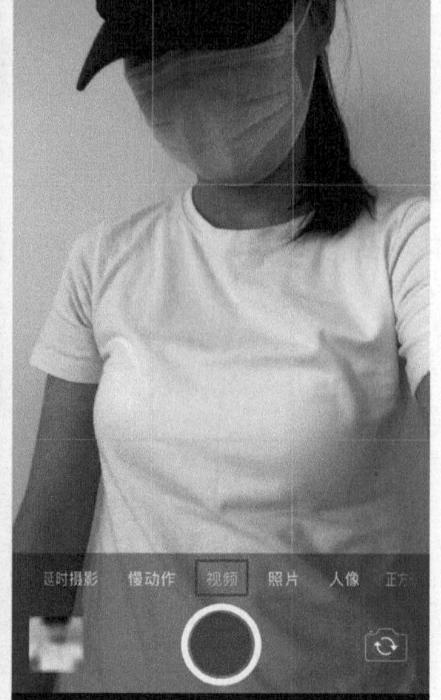

图6-7

步骤06 点击拍摄按钮开始拍摄，拍摄对象在镜头前站立，并做出向下甩手的动作，如图6-8至图6-10所示。

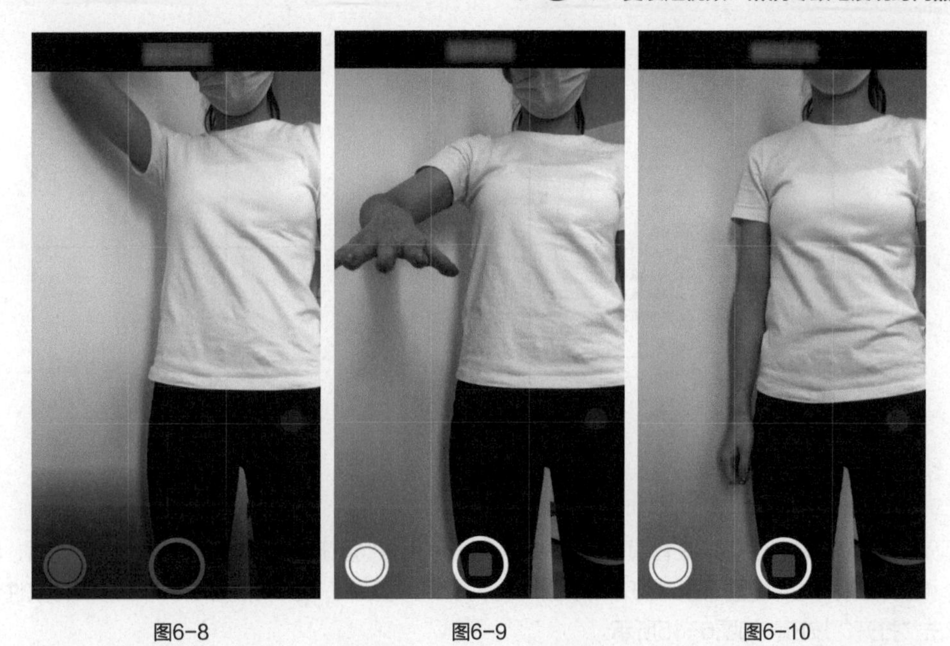

图6-8　图6-9　图6-10

步骤07 上述动作拍摄完成后，停止拍摄，获取第1段视频素材。接着，拍摄对象换上另一件T恤，重新站到镜头前，这里需要注意前后两次的站位要保持一致。点击拍摄按钮开始拍摄，拍摄对象做向下甩手的动作，到画面中间时停顿一下，再将手放下，如图6-11至图6-13所示。上述动作拍摄完成后，停止拍摄，获取第2段视频素材。

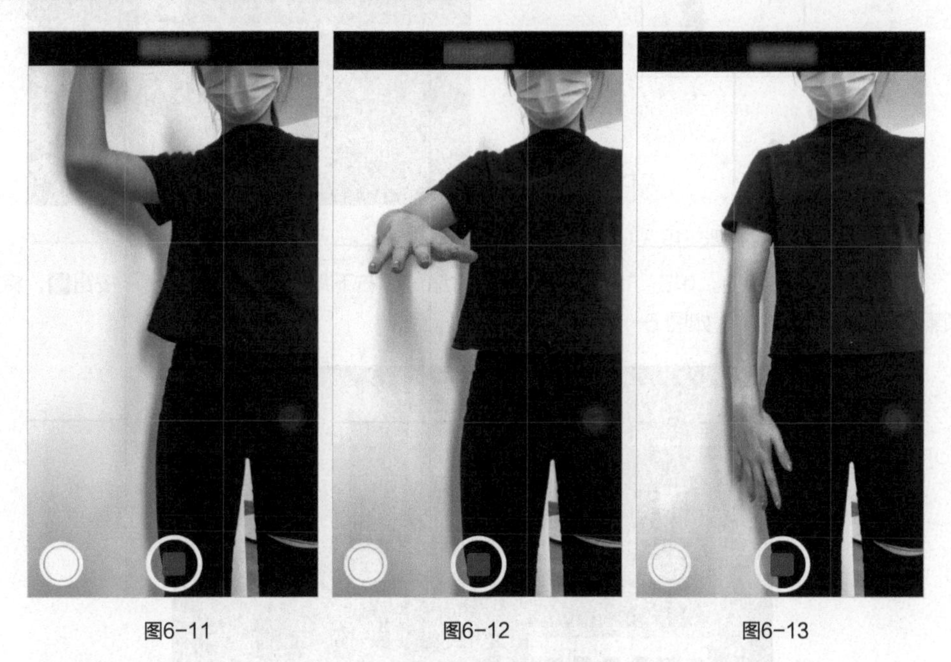

图6-11　图6-12　图6-13

延伸讲解：

通过数据线传输、社交App在线传输等方式，将拍摄的素材传输到计算机中并对素材进行命名，如图6-14所示。这样便于在剪映专业版中进行编辑处理。

图6-14

6.1.2 编辑视频素材

步骤01 启动剪映专业版，在首页界面中单击“开始创作”按钮，进入视频编辑界面，单击“导入素材”按钮，打开“请选择媒体资源”对话框，选择路径文件夹中的素材文件，单击“打开”按钮，如图6-15所示。

步骤02 通过上述操作导入的素材，将被放置到本地素材库中，如图6-16所示。

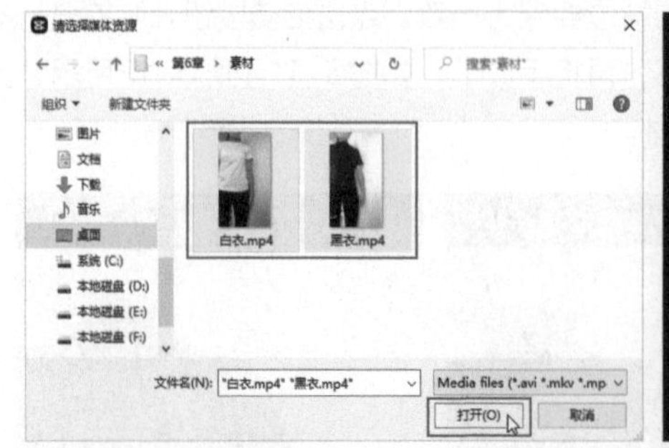

图6-15

图6-16

步骤03 在本地素材库中，单击“白衣.mp4”素材缩览图右下角的“添加到轨道”按钮，将视频素材添加到时间轴中，如图 6-17所示。

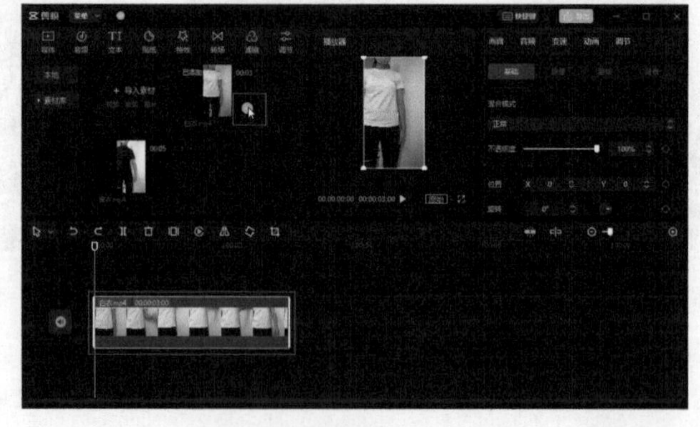

图6-17

步骤04 在本地素材库中选中“黑衣.mp4”，将该视频素材拖动到“白衣.mp4”的右侧，如图6-18所示。

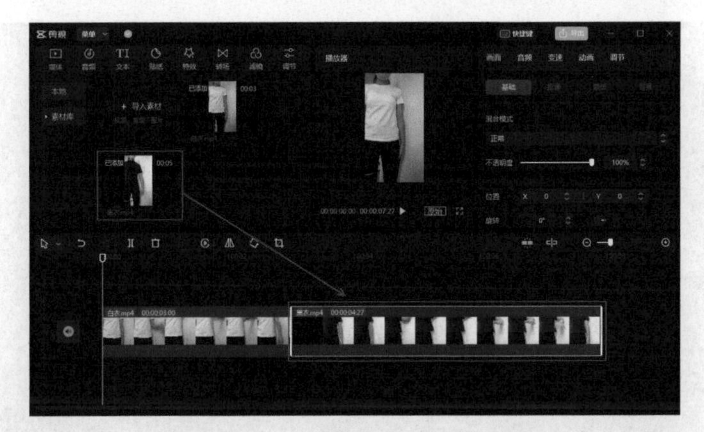

图6-18

步骤05 在时间轴中选中“白衣.mp4”，一边拖动时间线，一边在“播放器”面板中预览画面效果。当拍摄对象甩手到画面中间时，单击“分割”按钮对“白衣.mp4”进行分割操作，如图6-19所示。

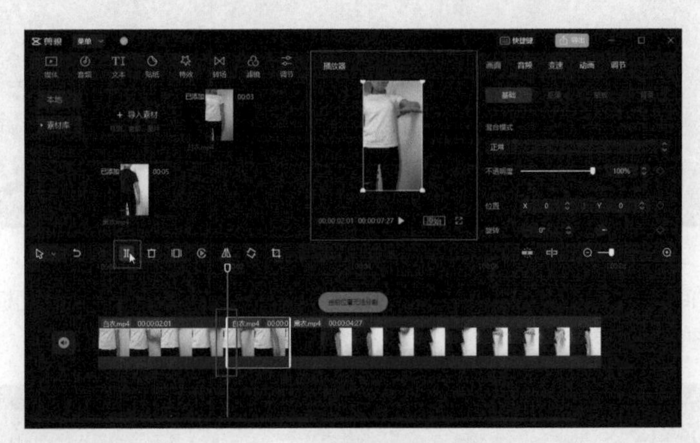

图6-19

步骤06 分割操作完成后，将位于时间线右侧的“白衣.mp4”素材部分删除，如图6-20所示。

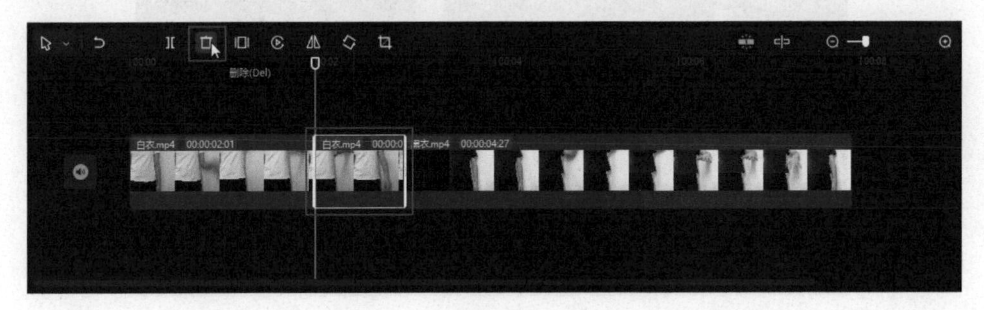

图6-20

步骤07 在时间轴中选中“黑衣.mp4”，一边拖动时间线，一边在“播放器”面板中预览画面效果。当拍摄对象甩手到画面中间时，单击“分割”按钮对“黑衣.mp4”进行分割操作，如图6-21所示。

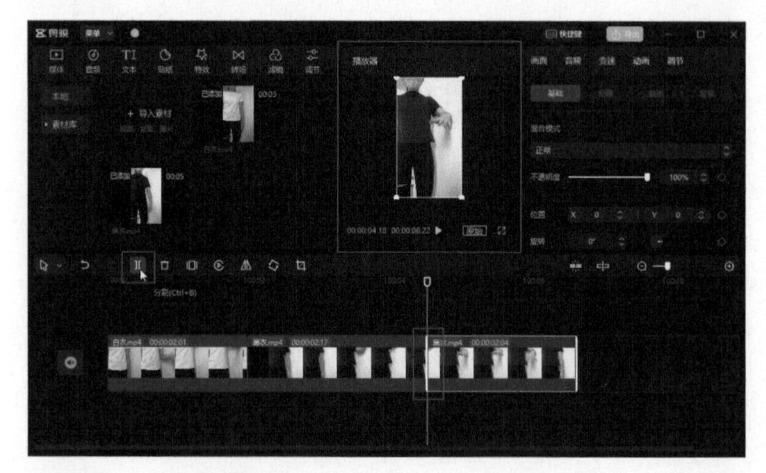

图6-21

步骤 08 分割操作完成后，将位于时间线左侧的“黑衣.mp4”素材部分删除，如图6-22所示。

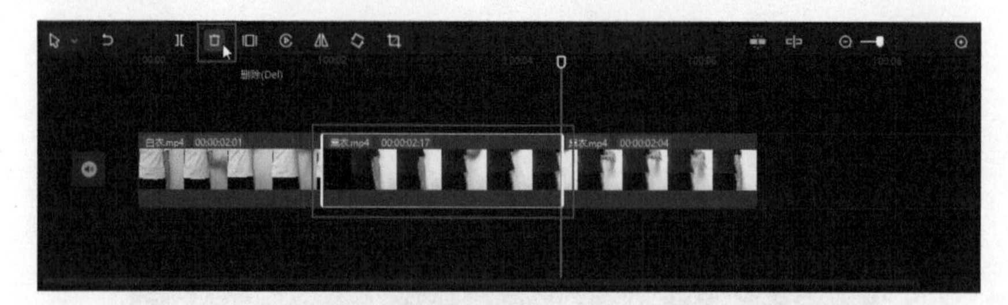

图6-22

步骤 09 选中时间轴中剩余的“黑衣.mp4”，然后在编辑界面右侧的参数调节面板中切换至“变速”选项卡，在“常规变速”栏中调整“倍速”为0.5×，如图6-23所示。

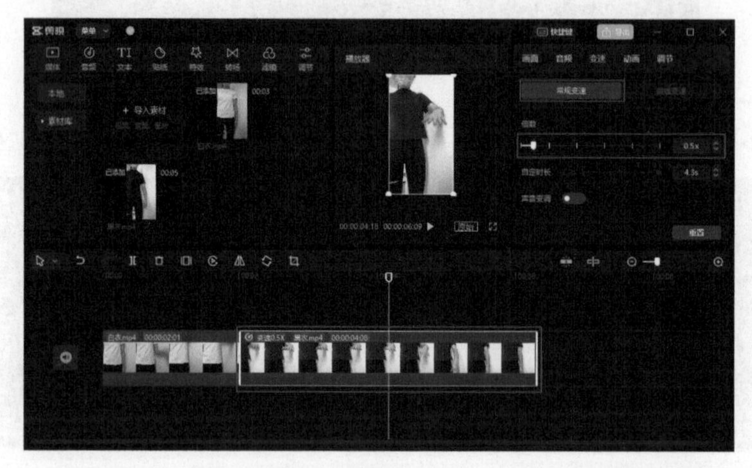

图6-23

步骤 10 将时间线拖动到起始时间点，在顶部工具栏中单击“音频”按钮，然后在“抖音收藏”

列表中单击音乐素材右下角的“添加到轨道”按钮，将音乐素材添加到时间轴中，如图6-24所示。

图6-24

延伸讲解：

用户可在抖音短视频App中提前搜索同名音乐并收藏，这样在剪映专业版中登录个人抖音账号后，即可使用收藏的音乐。

步骤 11 在时间轴中，根据添加的音乐素材，继续调整两段视频素材的时长，确保人物动作衔接流畅，如图6-25所示。

图6-25

步骤 12 在时间轴中选中音乐素材，然后单击“自动踩点”按钮，在下拉列表中单击“踩节拍II”选项，位于时间轴中的音乐素材的下方将自动生成黄色节奏点，如图6-26所示。

图6-26

步骤13 试听音乐效果，可以发现音乐的高潮部分位于第3个黄色节奏点所处的位置。手动调整音乐素材，使第3个黄色节奏点位于两段视频素材的衔接处，如图6-27所示。

图6-27

步骤14 在时间轴中拖动时间线至视频素材的结尾处，然后选中音乐素材，单击“分割”按钮，对音频素材进行分割操作，如图6-28所示。

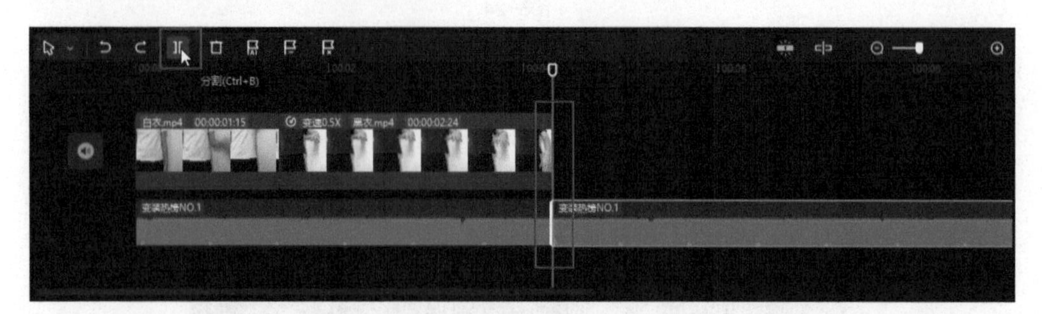

图6-28

步骤15 分割操作完成后，将位于时间线右侧的音乐素材部分删除。接着，选中剩余的音乐素材，在编辑界面右侧的参数调节面板中调整“淡入时长”为0.4秒，“淡出时长”为0.3秒，如图6-29所示。

图6-29

步骤 16 将时间线拖动至“白衣.mp4”的起始时间点，单击顶部工具栏中的“滤镜”按钮，在“滤镜”选项栏中单击“复古”选项，并在对应列表中单击“德古拉”效果缩览图右下角的“添加到轨道”按钮，将滤镜效果添加到时间轴中，然后拖动滤镜素材的裁剪框后端，使滤镜素材的时长与“白衣.mp4”的时长保持一致，如图6-30所示。

图6-30

步骤 17 将时间线拖动至“黑衣.mp4”的起始时间点，单击顶部工具栏中的“滤镜”按钮，在“滤镜”选项栏中单击“影视级”选项，并在对应列表中单击“敦刻尔克”效果缩览图右下角的“添加到轨道”按钮，将滤镜效果添加到时间轴中，然后拖动滤镜素材的裁剪框后端，使滤镜素材的时长与“黑衣.mp4”的时长保持一致，如图6-31所示。

图6-31

步骤 18 保持时间线位置不动，单击顶部工具栏中的“特效”按钮，在“特效效果”|“动感”特效列表中，单击“蹦迪光”效果缩览图右下角的“添加到轨道”按钮，将特效添加到时间轴中，然后拖动特效素材的裁剪框后端，使特效素材的时长与“黑衣.mp4”的时长保持一致，如图6-32所示。

图6-32

步骤 19 单击界面右上角的“导出”按钮，弹出“导出”对话框，修改其中自定义作品名称及导出路径等信息，完成后单击“导出”按钮。导出视频完成后，在计算机的路径文件夹中找到导出的视频文件并预览视频效果，如图6-33至图6-35所示。

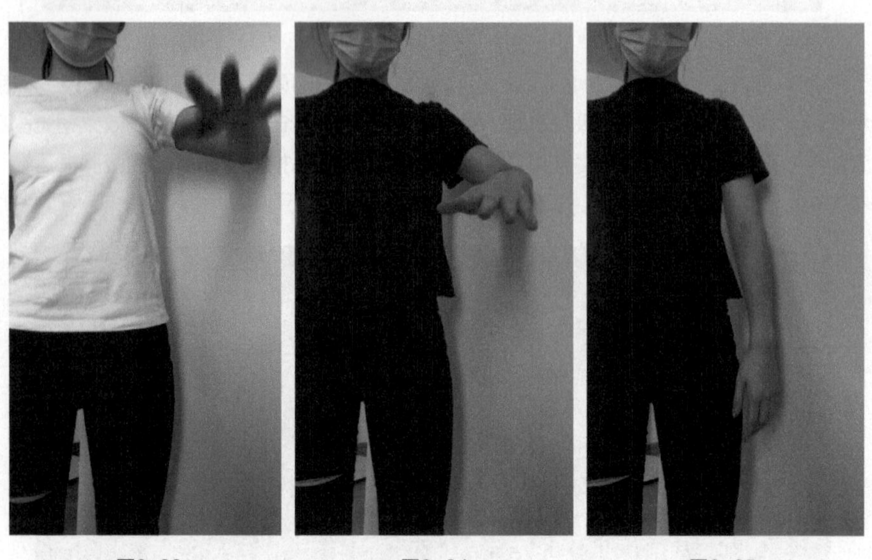

图6-33　　图6-34　　图6-35

6.2 眨眼风格特效变装视频

本节将带领大家学习眨眼风格特效变装视频的制作方法。在拍摄前，先使用三脚架或手机支架，将用于拍摄的手机架设到合适的位置，架设好手机后就不要再做移动和调整了，以确保拍摄的稳定性。此外，大家可根据自己的拍摄需求准备两套不同的衣物，如果想拍出较强的反差感，还可以选择搭配不同风格的配饰或妆容。下面具体讲解视频的制作方法。

6.2.1 拍摄视频素材

步骤 01 准备工作完成后，将镜头架设在镜子前，打开手机中的相机。这里选择使用后置摄像头进行拍摄，将相机拍摄模式切换为“视频”模式，如图6-36所示。

步骤 02 点击拍摄按钮开始拍摄，拍摄对象做出朝镜子伸手的动作，动作参考如图6-37和图6-38所示。

图6-36　　图6-37　　图6-38

步骤 03 上述动作拍摄完成后，停止拍摄，获取第1段素材。接着，拍摄对象换上另一件衣服，重新站到镜头前，继续上一段动作的结尾动作，将手放到镜子前。点击拍摄按钮开始拍摄，拍摄对象收回手，之后的动作可以自由发挥，动作参考如图6-39至图6-41所示。动作拍摄完成后，停止拍摄，获取第2段素材。

图6-39　　图6-40　　图6-41

步骤 04 在所有视频素材拍摄完成后，通过数据线传输、社交App在线传输等方式，将拍摄的素材传输到计算机并对素材进行命名。

6.2.2 编辑视频素材

步骤 01 下面以在上节中拍摄的视频素材为例演示视频后期处理的方法。启动剪映专业版，在首页界面中单击“开始创作”按钮，进入视频编辑界面，单击“导入素材”按钮，打开“请选择媒体资源”对话框，选择路径文件夹中的素材文件，单击“打开”按钮，如图6-42所示。

步骤 02 通过上述操作导入的素材，将被放置到本地素材库中，如图6-43所示。

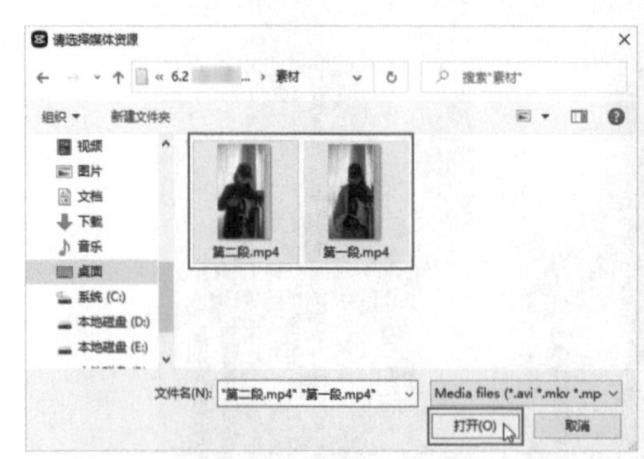

图6-42

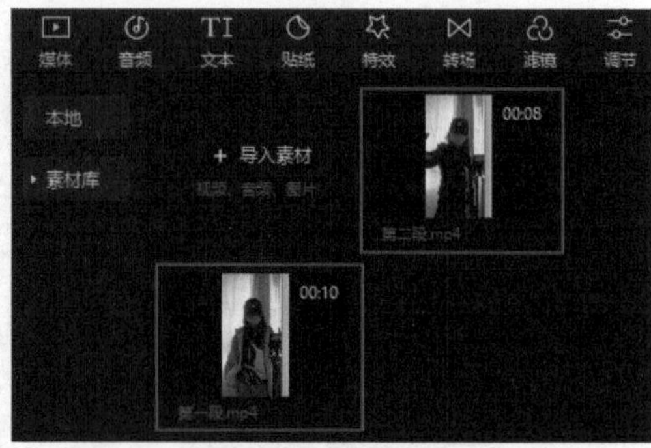

图6-43

步骤 03 在本地素材库中，单击“第一段.mp4”素材缩览图右下角的“添加到轨道”按钮，将其添加到时间轴中，如图6-44所示。

图6-44

步骤 04 在顶部工具栏中单击“音频”按钮，然后在“音乐素材”|“卡点”音乐列表中下载所需音乐素材，并单击其右下角的“添加到轨道”按钮，将音乐素材添加到时间轴中，如图6-45所示。

图6-45

步骤 05　在时间轴中选中“第一段.mp4”，拖动时间线并观察“播放器”面板中的画面，当时间线拖动到00:00:07:17时，人物的手接触到镜子并准备做放下的动作，此时单击“分割”按钮，对视频素材进行分割操作，如图6-46所示。

图6-46

步骤 06　分割操作完成后，将位于时间线右侧的“第一段.mp4”素材部分删除。接着，在本地素材库中，单击“第二段.mp4”素材缩览图右下角的“添加到轨道”按钮，将其添加到“第一段.mp4”的右侧，如图6-47所示。

图6-47

步骤 07 单击顶部工具栏中的“转场”按钮，在“转场效果”|“基础转场”特效列表中，单击“眨眼”效果缩览图右下角的“添加到轨道”按钮，将转场效果添加到两个视频素材之间，如图6-48所示。

图6-48

步骤 08 在时间轴中选中“第一段.mp4”，拖动素材裁剪框前端调整素材的时长。在这一步注意观察转场效果的起始点，让其起始点与下方音频素材转换的时间点对齐，具体调整效果如图6-49所示。这样调整以后，画面在转场时会对应背景音乐中的特效音，可以增强画面的趣味性。

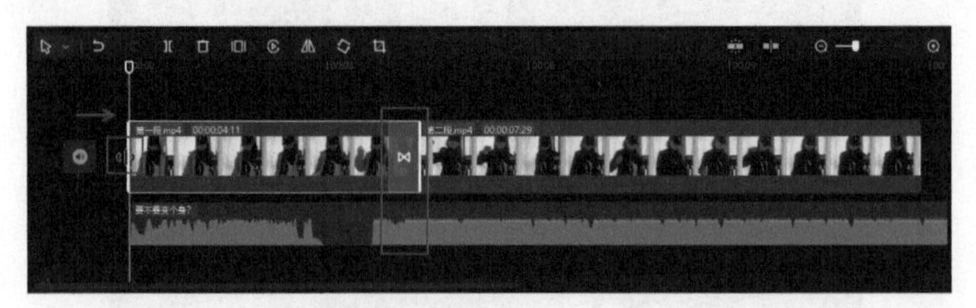

图6-49

步骤 09 保持时间线位置不动，单击顶部工具栏中的“特效”按钮，在“特效效果”|“复古”特效列表中，单击“放映滚动”效果缩览图右下角的“添加到轨道”按钮，将特效添加到时间轴中，如图6-50所示。

图6-50

步骤 10　将时间线拖动到00:00:02:11，在“特效效果”|“复古”特效列表中，单击“老电影Ⅱ”效果缩览图右下角的“添加到轨道”按钮，将特效添加到时间轴中，如图6-51所示。

图6-51

步骤 11　在时间轴中选中“放映滚动”，拖动其裁剪框后端，使其结尾处与时间线所处位置对齐，如图6-52所示。

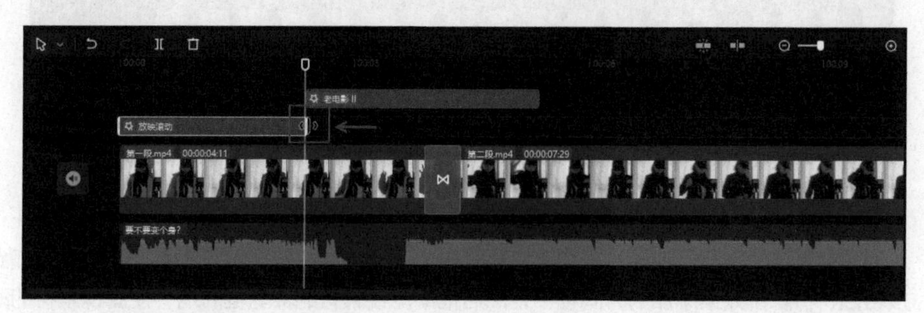

图6-52

步骤 12　将时间线拖动到00:00:04:04，在“特效效果”|“动感”特效列表中，单击“幻术摇摆”效果缩览图右下角的“添加到轨道”按钮，将特效添加到时间轴中，如图6-53所示。

图6-53

步骤13 在时间轴中选中“老电影II”特效素材，拖动其裁剪框后端，使其结尾处与时间线所处位置对齐，如图6-54所示。

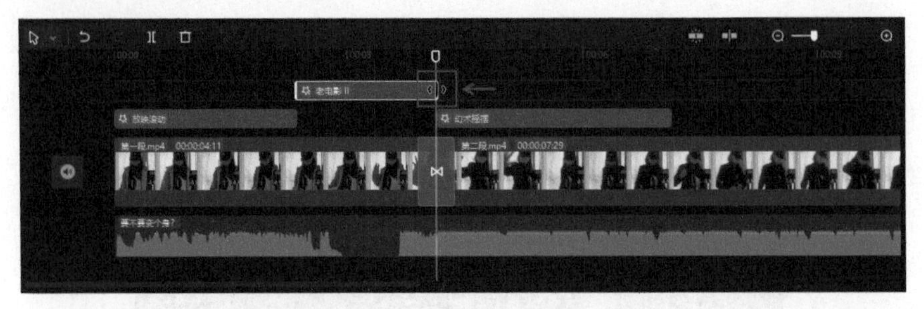

图6-54

步骤14 在时间轴中选中“幻术摇摆”特效素材，拖动其裁剪框后端，使其结尾处与视频素材的结尾处对齐，如图6-55所示。

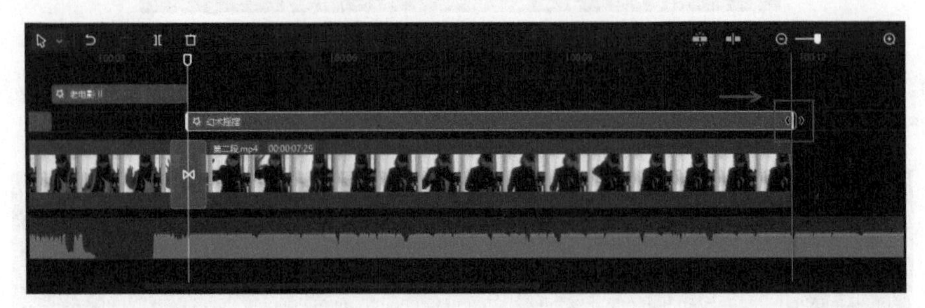

图6-55

步骤15 将时间线拖动到视频素材的起始时间点，单击顶部工具栏中的“滤镜”按钮，在“滤镜”选项栏中单击“精选”选项，并在对应列表中单击“暗夜”效果缩览图右下角的“添加到轨道”按钮，将滤镜效果添加到时间轴中，然后拖动滤镜素材的裁剪框后端，使滤镜素材的时长与整个视频素材的时长保持一致，如图6-56所示。

图6-56

步骤 16 将时间线拖动到00:00:08:26，在顶部工具栏中单击“贴纸”按钮，然后在“手写字”贴纸列表中下载所需贴纸素材并单击其右下角的“添加到轨道”按钮，将其添加到时间轴中，如图6-57所示。

图6-57

步骤 17 选中上述操作中添加的贴纸素材，在编辑界面右侧的参数调节面板中切换至“动画”选项卡，设置“入场”动画为“渐显”，“出场”动画为“渐隐”，如图6-58和图6-59所示。

完成上述操作后，在“播放器”面板中调整贴纸的位置及大小，参考效果如图6-60所示。

图6-58

图6-59

图6-60

步骤 18 在时间轴中拖动音乐素材的裁剪框后端，使其结尾处与视频素材的结尾处对齐，并在编辑界面右侧的参数调节面板中调整“淡出时长”为0.6秒，如图6-61所示。

图6-61

步骤 19 单击界面右上角的“导出”按钮，弹出“导出”对话框，修改其中自定义作品名称及导出路径等信息，完成后单击“导出”按钮。导出视频完成后，在计算机的路径文件夹中找到导出的视频文件并预览视频效果，如图6-62至图6-67所示。

图6-62　　图6-63　　图6-64

图6-65

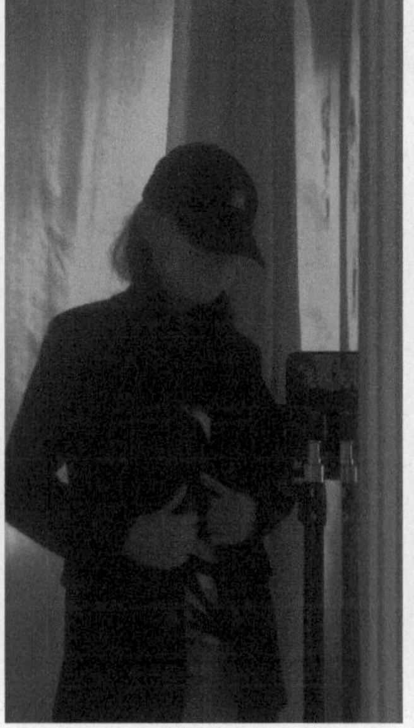

图6-66

图6-67

拓展练习：镜中人特效视频

结合本章所学的变装短视频的制作技巧，读者可以利用本例中使用的相关素材制作一个镜中人特效视频。本例参考效果如图6-68至图6-70所示。

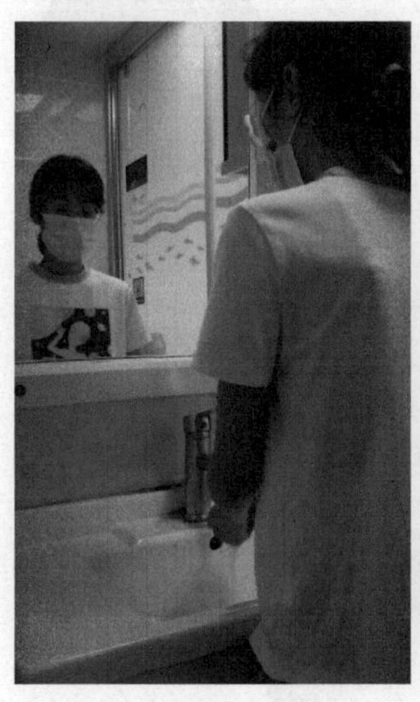

图6-68

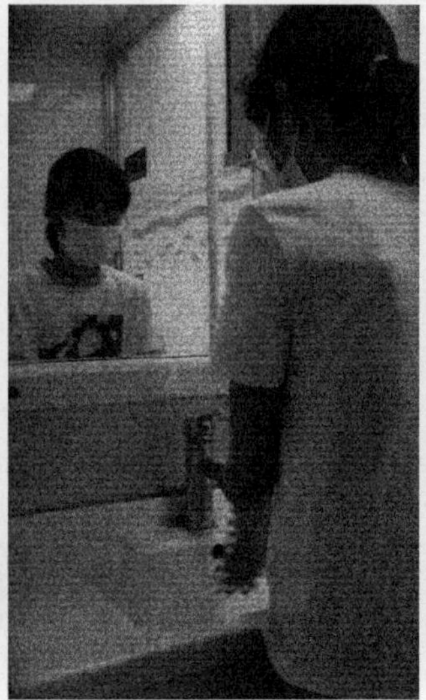

图6-69

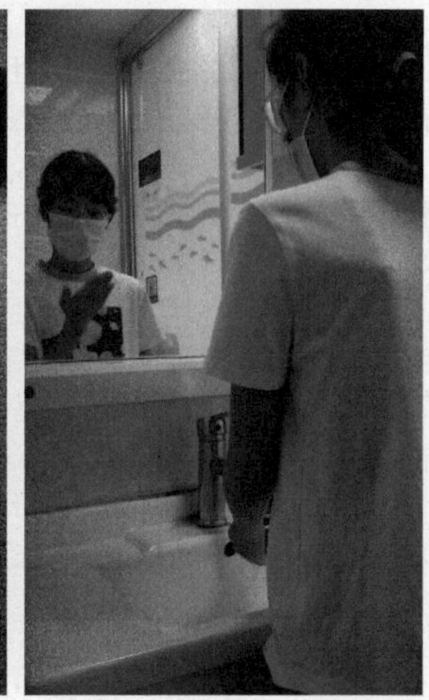

图6-70

第 7 章

卡点音乐视频：跟随音乐节奏打造酷炫效果

卡点音乐视频是众多短视频用户喜爱的一类视频。简单来说，就是让视频片段与背景音乐巧妙地匹配在一起，画面的变化配合音乐的节奏点，可以提升整个视频的趣味性。以往在制作卡点音乐视频前，创作者需要反复听音乐，熟悉并把握音乐的节奏，这在一定程度上加大了创作的难度。

剪映专业版中为用户贴心地提供了“踩点”功能，帮助用户快速识别音乐节奏，生成节奏点，大大提升了视频创作者的创作效率。本章整理了3个卡点短视频案例，分别是变色灯光卡点音乐视频、3D叠叠乐卡点视频、九宫格酷炫卡点视频。这3个例子在实现“卡点”玩法的基础上，还融入了其他新鲜、趣味的玩法。相信大家在学习了这3个例子的制作方法后，对于卡点类视频的玩法会更加得心应手。

7.1 变色灯光卡点音乐视频

下面将带领大家学习和制作变色灯光卡点音乐视频。在制作此案例前，需要先准备一张色彩丰富的素材图像，后期将通过形状蒙版来表现图像中的局部颜色。在视频的编辑处理过程中，通过画面颜色的不断变化，使画面与音乐节奏彼此呼应，即可制作出精彩的变色卡点音乐视频。

7.1.1 处理图像素材

步骤 01 启动剪映专业版，在首页界面中单击“开始创作”按钮，进入视频编辑界面，单击“导入素材”按钮，打开“请选择媒体资源”对话框，选择路径文件夹中的素材文件，单击“打开”按钮，如图7-1所示。

步骤 02 通过上述操作导入的素材，将被放置到本地素材库中，如图7-2所示。

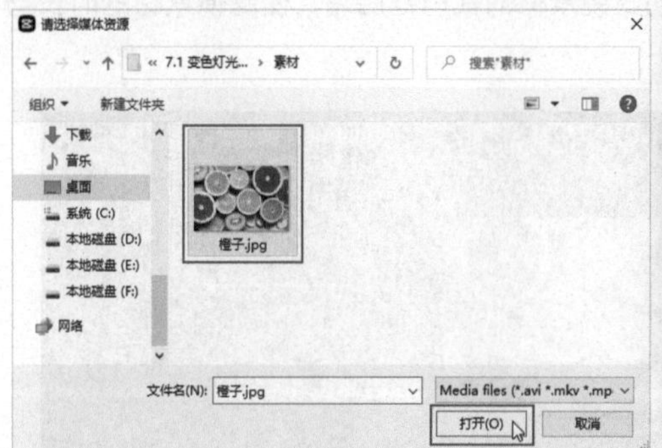

图7-1

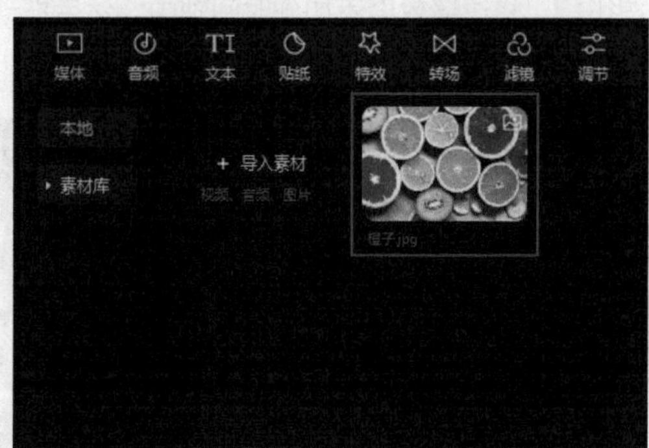

图7-2

步骤 03 在本地素材库中，单击“橙子.jpg”素材缩览图右下角的“添加到轨道”按钮，将素材添加到时间轴中，如图7-3所示。

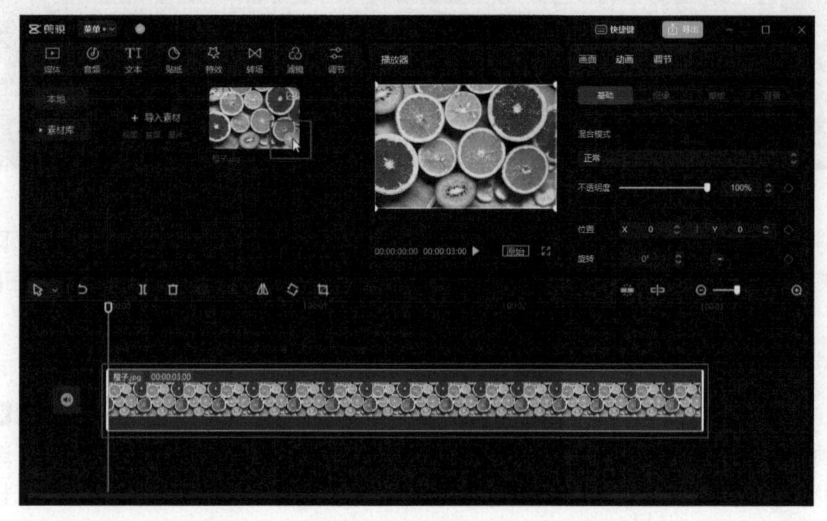

图7-3

步骤04 在时间轴中拖动“橙子.jpg”的裁剪框后端，将素材时长延长至00:00:08:00，如图7-4所示。

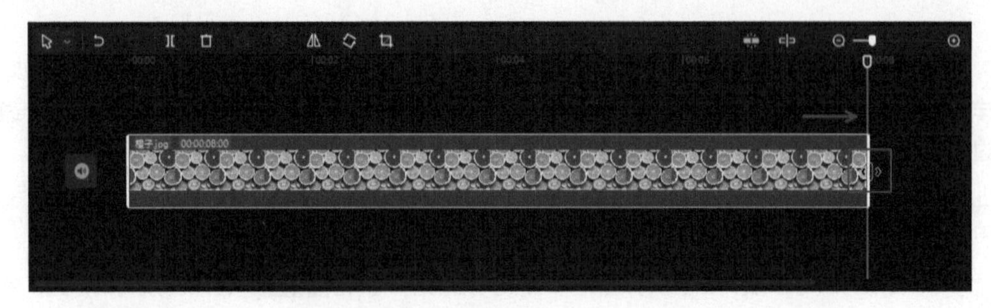

图7-4

步骤05 将时间线拖动至视频的起始时间点，单击顶部工具栏中的“滤镜”按钮，在“滤镜”选项栏中单击“黑白”选项，并在对应列表中单击“牛皮纸”效果缩览图右下角的“添加到轨道”按钮，将滤镜效果添加到时间轴中，然后拖动滤镜素材的裁剪框后端，使滤镜素材的时长与“橙子.jpg”的时长保持一致，如图7-5所示。

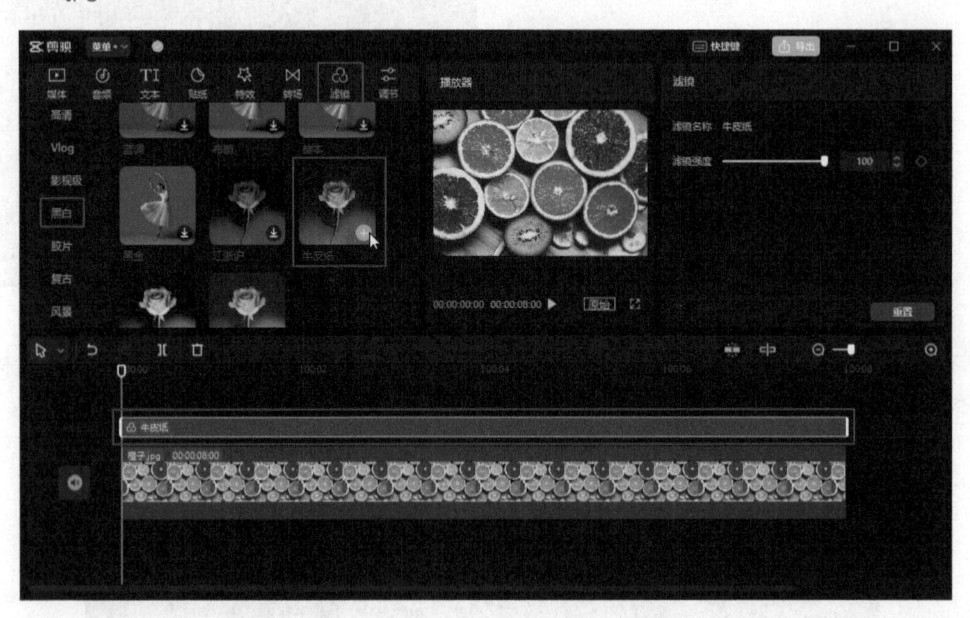

图7-5

步骤06 单击界面右上角的“导出”按钮，弹出“导出”对话框，将当前制作的视频导出至路径文件夹，并设置导出文件名为“橙子视频”，如图7-6所示，完成后单击“导出”按钮。

7.1.2 编辑视频素材

步骤01 执行“菜单”栏中的“返回首页”命令，在首页界面中单击“开始创作”按钮，进入视频编辑界面，单击“导入素材”按钮，打开“请选择媒体资源”对话框，选择路径文件夹中的“橙子视频.mp4”和“橙子.jpg”，单击“打开”按钮，将素材导入本地素材库，如图7-7所示。

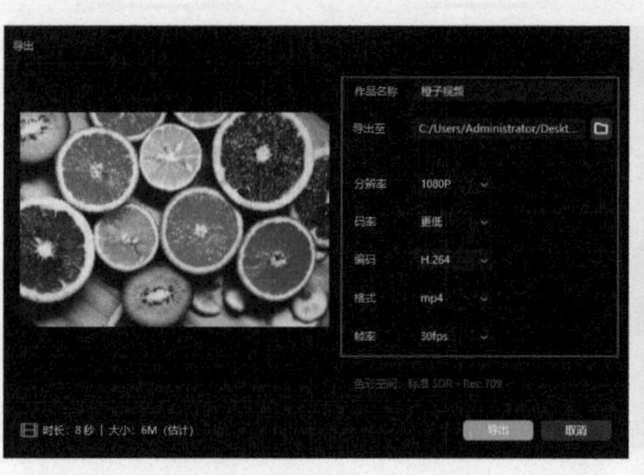

图7-6

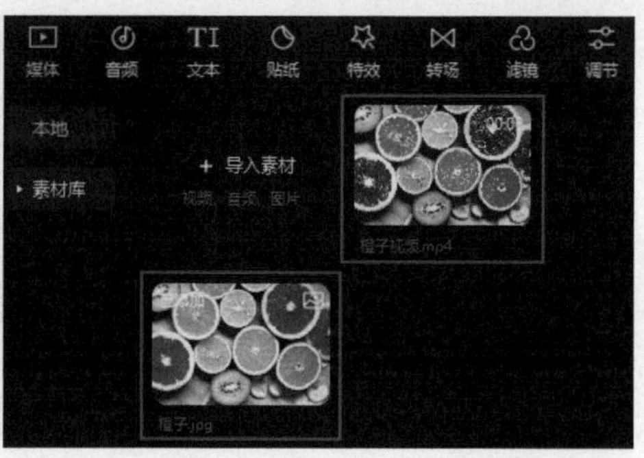

图7-7

步骤 02 在本地素材库中，单击“橙子视频.mp4”素材缩览图右下角的“添加到轨道”按钮，将视频素材添加到时间轴中，然后将“橙子.jpg”放置到“橙子视频.mp4”上方的轨道中，并拖动其裁剪框后端，使“橙子.jpg”的时长与“橙子视频.mp4”的时长保持一致，如图7-8所示。

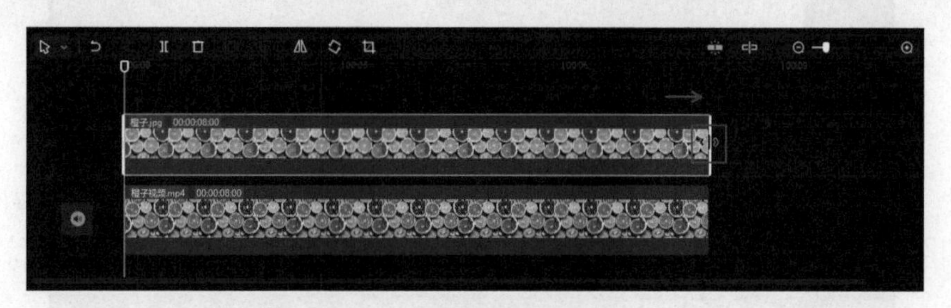

图7-8

步骤 03 在顶部工具栏中单击“音频”按钮，然后在“音乐素材”|“卡点”列表中下载所需音乐素材，并单击其右下角的“添加到轨道”按钮，将音乐素材添加到时间轴中，如图7-9所示。

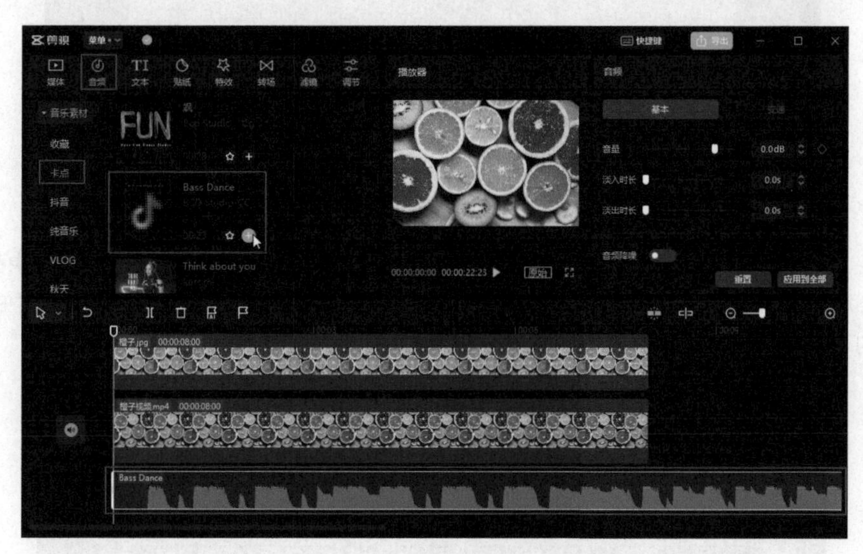

图7-9

步骤 04 将时间线拖动到00:00:00:15，单击“分割”按钮，对音乐素材进行分割操作，如图7-10所示。

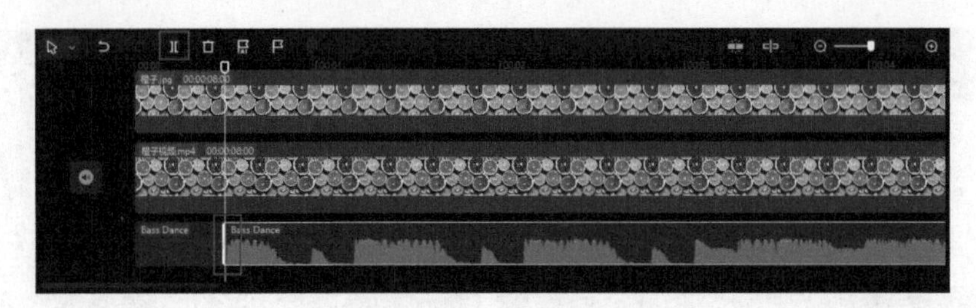

图7-10

步骤05 分割操作完成后，将位于时间线左侧的音乐素材部分删除，然后将时间线右侧的音乐素材部分向左拖动至起始时间点，如图7-11所示。

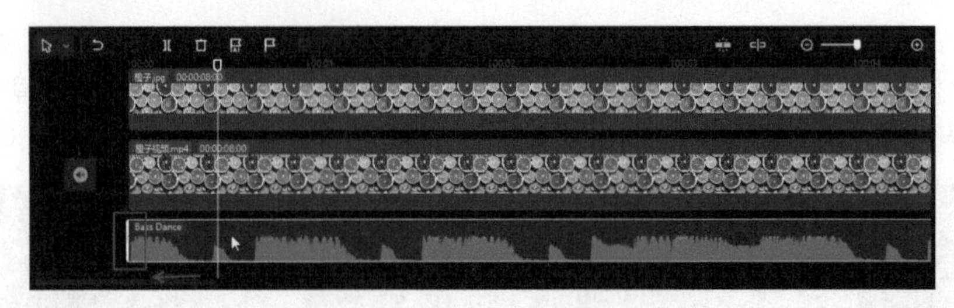

图7-11

步骤06 将时间线拖动到00:00:08:00，单击“分割”按钮，对音乐素材进行分割操作，如图7-12所示。

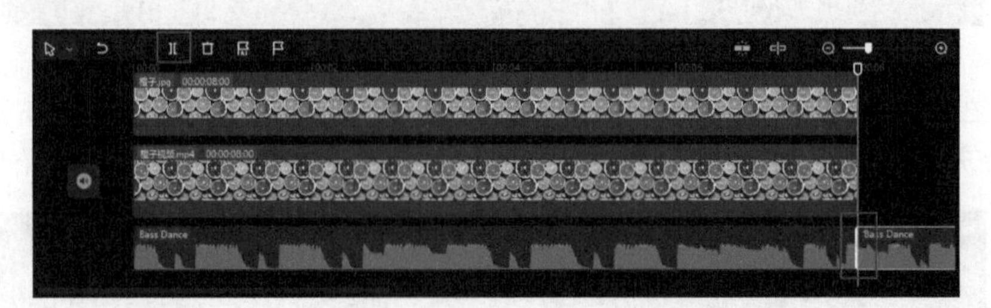

图7-12

7.1.3 素材的踩点处理

步骤01 分割操作完成后，将位于时间线右侧的音乐素材部分删除。接着，在时间轴中选中音乐素材，然后单击“自动踩点”按钮，在下拉列表中单击“踩节拍Ⅱ”选项，位于时间轴中的音乐素材的下方将自动生成黄色节奏点，如图7-13所示。

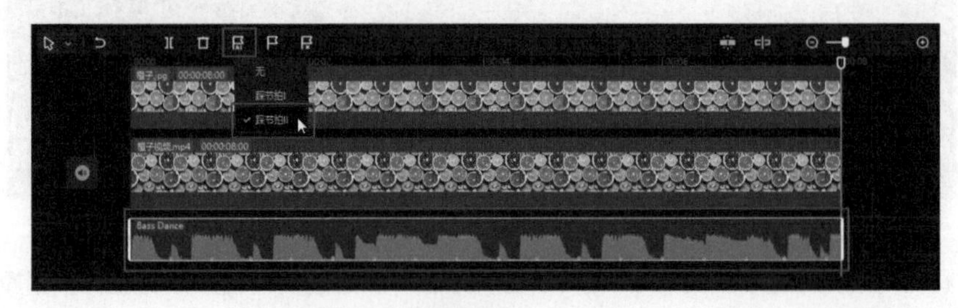

图7-13

步骤02 在时间轴中选中“橙子.jpg”，拖动时间线到音乐素材中第2个黄色节奏点的位置，单击“分割”按钮对“橙子.jpg”进行分割操作，如图7-14所示。

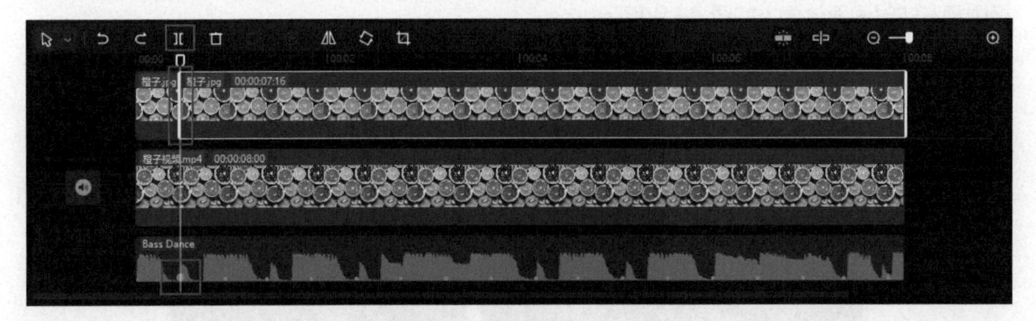

图7-14

步骤03 分割操作完成后，将位于时间线左侧的“橙子.jpg”素材部分删除。接着，拖动时间线逐个对准后续的黄色节奏点，继续对“橙子.jpg”素材进行分割操作，完成分割操作后得到的素材效果如图 7-15所示。

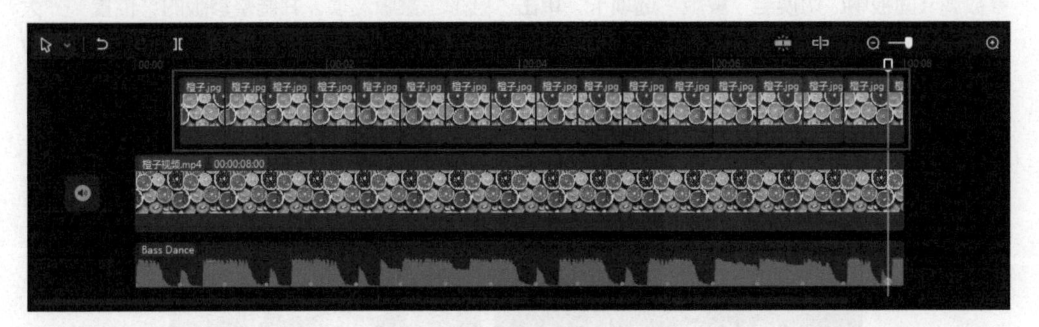

图7-15

步骤04 在时间轴中选中第1段“橙子.jpg”，并将时间线悬停至该段素材上，便于在播放器中观察和调整画面，如图7-16所示。

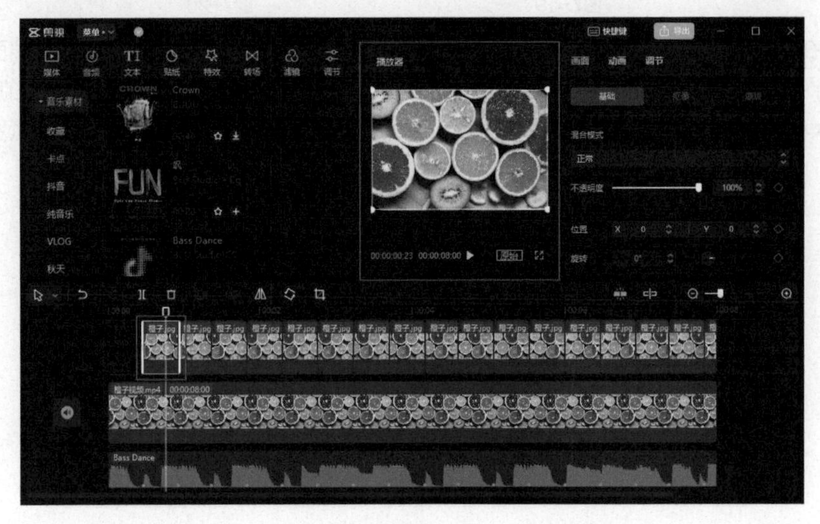

图7-16

步骤05 在编辑界面右侧的参数调节面板中，切换至“蒙版”选项卡，单击“圆形”蒙版选项，并调整蒙版的“位置”“大小”及“羽化”参数，如图7-17所示。调整完成后，可在“播放器”面板中预览实时画面效果，如图 7-18所示。

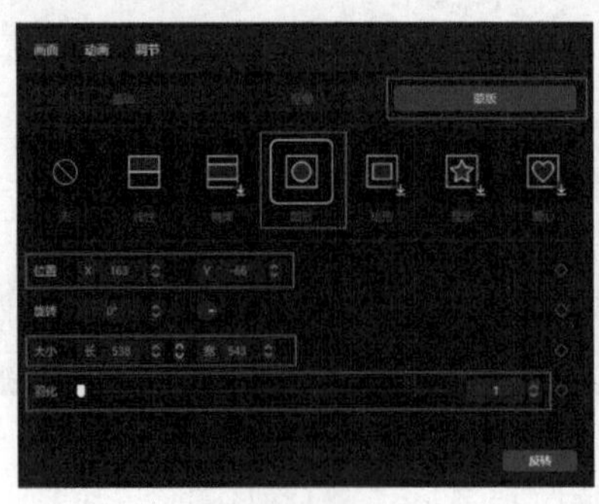

图7-17

图7-18

步骤06 在时间轴中选中第3段“橙子.jpg”，并将时间线悬停至该段素材上。在编辑界面右侧的参数调节面板中，切换至“蒙版”选项卡，单击“圆形”蒙版选项，并调整蒙版的“位置”“大小”及“羽化”参数，如图7-19所示。调整完成后，可在“播放器”面板中预览实时画面效果，如图 7-20所示。

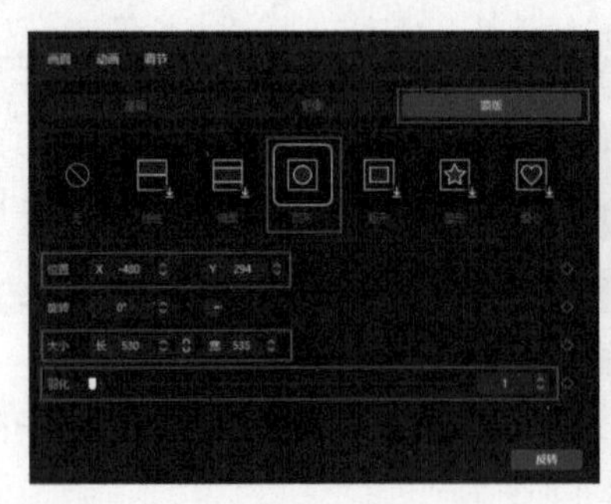

图7-19

图7-20

步骤07 在时间轴中选中第5段“橙子.jpg”，并将时间线悬停至该段素材上。在编辑界面右侧的参数调节面板中，切换至“蒙版”选项列表，单击“圆形”蒙版选项，并调整蒙版的“位置”“大小”及“羽化”参数，如图7-21所示。调整完成后，可在“播放器”面板中预览实时画面效果，如图7-22所示。

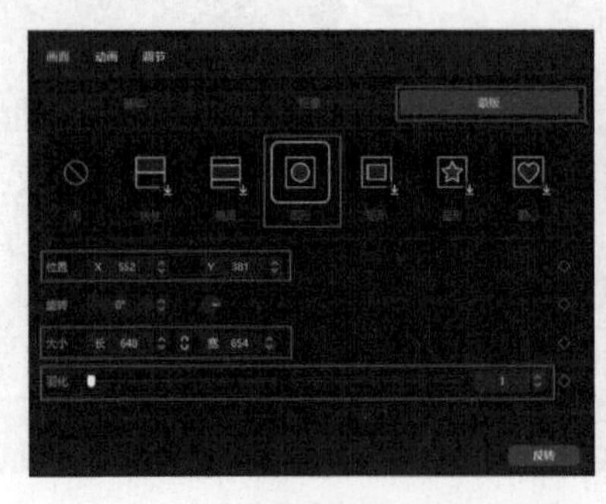

图7-21

图7-22

步骤 08 用同样的方法，继续为后面的素材添加圆形蒙版，并根据实际情况，调整蒙版的各项参数，使其作用于画面中不同的区域，如图7-23和图7-24所示。

图7-23

图7-24

步骤 09 单击界面右上角的“导出”按钮，弹出“导出”对话框，修改其中自定义作品名称及导出路径等信息，完成后单击“导出”按钮。导出视频完成后，在计算机的路径文件夹中找到导出的视频文件并预览视频效果，视频画面效果如图7-25至图7-28所示。

图7-25

图7-26

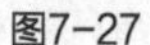

图7-27

图7-28

7.2 3D叠叠乐卡点短视频

3D叠叠乐效果，是在原本平面图像的基础上衍生出的具有裸眼3D视觉感的特效效果。这一效果不仅强化了视频的画面感，也在一定程度上体现了内容的技术性和创意性。本例将在音乐卡点视频的基础上，融合动画特效效果，制作一个3D叠叠乐卡点短视频。在制作视频前，可以先选取一首节奏感较强的背景音乐，通过“踩点”功能生成节奏点，并配备相应数量的图像素材或视频素材。之后，在剪辑项目中，将素材画面的画幅比例进行统一，并添加背景音乐和动画效果，完成卡点视频的制作。

7.2.1 素材的踩点处理

步骤01 启动剪映专业版，在首页界面中单击“开始创作”按钮，进入视频编辑界面。在顶部工具栏中单击“音频”按钮，然后在“音乐素材”|“卡点”列表中，下载所需音乐素材，并单击素材右下角的“添加到轨道”按钮，将音乐素材添加到时间轴中，如图7-29所示。

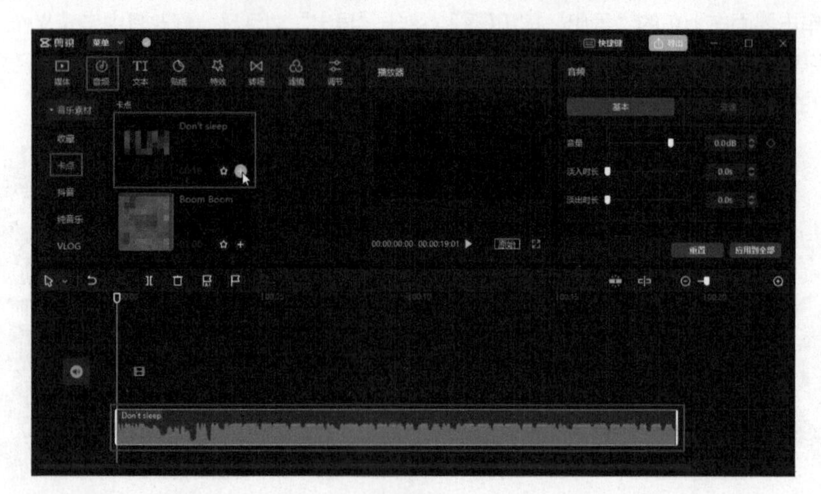

图7-29

步骤02 在时间轴中选中音乐素材，然后单击“自动踩点”按钮，在下拉列表中单击“踩节拍II”选项，位于时间轴中的音乐素材的下方将自动生成黄色节奏点，如图7-30所示。

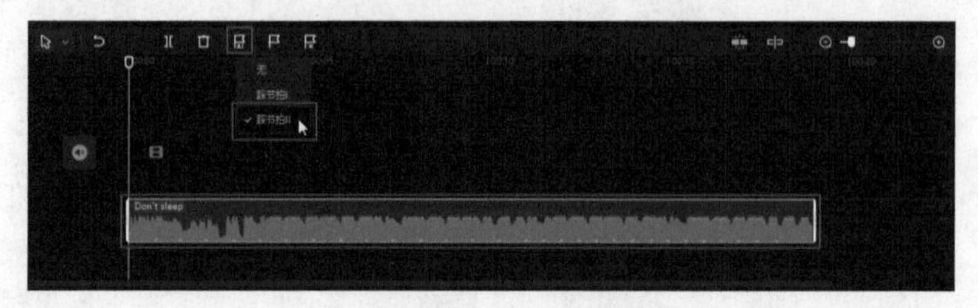

图7-30

步骤03 将时间线拖动到00:00:10:10，单击“分割”按钮，对音乐素材进行分割操作，如图7-31所示。

图7-31

步骤04 分割操作完成后，将位于时间线右侧的音乐素材部分删除。此时，观察剩余音乐素材上的黄色节奏点，根据节奏点的数量，准备相应数量的图像素材或视频素材。

7.2.2 添加图像素材

步骤01 在顶部工具栏中单击“媒体”按钮，然后单击“导入素材”按钮，如图7-32所示。

步骤02 打开“请选择媒体资源”对话框，选择路径文件夹中的14张图像素材文件，单击“打开”按钮，如图7-33所示。

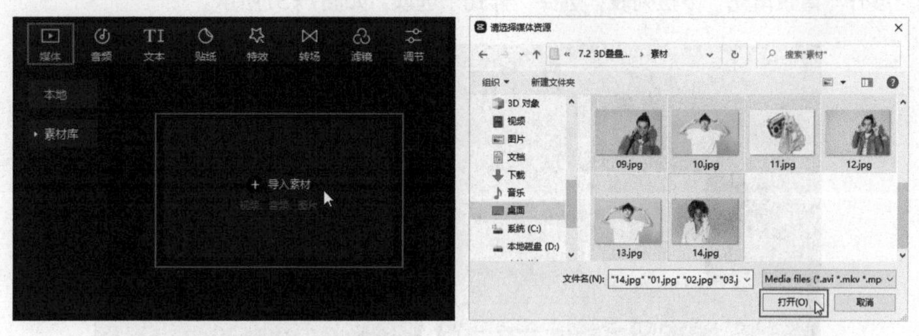

图7-32　　图7-33

步骤03 导入素材后，将时间线拖动到起始时间点，然后根据图像素材的序号，按照倒序的形式，依次单击素材缩览图右下角的“添加到轨道”按钮，将素材添加到时间轴中，如图7-34所示。

图7-34

步骤 04 在时间轴中依次拖动图像素材裁剪框后端，使其逐个对齐音乐素材上的黄色节奏点，如图7-35所示。

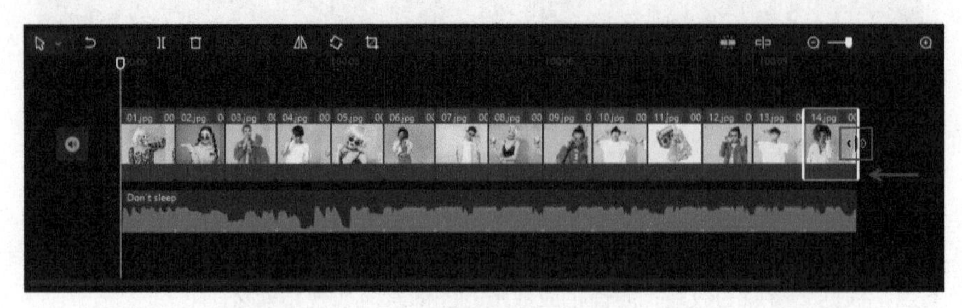

图7-35

7.2.3 完善视频画面

步骤 01 在“播放器”面板中，单击画面右下角的比例按钮，在弹出的比例选项中选择“9：16（抖音）”选项，如图7-36所示。

步骤 02 在时间轴中选中“01.jpg”，然后在右侧的参数调节面板中单击“画面”|“背景”选项列表，展开“背景填充”下拉列表，选择“样式”选项，如图7-37所示。

图7-36

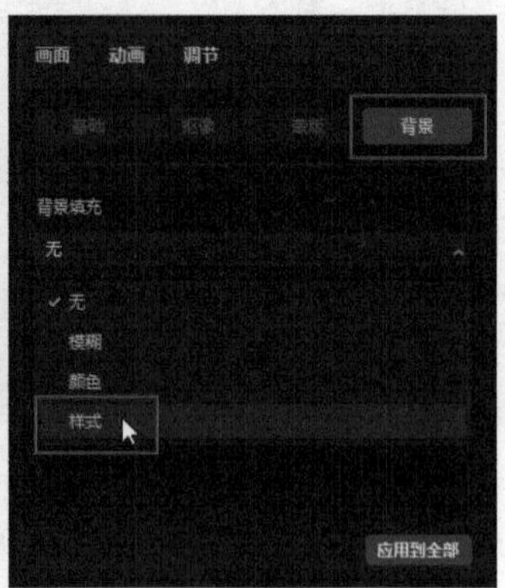

图7-37

步骤 03 在“样式”列表中，下载心仪的背景样式效果，然后单击右下角的“应用到全部”按钮，如图7-38所示。完成操作后，在“播放器”面板中预览画面效果，如图7-39所示。

图7-38

图7-39

步骤 04 在“01.jpg”被选中的情况下，在右侧的参数调节面板中切换至“动画”选项卡，然后在“组合”动画列表中选择“叠叠乐”效果，如图7-40所示。

步骤 05 此时，在“播放器”面板中预览画面效果，如图7-41所示。

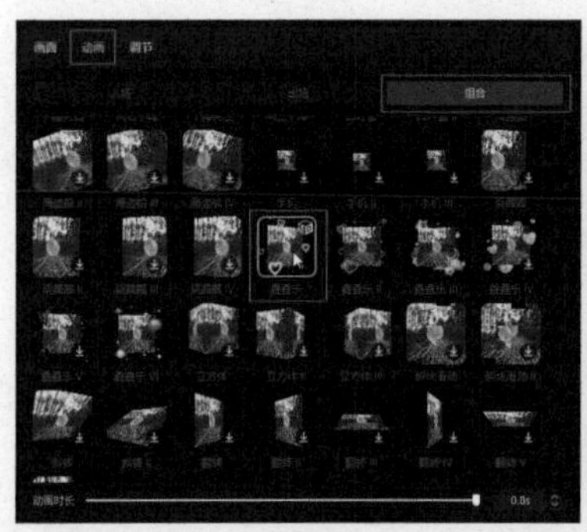

图7-40

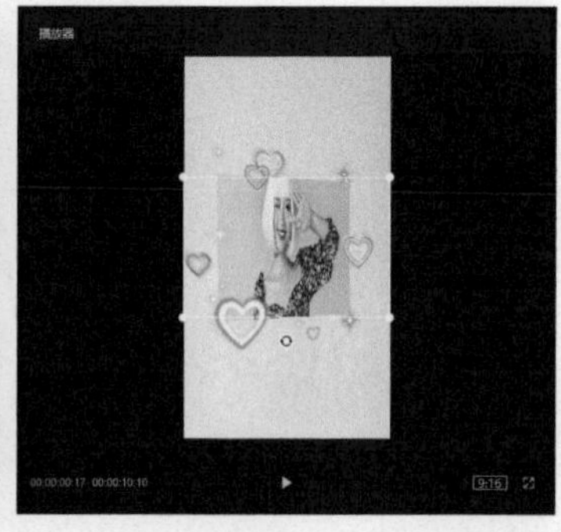

图7-41

步骤 06 在时间轴中选中“02.jpg”，然后按照同样的方法，在右侧参数调节面板中的“组合”动画列表中选择“叠叠乐Ⅱ”效果，如图7-42所示。完成操作后，在“播放器”面板中预览画面效果，如图7-43所示。

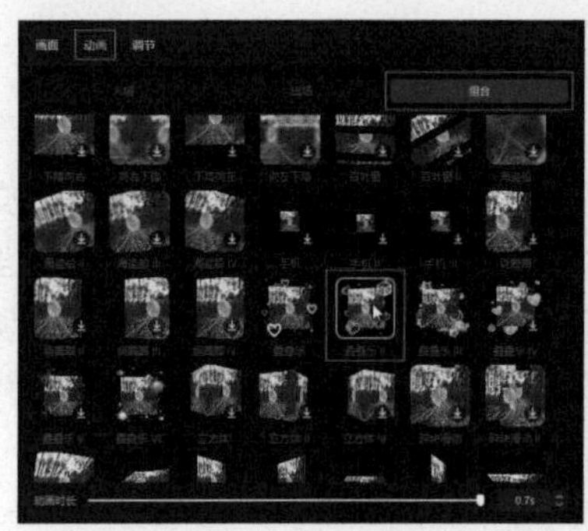

图7-42

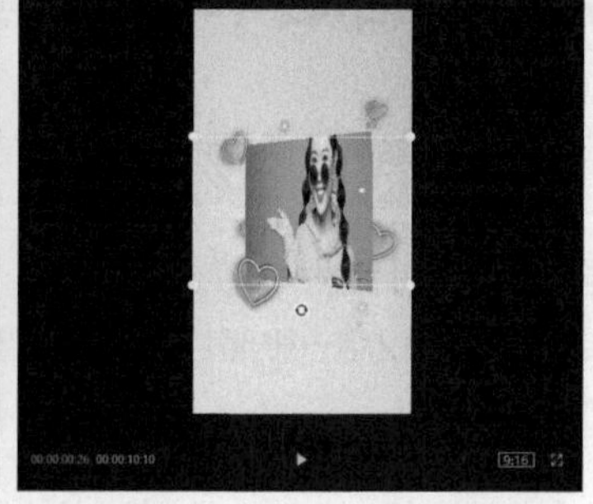

图7-43

步骤 07 用同样的方法，在时间轴中依次选择剩余的图像素材，为素材逐一添加不同的叠叠乐动画效果，如图7-44所示。

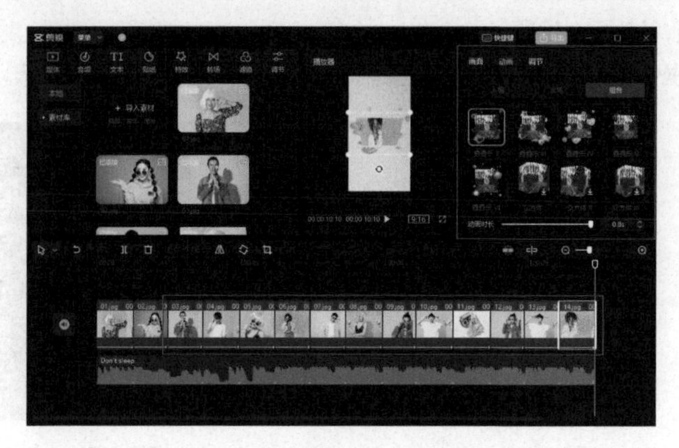

图7-44

步骤08 单击界面右上角的“导出”按钮，弹出“导出”对话框，修改其中自定义作品名称及导出路径等信息，完成后单击“导出”按钮。导出视频完成后，在计算机的路径文件夹中找到导出的视频文件并预览视频效果，如图7-45至图7-47所示。

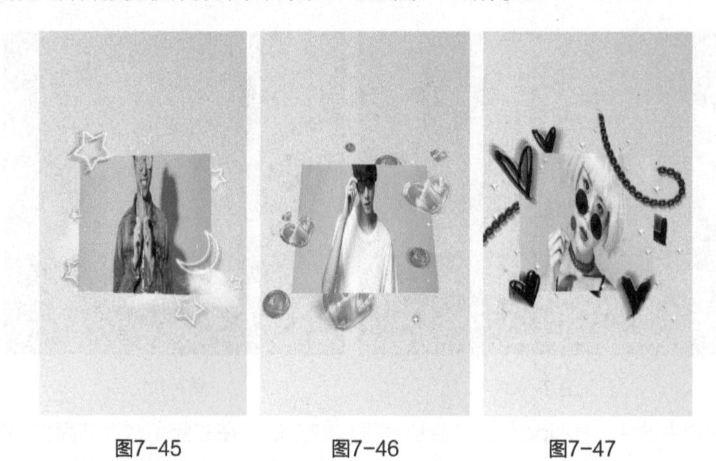

图7-45　　图7-46　　图7-47

7.3 九宫格酷炫卡点视频

本节将介绍九宫格酷炫卡点视频的制作方法。在日常生活中，大家有时会在社交平台上发布一张照片或一段视频来表达心情，如果想以更加有创意的方式来表达心情，不妨尝试以“九宫格”的形式合成一张照片或一段视频，这样远比单纯地上传一张静态图或一段视频录像更有意思。在剪映专业版中，仅用一张照片或一段视频，便可制作成九宫格样式的卡点视频，打造有趣味性的视觉效果。

7.3.1 处理素材并添加背景音乐

步骤01 启动剪映专业版，在首页界面中单击“开始创作”按钮，进入视频编辑界面，单击“导入素材”按钮，打开“请选择媒体资源”对话框，选择路径文件夹中的素材文件，单击“打开”按钮，如图7-48所示。

步骤02 通过上述操作导入的素材，将被放置到本地素材库中，如图7-49所示。

图7-48

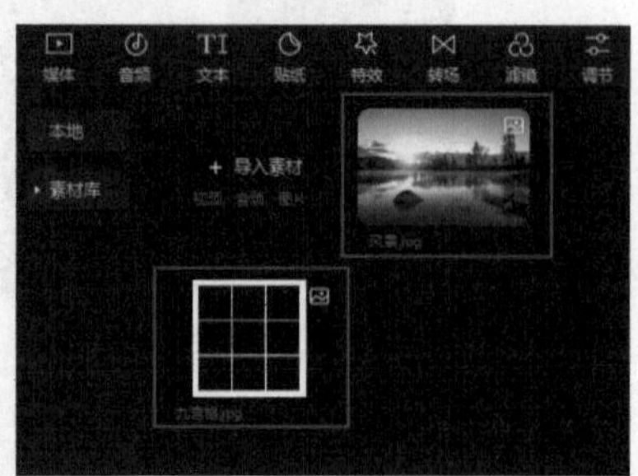

图7-49

步骤03 在本地素材库中，单击“九宫格.jpg”素材缩览图右下角的“添加到轨道”按钮，将素材添加到时间轴中，如图7-50所示。

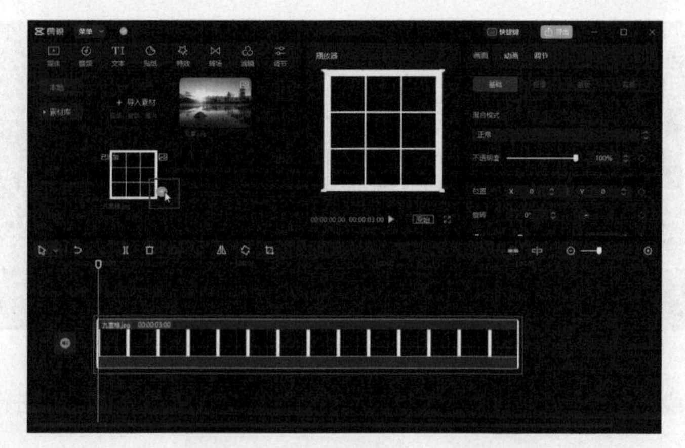

图7-50

步骤04 在顶部工具栏中单击“音频”按钮，然后在“音乐素材”|“卡点”列表中下载所需音乐素材，并单击素材右下角的“添加到轨道”按钮，将音乐素材添加到时间轴中，如图7-51所示。

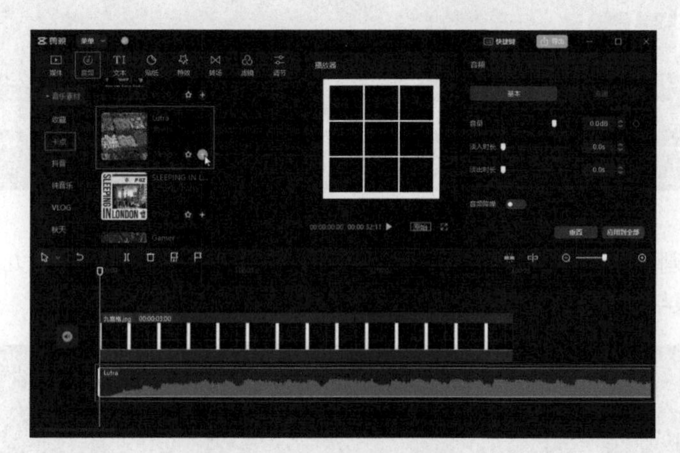

图7-51

步骤05 将时间线拖动到00:00:04:25，单击“分割”按钮，对音乐素材进行分割操作，如图7-52所示。

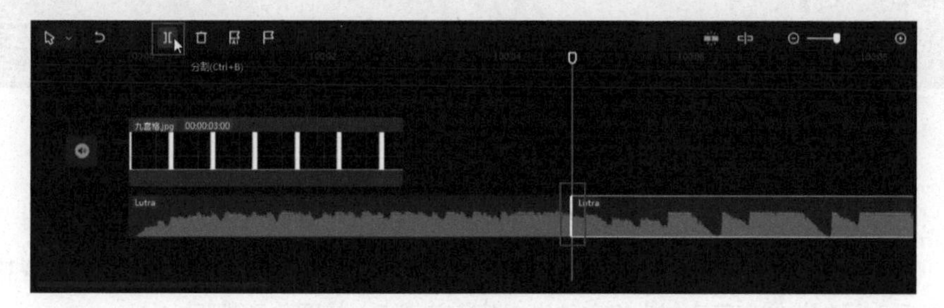

图7-52

步骤06 完成分割操作后，将位于时间线左侧的音乐素材部分删除，然后将时间线右侧的音乐素材部分向左拖动至起始时间点，如图7-53所示。

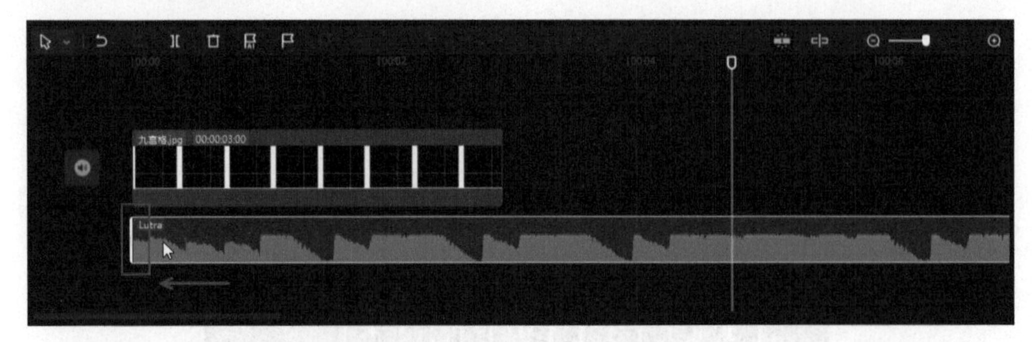

图7-53

步骤07 将时间线拖动到00:00:10:20，单击“分割”按钮，对音乐素材进行分割操作，如图7-54所示。

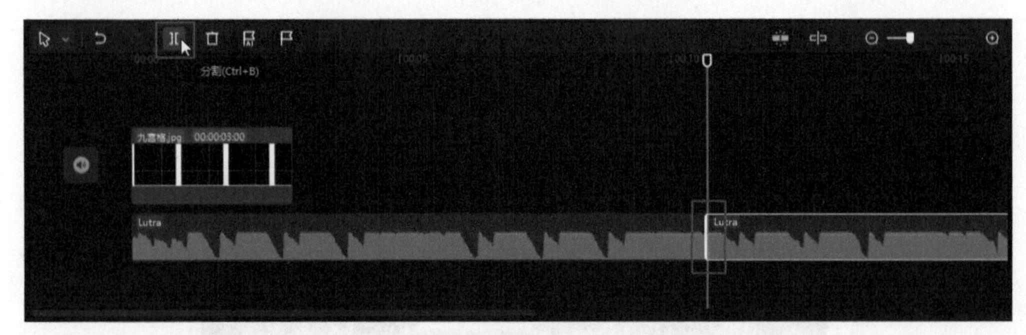

图7-54

步骤08 完成分割操作后，将位于时间线右侧的音乐素材部分删除，然后拖动“九宫格.jpg”的裁剪框后端，使其与音乐素材的结尾处对齐，如图7-55所示。

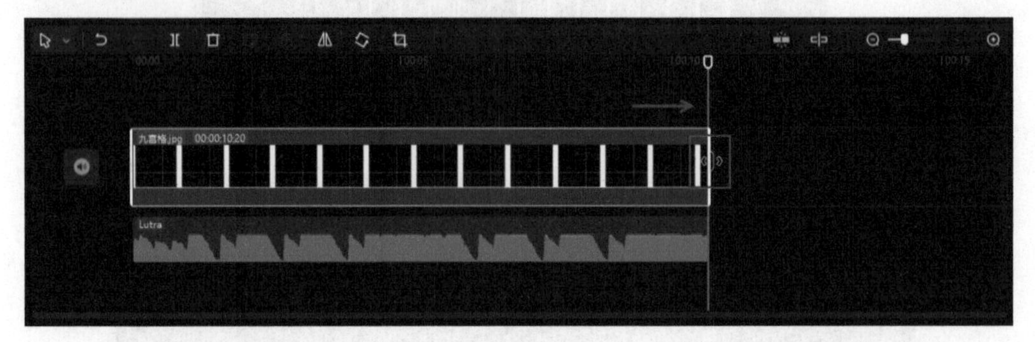

图7-55

7.3.2 素材的踩点处理

步骤01 在时间轴中选中音乐素材，然后单击“自动踩点”按钮，在下拉列表中单击“踩节拍II”选项，位于时间轴中的音乐素材上将自动生成黄色节奏点，如图7-56所示。

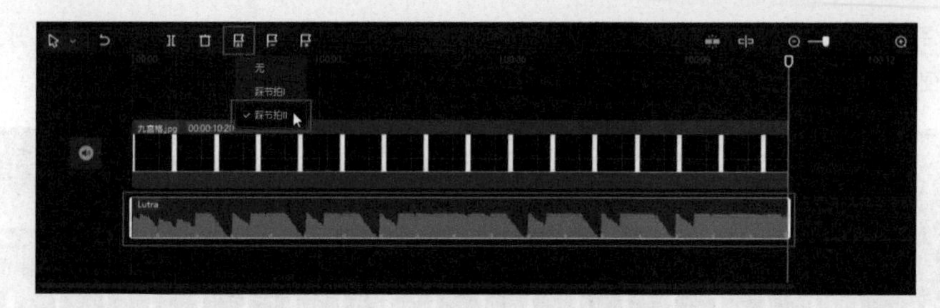

图7-56

步骤 02 将本地素材库中的“风景.jpg”拖动到“九宫格.jpg”上方的轨道，并拖动其裁剪框后端，使“风景.jpg”的时长与“九宫格.jpg”的时长保持一致，如图 7-57所示。

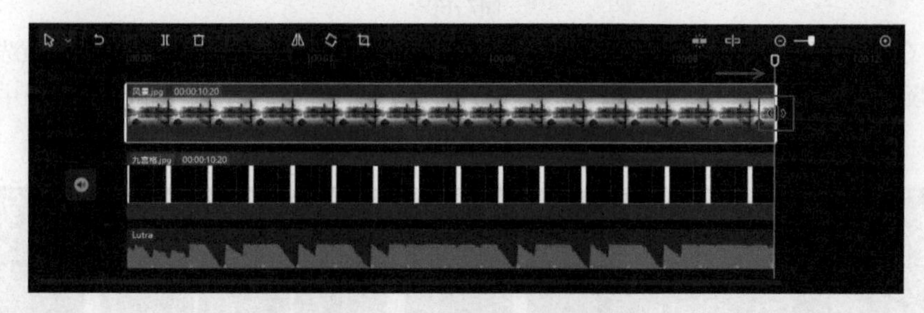

图7-57

步骤 03 在时间轴中选中“风景.jpg”，然后在编辑界面右侧的参数调节面板中，调整素材的“混合模式”为“滤色”，“缩放”参数为159%，如图7-58所示。

图7-58

步骤 04 选中“风景.jpg”，在时间轴中使其对齐音乐素材上的黄色节奏点，并对素材进行分割操作，如图7-59所示。

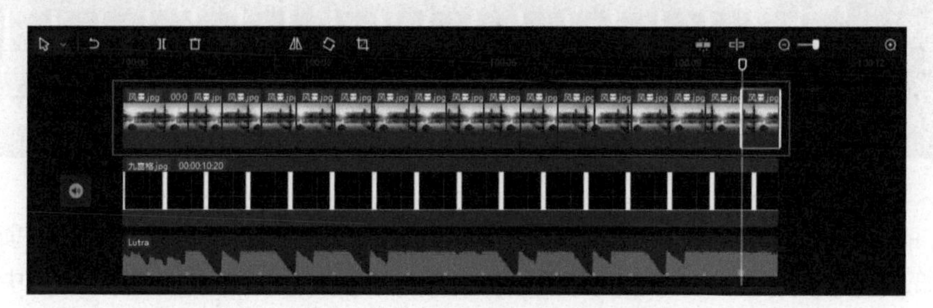

图7-59

步骤 05 完成分割操作后，在时间轴中拖动时间线至第2个和第3个黄色节奏点中间，并选中时间线所在的“风景.jpg”素材片段，如图7-60所示。

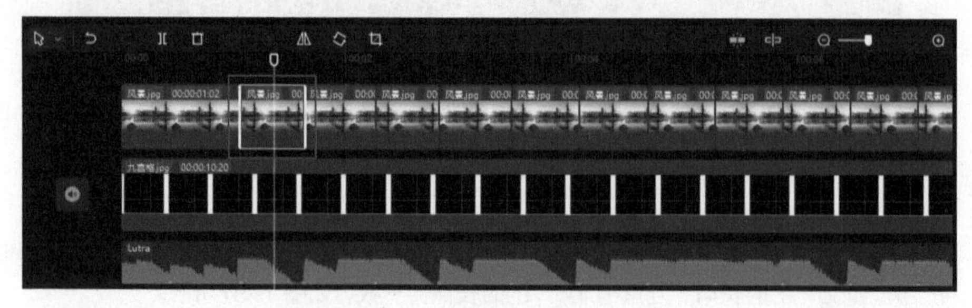

图7-60

步骤 06 在编辑界面右侧的参数调节面板中，切换至“蒙版”选项卡，单击“矩形”蒙版选项，并调整蒙版的“位置”和“大小”参数，如图7-61所示。调整完成后，在“播放器”面板中预览实时效果，如图7-62所示。

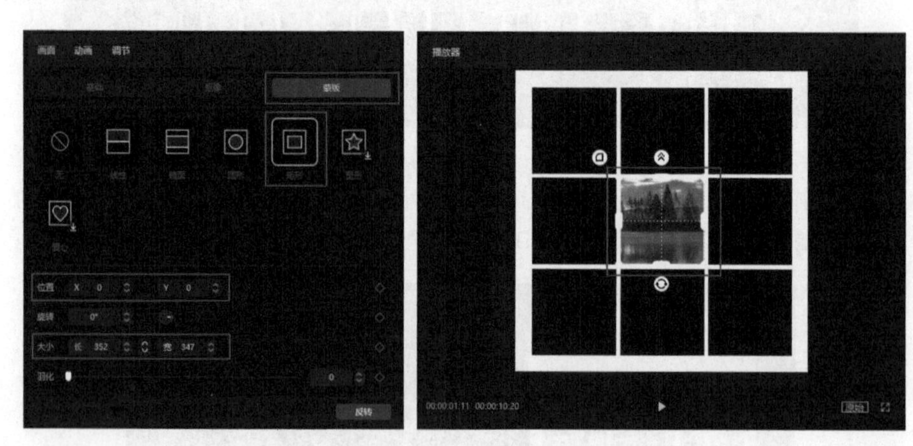

图7-61 图7-62

步骤 07 在时间轴中拖动时间线至第3个和第4个黄色节奏点中间，并选中时间线所在的“风景.jpg”素材片段，如图7-63所示。

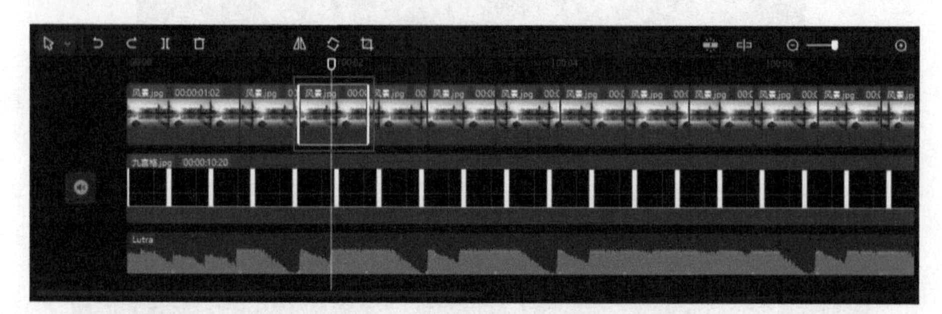

图7-63

步骤 08 在编辑界面右侧的参数调节面板中，在“蒙版”选项卡中单击“矩形”蒙版选项，并调整蒙版的“位置”和“大小”参数，如图7-64所示。调整完成后，在“播放器”面板中预览实时效果，如图7-65所示。

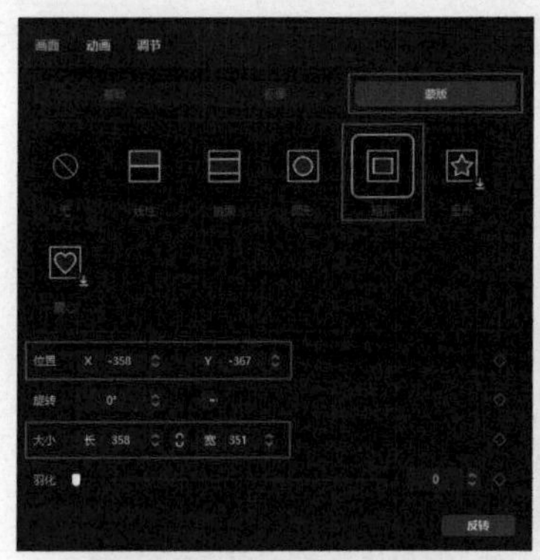

图7-64

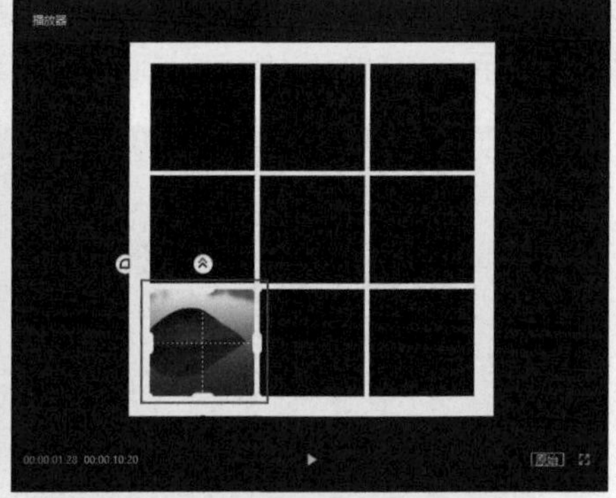

图7-65

步骤 09 用同样的方法，在时间轴中依次选择剩余的图像素材，为素材逐一添加“矩形”蒙版效果，并自行调整蒙版的大小和位置，效果如图7-66和图7-67所示。

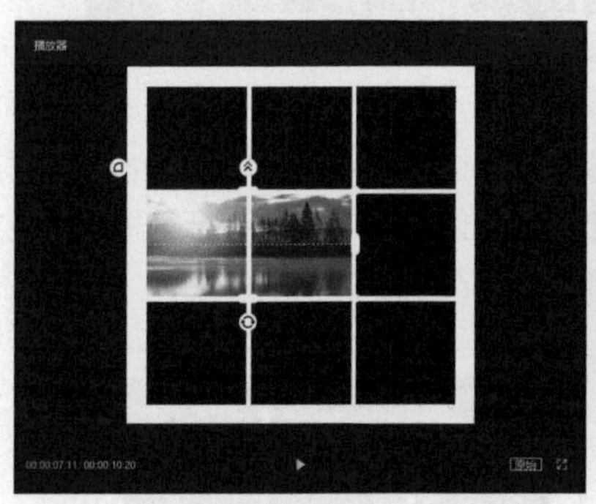

图7-66

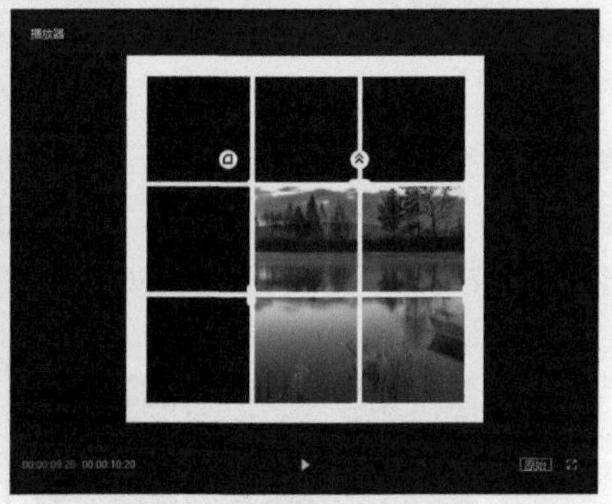

图7-67

步骤 10 将时间线拖动到视频素材的起始时间点，单击顶部工具栏中的“滤镜”按钮，在“滤镜”选项列表栏中单击“氛围”选项，单击“荧光飞舞”效果缩览图右下角的“添加到轨道”按钮，将滤镜效果添加到时间轴，然后拖动滤镜素材的裁剪框后端，使滤镜素材的时长与音频素材的时长保持一致，如图7-68所示。

图7-68

步骤 11 选中时间轴中的音乐素材，在编辑界面右侧的参数调节面板中调整“淡出时长”为1.0秒，如图7-69所示。这样做可以使音乐过渡得更加自然。

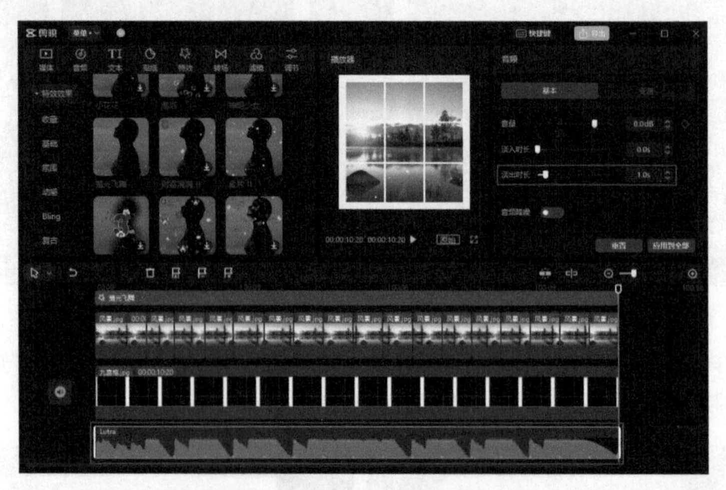

图7-69

步骤 12 单击界面右上角的“导出”按钮，弹出“导出”对话框，修改其中自定义作品名称及导出路径等信息，完成后单击“导出”按钮。导出视频完成后，在计算机的路径文件夹中找到导出的视频文件并预览视频效果，如图7-70至图7-73所示。

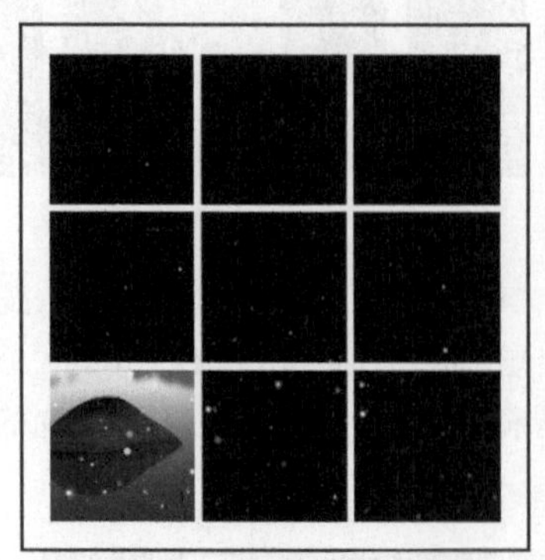

图7-70

图7-71

图7-72

图7-73

拓展练习：风景卡点音乐视频

结合本章所学的卡点短视频的制作技巧，读者可以利用本例提供的相关素材，制作一个风景卡点音乐视频。本例参考效果如图7-74至图7-77所示。

图7-74

图7-75

图7-76

图7-77

第 8 章

穿越短视频：轻松打破时间和空间的限制

对大部分短视频玩家来说，在拍摄完多段视频素材后，会选择通过剪辑软件中的转场效果，来实现画面的无缝衔接。其实，除了使用转场效果实现场景的流畅切换，大家在日常拍摄制作中还可以巧妙运用剪映专业版中的抠像、蒙版、关键帧等特殊功能，制作出不一样的画面效果。

本章为读者归纳整理了4个画面穿越效果案例，分别是：无缝瞳孔转场效果、画中画穿越效果、文字穿越效果、场景遮挡切换效果。这些案例效果的实现，利用了剪映专业版中的许多特效功能。掌握本章内容，可以帮助读者更加熟练地使用剪映专业版中的各项高级功能。

8.1 无缝瞳孔转场效果

本例将讲解无缝瞳孔转场效果的制作方法。无缝瞳孔转场效果主要是从人物眼球中转场出另一个视频画面。在制作该效果前，可以先准备一段瞳孔特写镜头和一段风景镜头，通过在剪映专业版中进行衔接处理，轻松制作出该效果。具体制作方法如下。

8.1.1 处理视频素材

步骤 01 启动剪映专业版，在首页界面中单击“开始创作”按钮，进入视频编辑界面，单击“导入素材”按钮，打开“请选择媒体资源”对话框，选择路径文件夹中的素材文件，单击“打开”按钮，如图8-1所示。

步骤 02 通过上述操作导入的素材，将被放置到本地素材库中，如图8-2所示。

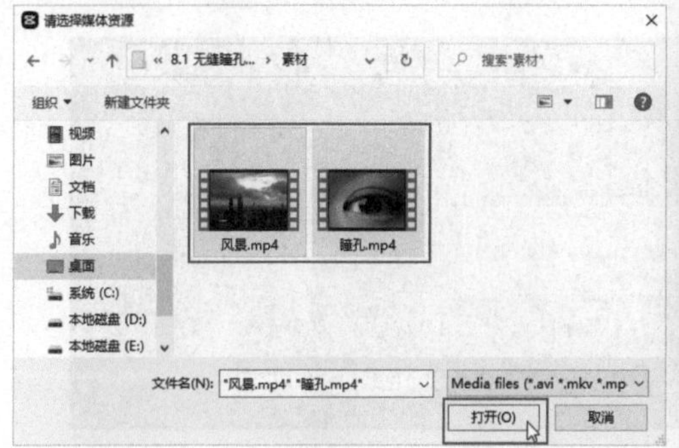

图8-1

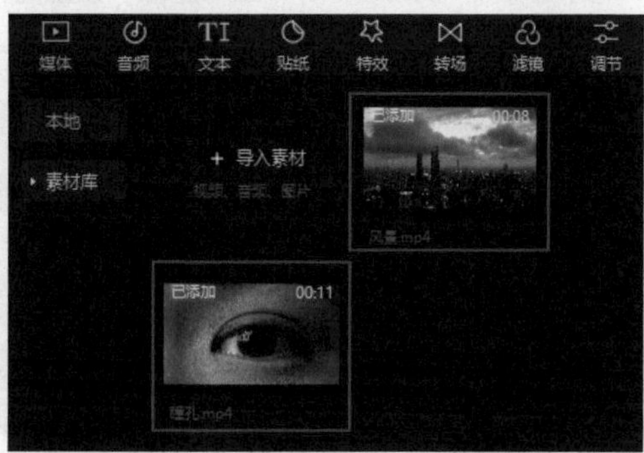

图8-2

步骤 03 在本地素材库中，单击“瞳孔.mp4”素材缩览图右下角的“添加到轨道”按钮，将视频素材添加到时间轴中，如图8-3所示。

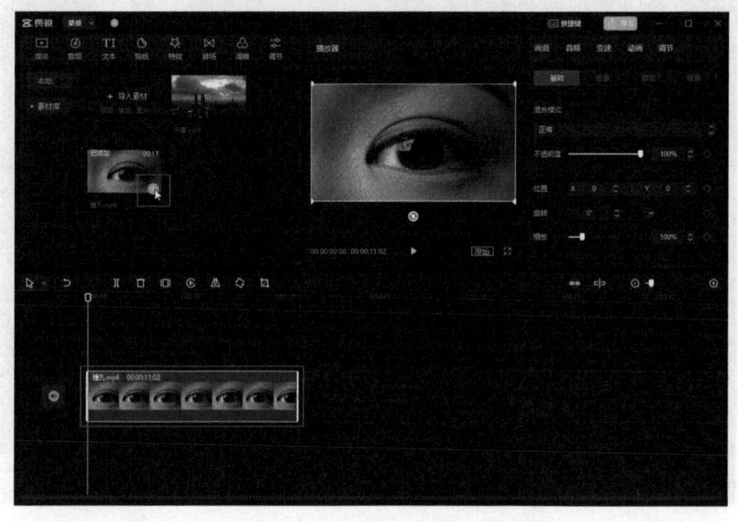

图8-3

步骤 04 将时间线拖动到00:00:02:19，在选中“瞳孔.mp4”的情况下，单击“定格”按钮，如图8-4所示。

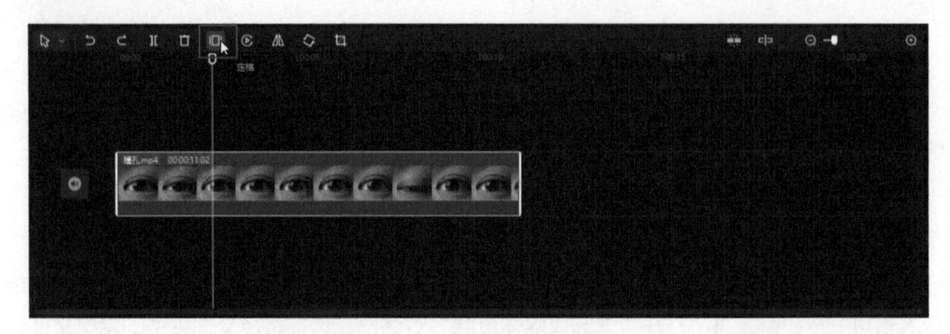

图8-4

步骤 05 完成上述定格操作后，将在时间线右侧生成“定格”素材，选中“定格”素材右侧的“瞳孔.mp4”视频素材，单击“删除”按钮，如图8-5所示，将选中的素材删除。

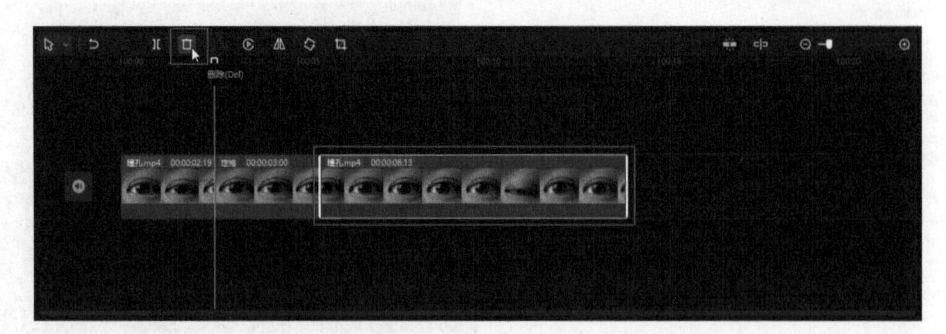

图8-5

步骤 06 在时间轴中，将“定格”素材拖动到上一层轨道，然后将本地素材库中的“风景.mp4”拖至“瞳孔.mp4”的右侧，如图8-6所示。

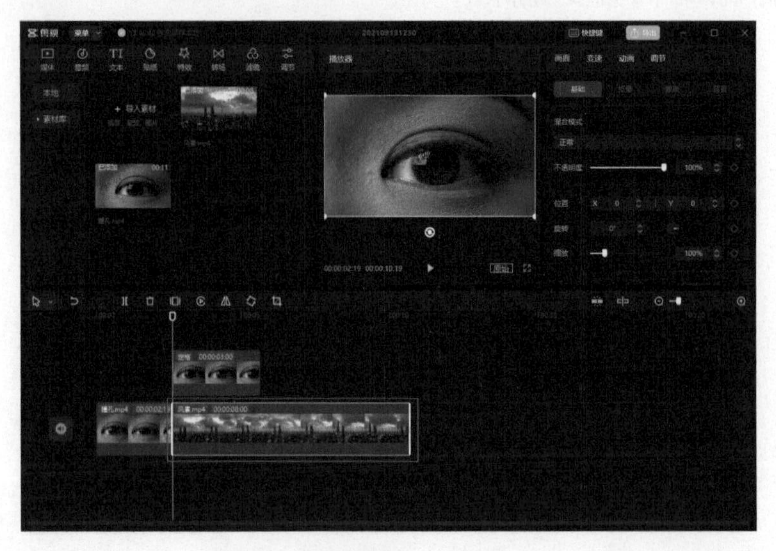

图8-6

8.1.2 添加关键帧并设置蒙版

步骤 01 选中“定格”素材，在右侧的参数调节面板中，单击“缩放”参数右侧的“添加关键帧”按钮◆，在00:00:02:19处添加一个“缩放”关键帧，如图8-7所示。

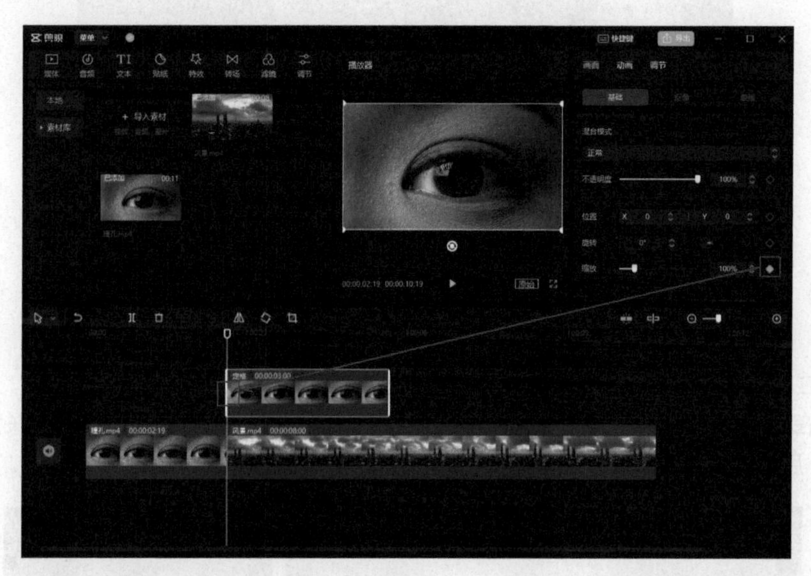

图8-7

步骤 02 将时间线拖动到00:00:03:29，在右侧的参数调节面板中，修改“缩放”参数为500%，并在该时间点创建一个新的“缩放”关键帧，如图8-8所示。

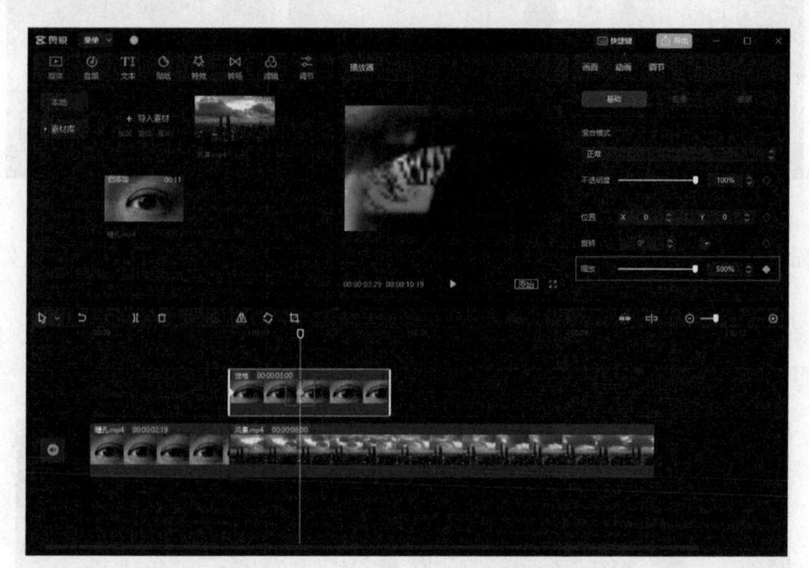

图8-8

步骤 03 接下来，将通过“蒙版”功能进一步实现两个镜头的过渡转场效果。将时间线拖回到00:00:02:19，然后在右侧的参数调节面板中切换至“蒙版”选项卡，单击“圆形”蒙版选项，此时在“播放器”中可以预览应用该蒙版后的画面效果，如图8-9所示。

图8-9

步骤04 在“播放器”中手动调整蒙版的位置及大小，如图8-10所示。

步骤05 在右侧的参数调节面板中，依次单击“位置”和“大小”参数右侧的“添加关键帧”按钮◆，然后调整蒙版的“羽化”参数为8，并单击“反转”按钮 反转 ，如图8-11所示。

图8-10

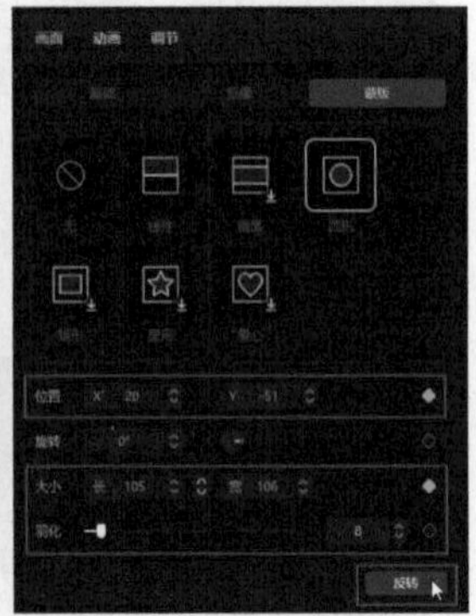

图8-11

完成上述操作后，在“播放器”中可预览使用蒙版反转和羽化后的画面效果，如图8-12所示。

步骤06 将时间线拖动到00:00:03:29，在“播放器”中手动调整蒙版的位置及大小，使第二段视频的画面完整显示出来，如图8-13所示。

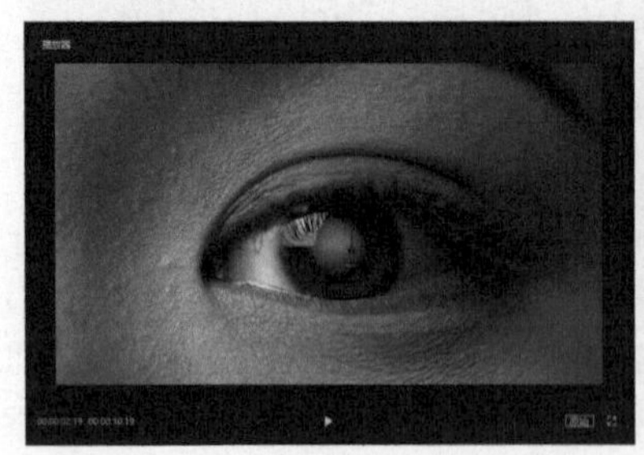

图8-12

图8-13

步骤 07 在顶部工具栏中单击“音频”按钮，然后在“音乐素材”|“纯音乐”列表中下载所需音乐素材并单击其右下角的“添加到轨道”按钮，将音乐素材添加到时间轴中，如图8-14所示。

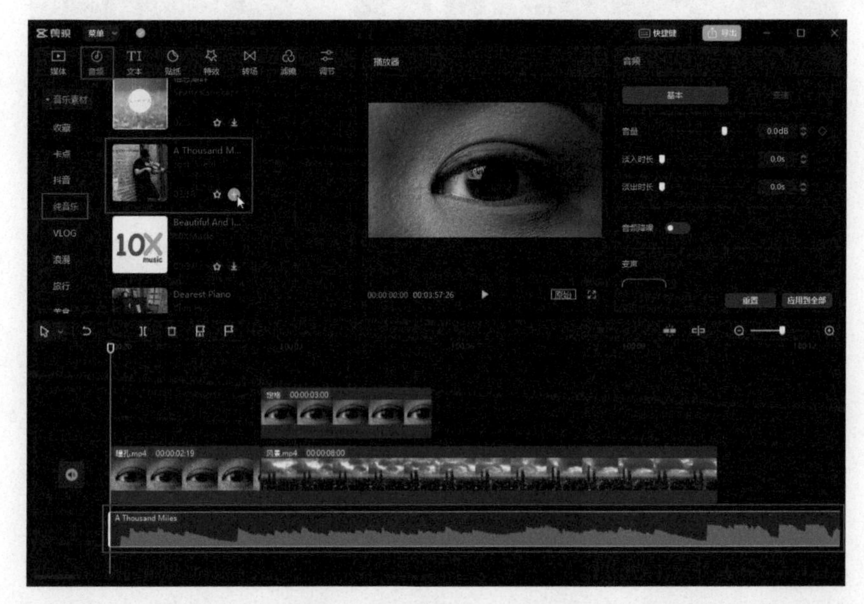

图8-14

步骤 08 在时间轴中拖动音乐素材的裁剪框后端，使音乐素材的时长与视频素材的时长保持一致，并在编辑界面右侧的参数调节面板中调整“淡出时长”为1.0秒，如图8-15所示。

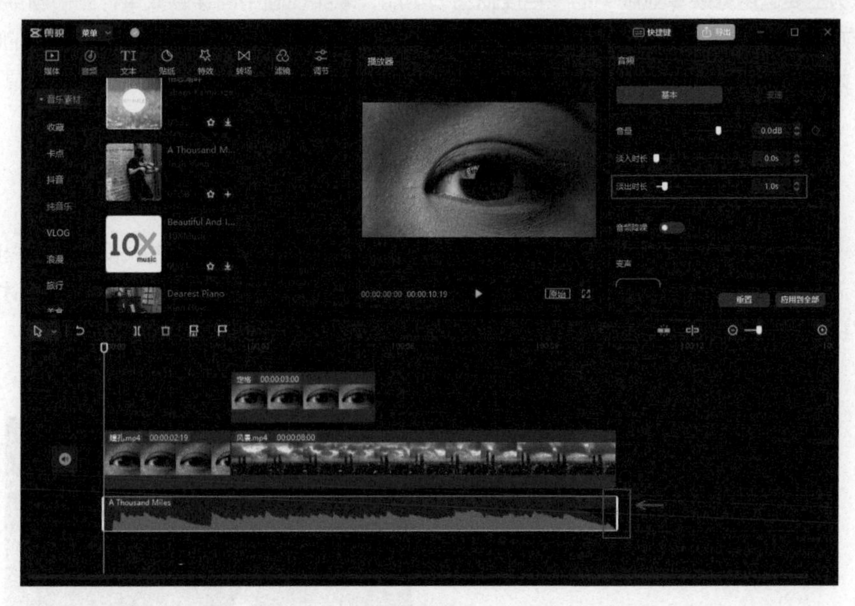

图8-15

步骤 09 单击界面右上角的“导出”按钮，弹出“导出”对话框，修改其中自定义作品名称及导出路径等信息，完成后单击“导出”按钮。导出视频完成后，在计算机的路径文件夹中找到导出的视频文件并预览视频效果，如图8-16至图8-19所示。

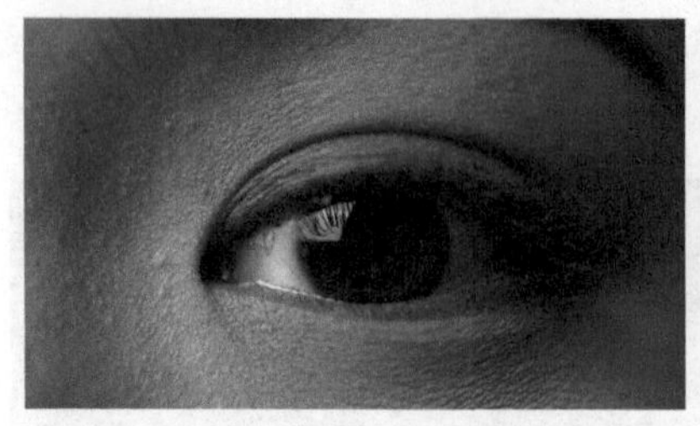

图8-16

图8-17

图8-18

图8-19

画中画穿越效果

本例主要运用剪映专业版中的“色度抠图”功能，来实现画中画穿越效果。画中画穿越效果的制作方法比较简单，需要大家提前准备一段绿幕视频素材及一段背景素材。掌握本例的制作要点后，大家可以举一反三，尝试使用其他绿幕素材做出更多不同的画面效果。下面介绍具体的制作方法。

8.2.1　添加视频素材

步骤01 启动剪映专业版，在首页界面中单击“开始创作”按钮，进入视频编辑界面，单击“导入素材”按钮，打开“请选择媒体资源”对话框，选择路径文件夹中的素材文件，单击“打开”按钮，如图8-20所示。

步骤02 通过上述操作导入的素材，将被放置到本地素材库中，如图8-21所示。

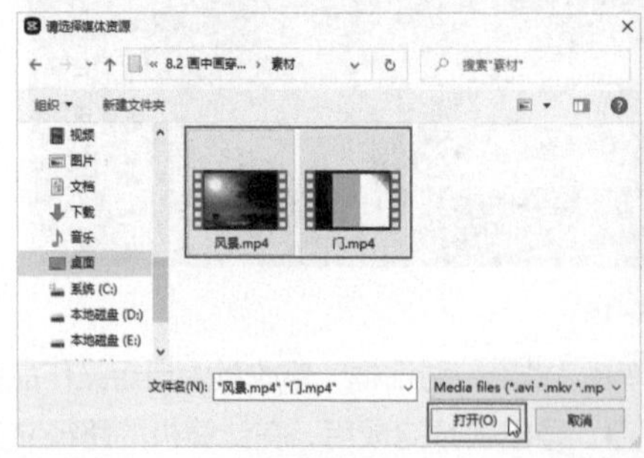

图8-20

图8-21

步骤 03 在本地素材库中，单击“风景.mp4”素材缩览图右下角的“添加到轨道”按钮，将视频素材添加到时间轴中，如图8-22所示。

图8-22

步骤 04 在本地素材库中，选中“门.mp4”，将其拖动放置到“风景.mp4”上方的轨道中，如图8-23所示。

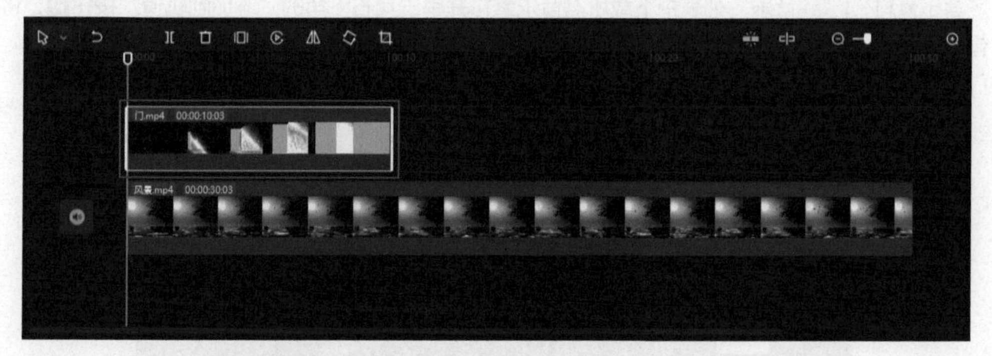

图8-23

8.2.2 应用色度抠图功能

步骤 01 在时间轴中选中“门.mp4”，将时间线向右拖动，直到“门.mp4”中的绿色在“播放器”中显示出来。接着，在右侧的参数调节面板中切换至“抠像”选项卡，勾选“色度抠图”复选框，并单击“取色器”按钮，然后移动光标至“播放器”中，单击吸取画面中的绿色，如图8-24所示。

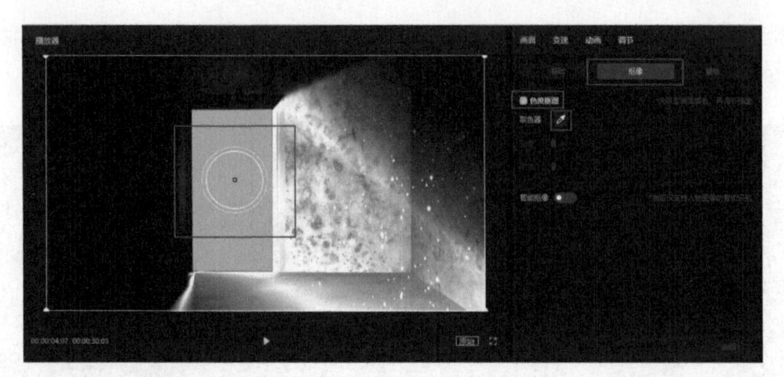

图8-24

步骤 02 取色完成后，在右侧的参数调节面板中调整“强度”为60，“阴影”为20，此时在“播放器”中可以看到“门.mp4”中的绿色被抠除，如图8-25所示。

图8-25

步骤 03 将时间线拖动至视频素材的起始时间点，在顶部工具栏中单击“音频”按钮，然后在“音乐素材”|“纯音乐”列表中下载所需音乐素材并单击其右下角的“添加到轨道”按钮，将音乐素材添加到时间轴中，如图8-26所示。

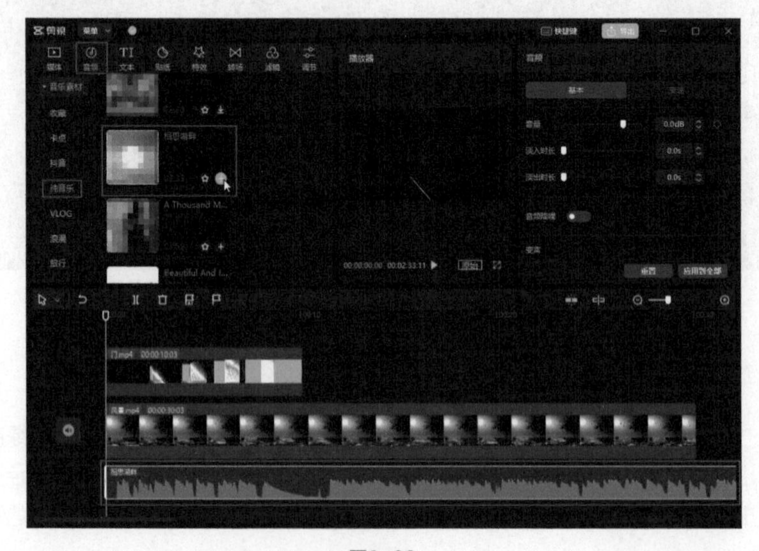

图8-26

步骤 04 在时间轴中拖动音乐素材的裁剪框后端，使音乐素材的时长与视频素材的时长保持一致，并在编辑界面右侧的参数调节面板中调整“淡出时长”为1.0秒，如图8-27所示。

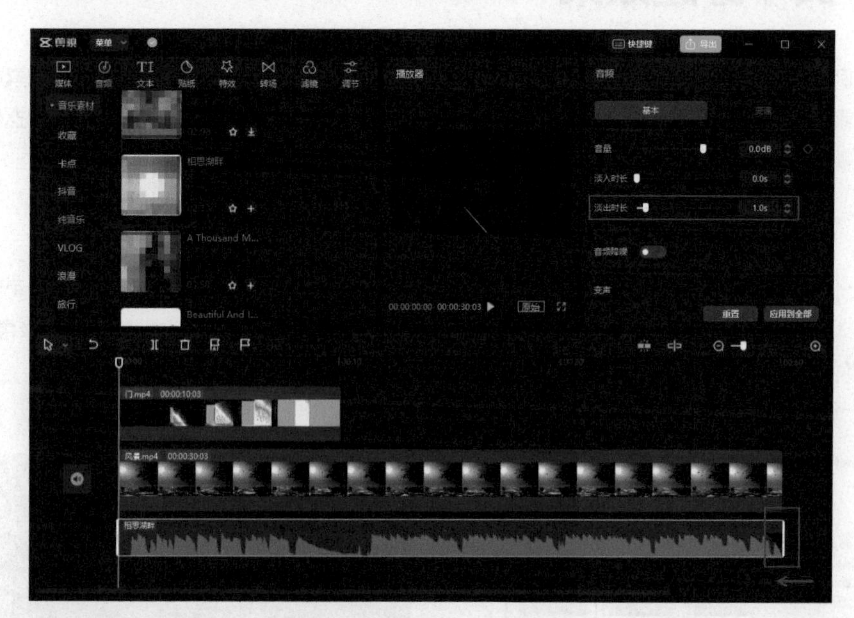

图8-27

步骤 05 单击界面右上角的“导出”按钮，弹出“导出”对话框，修改其中自定义作品名称及导出路径等信息，完成后单击“导出”按钮。导出视频完成后，在计算机的路径文件夹中找到导出的视频文件并预览视频效果，如图8-28至图8-31所示。

图8-28

图8-29

图8-30

图8-31

8.3 文字穿越效果

本例将介绍文字穿越效果的制作方法。在制作本例前，需要提前准备一张绿幕图像素材及两段视频素材。制作文字穿越效果的要点在于利用绿幕图像素材生成文字模板，然后结合抠像及创建关键帧等功能，实现最终效果。下面讲解具体操作方法。

8.3.1 利用绿幕创建文字素材

步骤 01 启动剪映专业版，在首页界面中单击“开始创作”按钮，进入视频编辑界面，单击“导入素材”按钮，打开“请选择媒体资源”对话框，选择路径文件夹中的“绿幕.jpg”素材文件，单击“打开”按钮，如图8-32所示。

步骤 02 通过上述操作导入的素材，将被放置到本地素材库中，如图8-33所示。

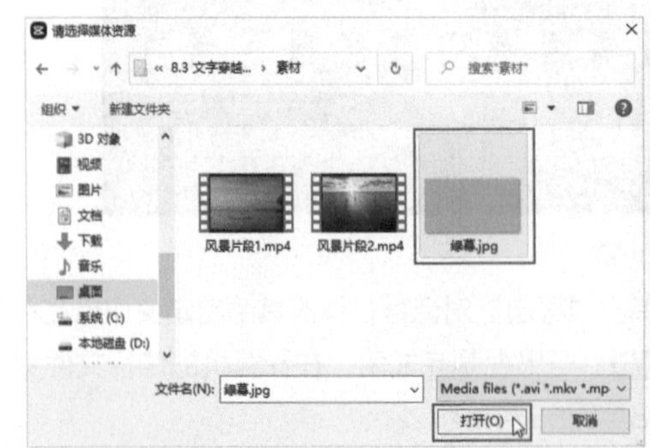

图8-32

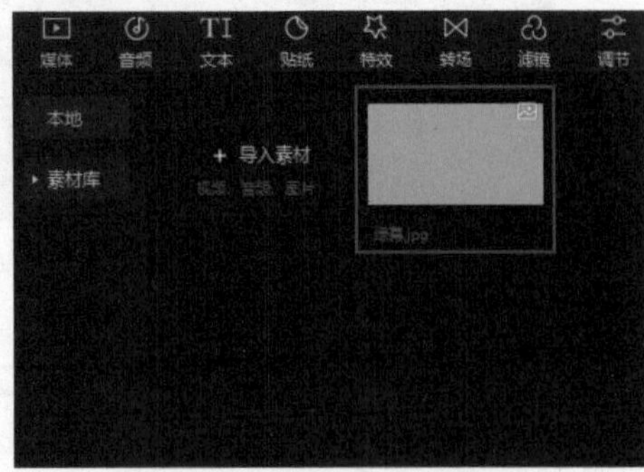

图8-33

步骤 03 在本地素材库中，单击“绿幕.jpg”素材缩览图右下角的“添加到轨道”按钮，将素材添加到时间轴中，并拖动时间轴中的“绿幕.jpg”延长时长至5秒，如图8-34所示。

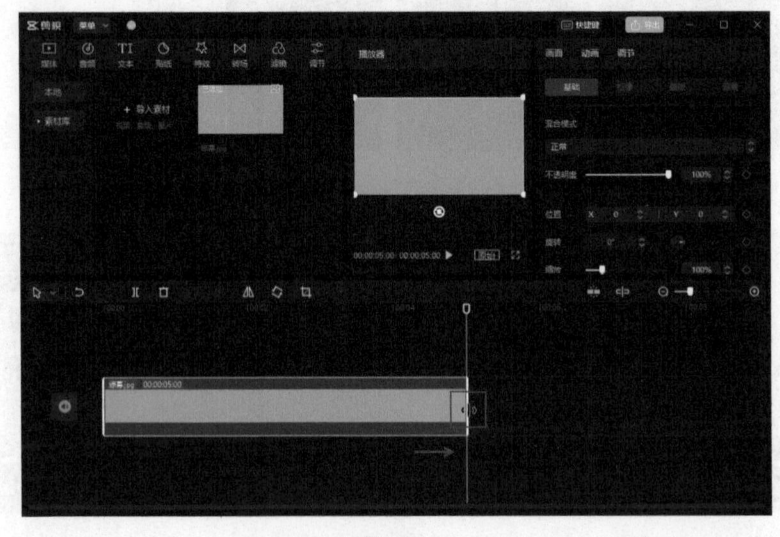

图8-34

步骤 04 将时间线拖动至视频素材的起始时间点，单击顶部工具栏中的“文本”按钮TI，在“文本”选项列表中单击“新建文本”|“默认”选项，在对应列表中单击“默认文本”选项右下角的“添加到轨道”按钮，在时间轴中添加一个字幕素材，如图8-35所示。

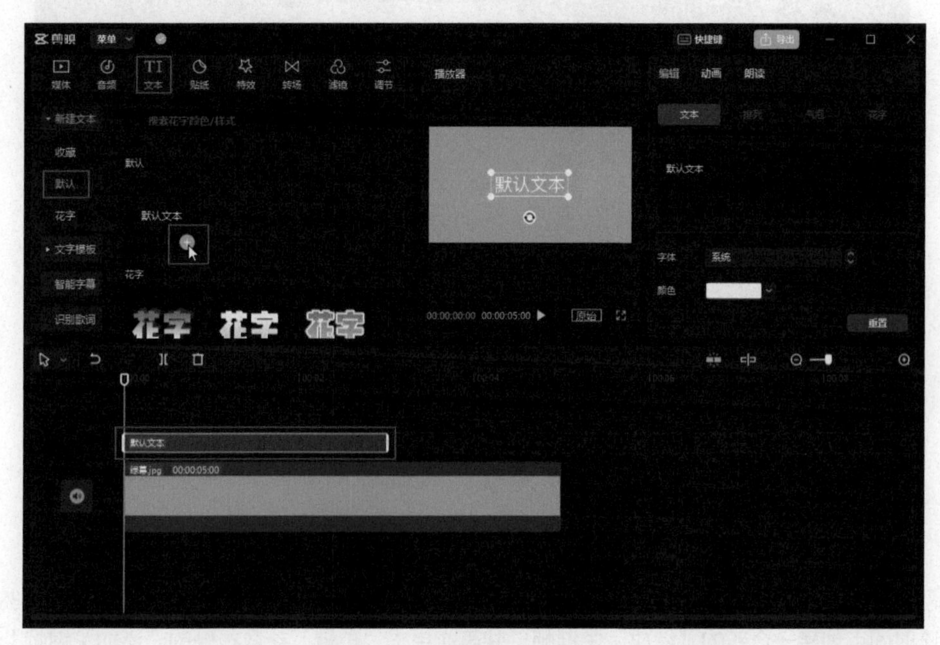

图8-35

步骤 05 在字幕素材被选中的情况下，在编辑界面右侧的参数调节面板中，修改文字内容为“Travel”（旅行），设置“字体”为“新青年体”，“颜色”为红色，如图8-36所示。

完成上述操作后，在“播放器”中预览文字效果，如图8-37所示。

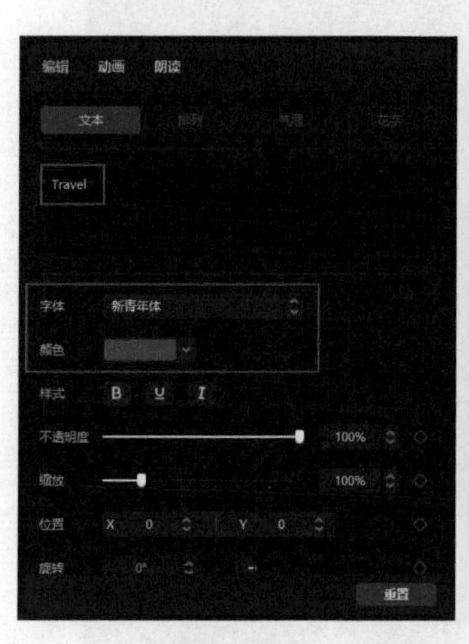

图8-36

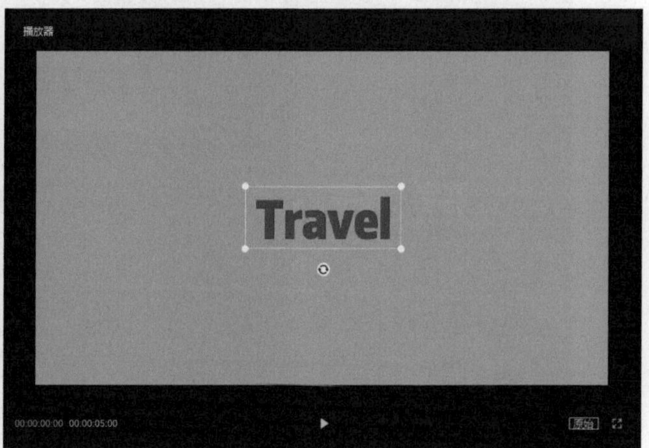

图8-37

步骤 06 在时间轴中拖动字幕素材的裁剪框后端，延长素材时长至与“绿幕.jpg”素材时长一致。接着，在右侧的参数调节面板中，依次单击“缩放”和“位置”参数右侧的“添加关键帧”按钮，在起始时间点创建关键帧，如图8-38所示。

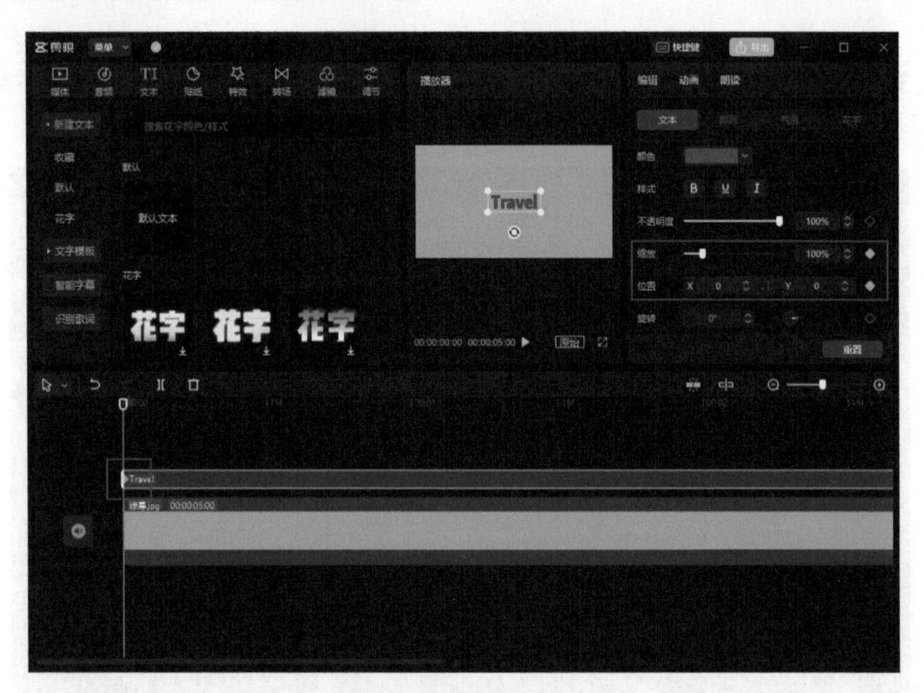

图8-38

步骤07 将时间线拖动到00:00:03:00，在右侧的参数调节面板中，修改“缩放”参数为311%，在该时间点创建一个新的“缩放”关键帧，并再次单击“位置”参数右侧的“添加关键帧”按钮◆，如图8-39所示。

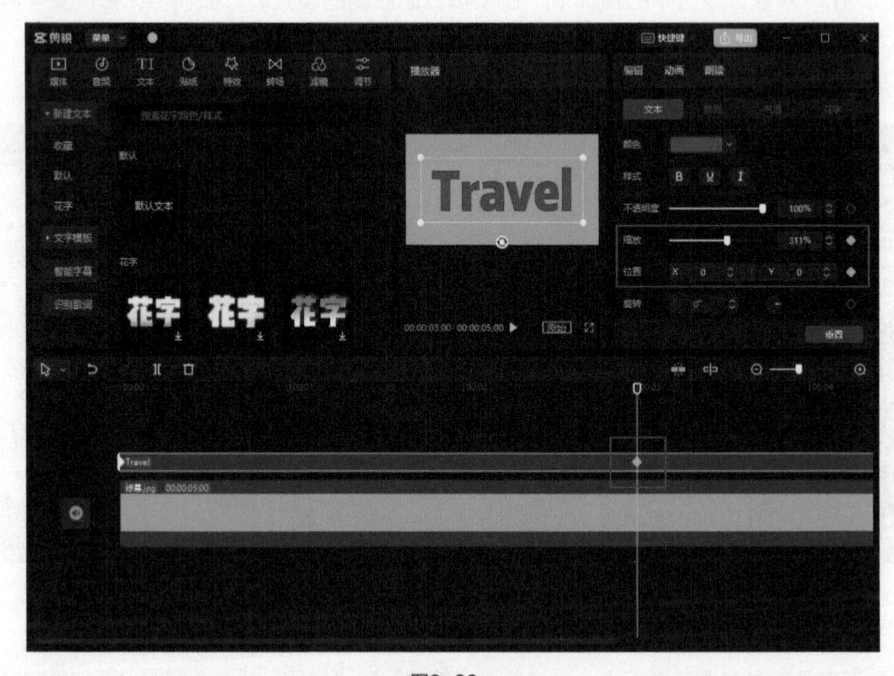

图8-39

步骤08 将时间线拖动到00:00:05:00，在右侧的参数调节面板中，修改“缩放”参数为8000%，修改“位置”参数中的X数值为1682，Y数值为-84，如图8-40所示。

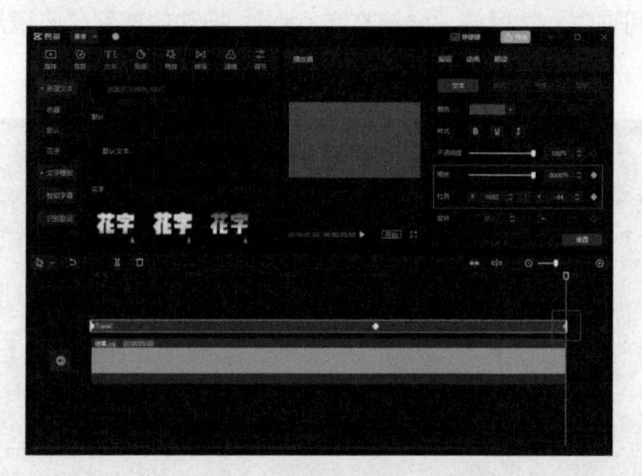

图8-40

步骤 09 单击界面右上角的“导出”按钮，弹出“导出”对话框，将当前制作的视频导出至路径文件夹，并设置导出文件的名称为“绿幕文字”，如图8-41所示，完成后单击“导出”按钮。

图8-41

8.3.2 风景素材的抠像处理

步骤 01 执行“菜单”栏中的“返回首页”命令。在首页界面中单击“开始创作”按钮，进入视频编辑界面，单击“导入素材”按钮，打开“请选择媒体资源”对话框，选择路径文件夹中的“风景片段1.mp4”和“绿幕文字.mp4”，单击“打开”按钮，将素材导入剪映专业版的本地素材库中，如图8-42所示。

图8-42

步骤02 在本地素材库中，单击“风景片段1.mp4”素材缩览图右下角的“添加到轨道”按钮，将视频素材添加到时间轴中，然后将“绿幕文字.mp4”拖动放置到“风景片段1.mp4”上方的轨道中，如图8-43所示。

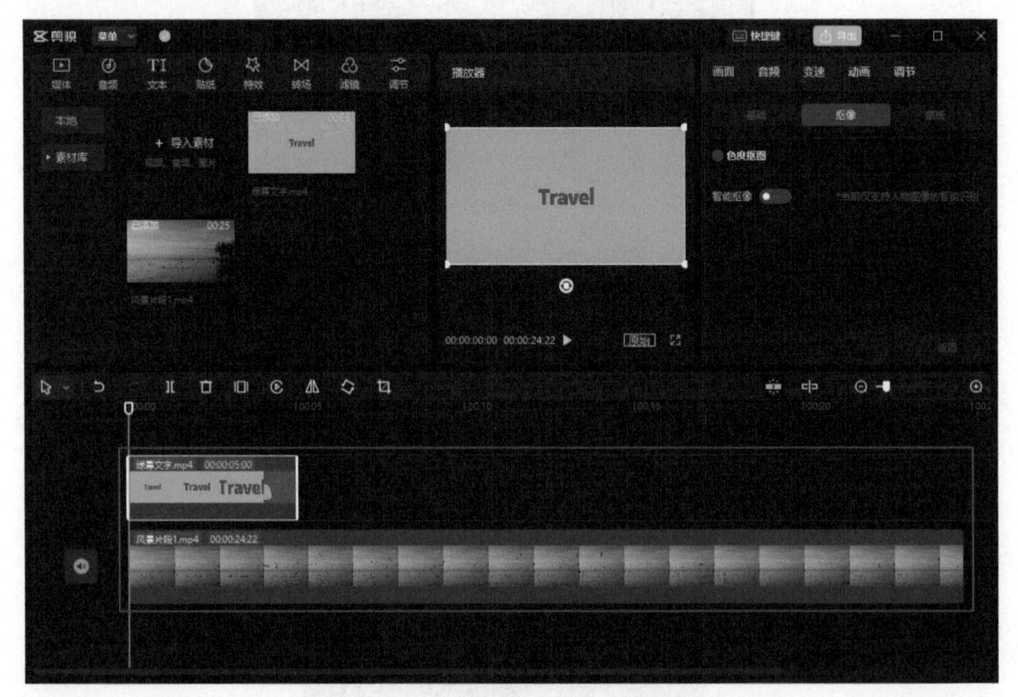

图8-43

步骤03 在时间轴中选中“绿幕文字.mp4”，然后在右侧的参数调节面板中切换至“抠像”选项卡，勾选“色度抠图”复选框，并单击“取色器”按钮，然后移动光标至“播放器”中，单击吸取画面中的红色，并将“强度”调整为100。此时画面中的红色将被抠除，如图8-44所示。

图8-44

步骤04 单击界面右上角的“导出”按钮，弹出“导出”对话框，将当前制作的视频导出至路径文件夹，并设置导出文件的名称为“绿幕文字2”，如图8-45所示，完成后单击“导出”按钮。

步骤 05 执行“菜单”栏中的“返回首页”命令。在首页界面中单击“开始创作”按钮，进入视频编辑界面，单击“导入素材”按钮，打开“请选择媒体资源”对话框，选择路径文件夹中的“风景片段2.mp4”和“绿幕文字2.mp4”，单击“打开”按钮，将素材导入本地素材库中，如图8-46所示。

图8-45

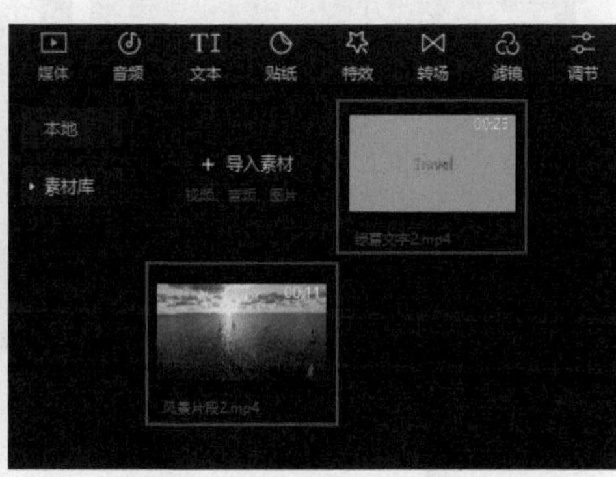

图8-46

步骤 06 在本地素材库中，单击“风景片段2.mp4”素材缩览图右下角的“添加到轨道”按钮，将视频素材添加到时间轴中，然后将“绿幕文字2.mp4”拖动放置到“风景片段2.mp4”上方的轨道中，如图8-47所示。

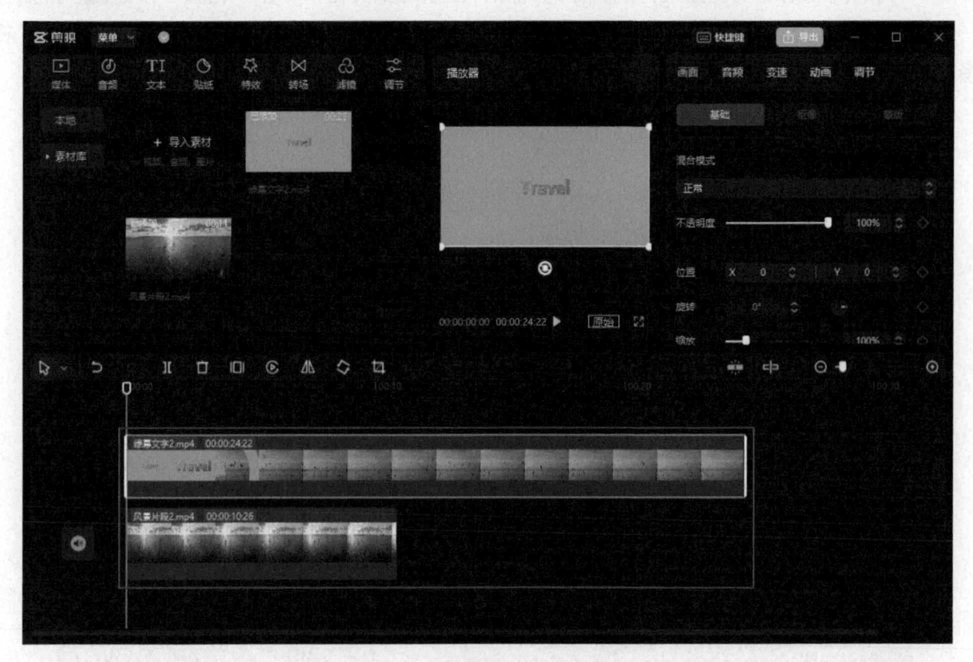

图8-47

步骤 07 在时间轴中选中“绿幕文字2.mp4”，然后在右侧的参数调节面板中切换至“抠像”选项卡，勾选“色度抠图”复选框，并单击“取色器”按钮，然后移动光标至“播放器”中，单击吸取画面中的绿色，并将“强度”调整为34，如图8-48所示。

完成上述操作后，画面中的绿色将被抠除。在“播放器”中预览当前画面效果，如图8-49所示。

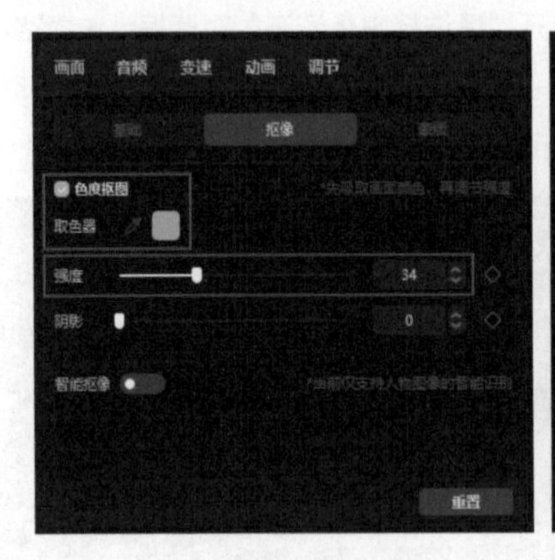

图8-48

图8-49

延伸讲解：

调整“强度”数值时，应结合画面效果进行适当调整。例如在上述操作中，“强度”数值设置过小会导致画面中仍残留绿色，而“强度”数值设置过大会导致在后续画面中产生前一画面的残留影像。因此大家要结合作品的实际情况，灵活调整“强度”数值。

步骤 08 将时间线拖动至视频素材的起始时间点，在顶部工具栏中单击“音频”按钮，然后在“音乐素材”|“旅行”列表中下载所需音乐素材，并单击其右下角的“添加到轨道”按钮，将音乐素材添加到时间轴中，如图8-50所示。

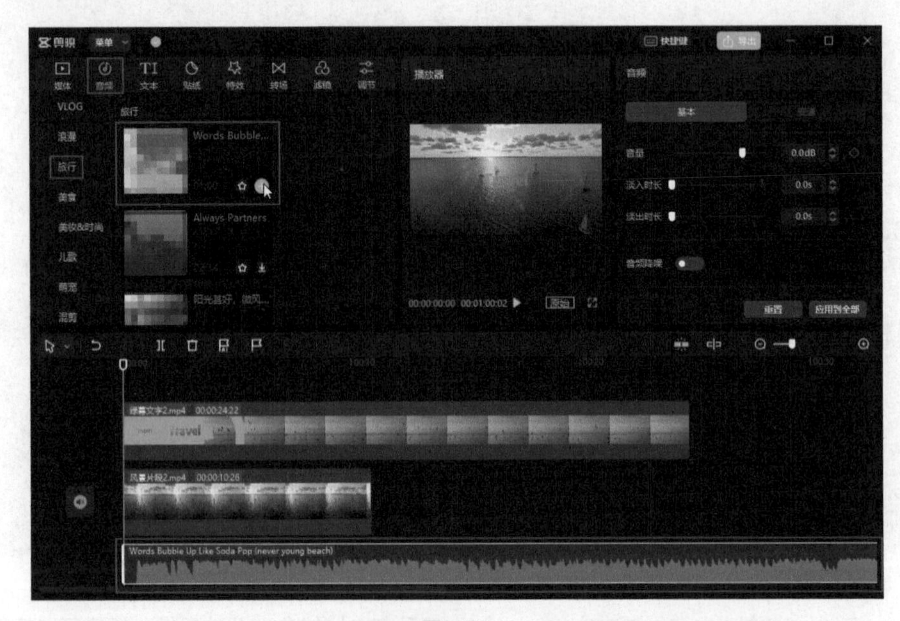

图8-50

步骤 09 在时间轴中拖动音乐素材的裁剪框后端，使音乐素材的时长与视频素材的时长保持一致，并在编辑界面右侧的参数调节面板中调整“淡出时长”为1.0秒，如图8-51所示。

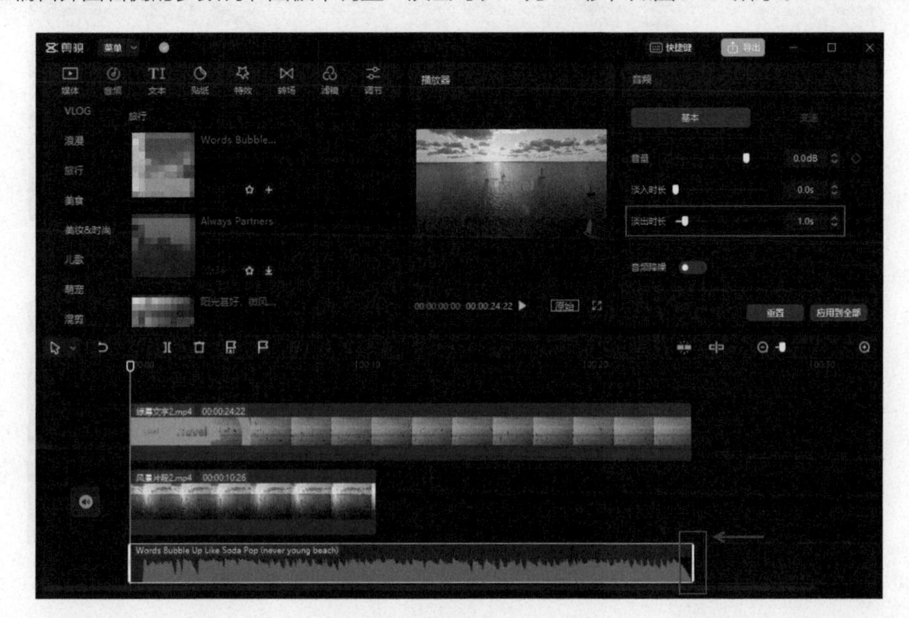

图8-51

步骤 10 将时间线拖动到00:00:02:18，在顶部工具栏中单击“音频”按钮，然后在“音效素材”|“转场”列表中下载所需音频效果，并单击其右下角的“添加到轨道”按钮，将其添加到时间轴中，如图8-52所示。

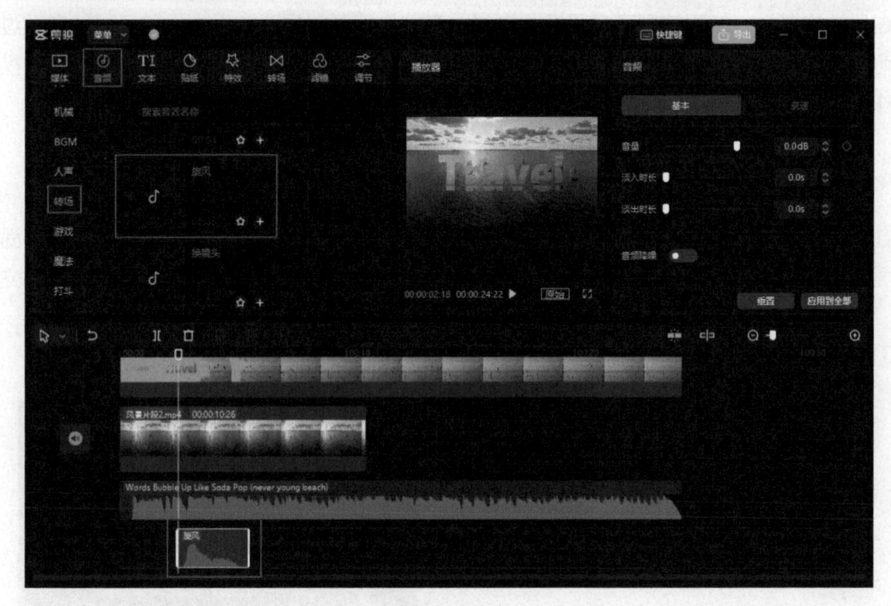

图8-52

步骤 11 单击界面右上角的“导出”按钮，弹出“导出”对话框，修改其中自定义作品名称及导出路径等信息，完成后单击“导出”按钮。导出完成后，在计算机导出路径文件夹中找到导出的视频文件并预览视频效果，如图8-53至图8-56所示。

图8-53

图8-54

图8-55

图8-56

场景遮挡切换效果

在日常拍摄中，如果拍摄了多段视频素材，在制作视频时想要实现人物和场景的自然过渡，除了可以使用剪映专业版中的各类转场效果，还可以通过“蒙版”功能实现场景的遮挡切换，这样创作出来的转场效果也是极具趣味性的。下面通过具体实例来演示制作方法。

8.4.1 添加背景音乐

步骤01 启动剪映专业版，在首页界面中单击“开始创作”按钮，进入视频编辑界面，单击“导入素材”按钮，打开“请选择媒体资源”对话框，选择路径文件夹中的素材文件，单击“打开”按钮，如图8-57所示。

步骤02 通过上述操作导入的素材，将被放置到本地素材库中，如图8-58所示。

图8-57

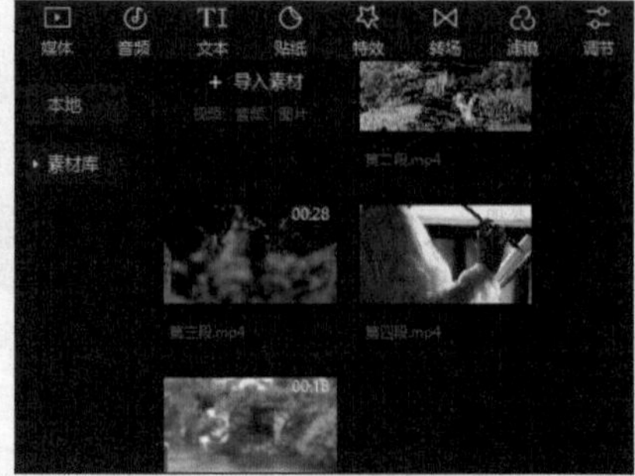

图8-58

步骤 03 在本地素材库中，单击“第一段.mp4”素材缩览图右下角的“添加到轨道”按钮，将素材添加到时间轴中，如图8-59所示。

图8-59

步骤 04 在顶部工具栏中单击“音频”按钮，然后在“音乐素材”|“国风”列表中下载所需音乐素材，并单击其右下角的“添加到轨道”按钮，将音乐素材添加到时间轴中，如图8-60所示。

图8-60

步骤 05 将时间线拖动到00:00:06:29，将本地素材库中“第二段.mp4”拖动到“第一段.mp4”上方的轨道中，并将其放置到时间线右侧，如图8-61所示。

图8-61

8.4.2 处理视频素材

步骤01 在时间轴中选中“第二段.mp4”，在右侧的参数调节面板中切换至“蒙版”选项卡，单击“线性”蒙版选项。接着，设置蒙版的“旋转”角度为-90°，“羽化”参数为20，然后将蒙版拖动到画面左侧，并单击“位置”参数右侧的“添加关键帧”按钮◆，在当前时间点添加一个“位置”关键帧，如图8-62所示。

图8-62

步骤02 将时间线拖动到00:00:07:25，在右侧的参数调节面板中调整蒙版的“位置”参数，或在“播放器”中手动调整蒙版位置（使其贴近人物背部），如图8-63所示。

图8-63

延伸讲解：

调整完蒙版位置后，在对应时间点会自动生成新的位置关键帧。

步骤 03 将时间线拖动到00:00:08:23，继续在右侧的参数调节面板中调整蒙版的“位置”参数，或在“播放器”中手动调整蒙版位置（使其贴近人物背部），如图8-64所示。

图8-64

步骤 04 用同样的方法，一边调整时间点，一边调整蒙版的位置并创建新的关键帧，直到人物完全消失在画面中，如图8-65所示。

图8-65

步骤 05 将时间线拖动到00:00:19:12，单击“分割”按钮，对“第二段.mp4”进行分割操作，如图8-66所示。

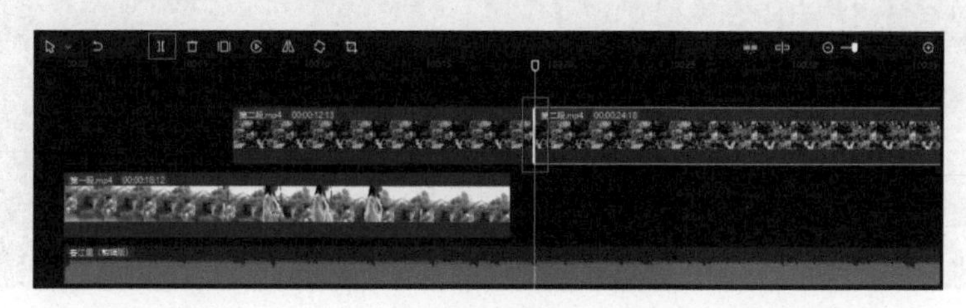

图8-66

步骤 06 分割操作完成后，将位于时间线右侧的“第二段.mp4”删除，然后将本地素材库中“第三段.mp4”拖动放置到“第二段.mp4”的右侧，如图8-67所示。

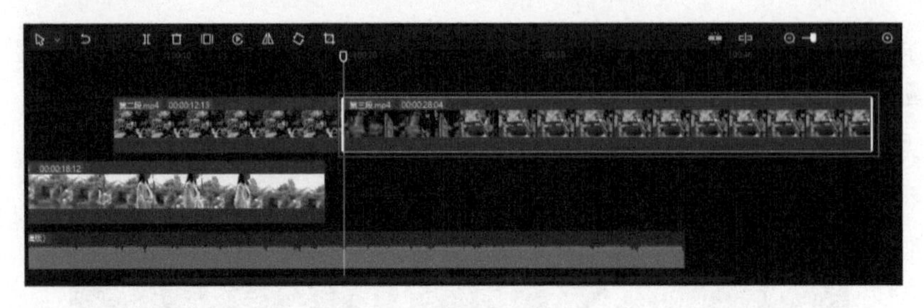

图8-67

步骤 07 将时间线拖动到00:00:21:16，单击“分割”按钮，对“第三段.mp4”进行分割操作，如图8-68所示。

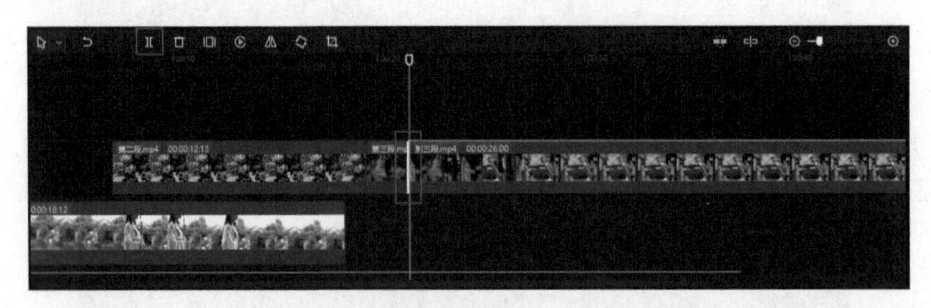

图8-68

步骤 08 分割操作完成后，将位于时间线左侧的“第三段.mp4”删除，然后将位于时间线右侧的“第三段.mp4”拖动衔接到“第二段.mp4”的右侧，如图8-69所示。

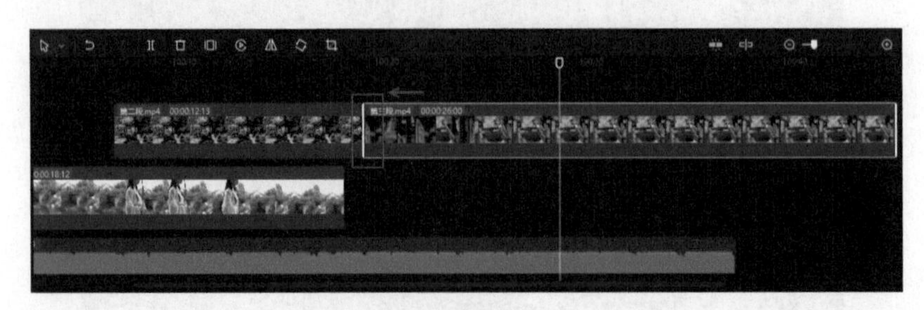

图8-69

步骤 09 将时间线拖动到00:00:29:19，单击“分割”按钮，对“第三段.mp4”进行分割操作，如图8-70所示。

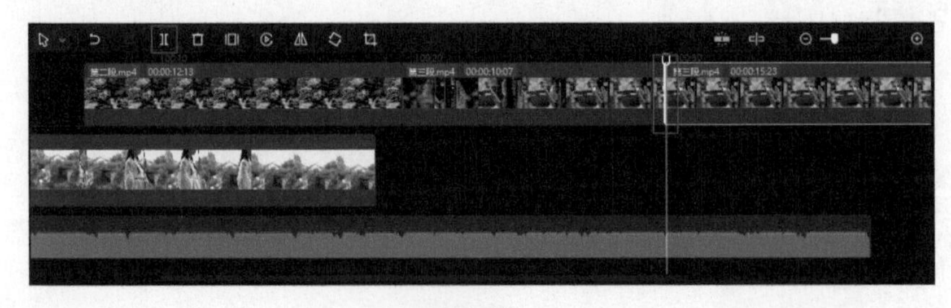

图8-70

步骤 10 分割操作完成后，将位于时间线右侧的“第三段.mp4”删除，然后将本地素材库中“第四段.mp4”拖动放置到“第三段.mp4”的右侧，如图8-71所示。

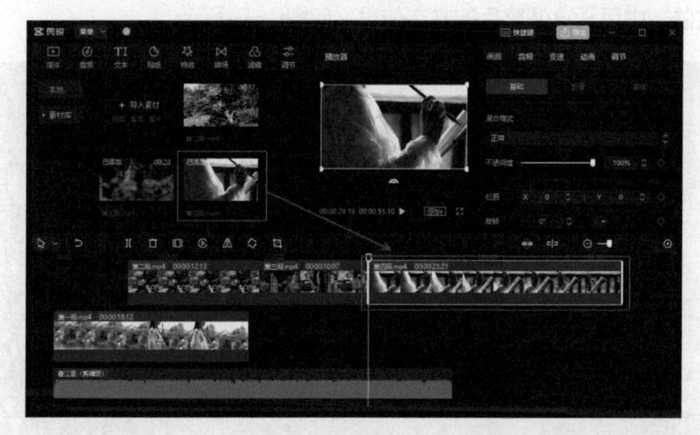

图8-71

步骤 11 在时间轴中拖动“第四段.mp4”的裁剪框后端，使视频素材的时长与音频素材的时长保持一致，如图8-72所示。

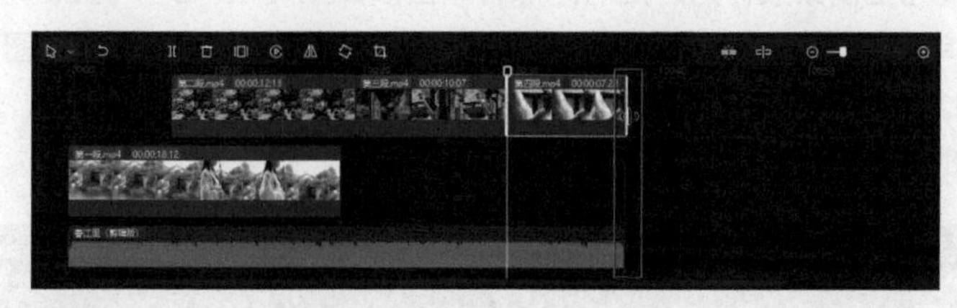

图8-72

8.4.3 添加文本及滤镜效果

步骤 01 将时间线拖至视频素材的起始时间点，在时间轴中选中音频素材，然后单击顶部工具栏中的“文本”按钮TI，在“文本”选项列表中单击“识别歌词”选项，并在对应列表中单击“开始识别”按钮，完成识别后将自动在时间轴中生成一个字幕素材，如图8-73所示。

图8-73

步骤 02 生成字幕后检查歌词内容，对错误的文字内容进行修改。内容调整完成后，在时间轴中选中第一个字幕素材，在编辑界面右侧的参数调节面板中设置“字体”为“毛笔体”，“颜色”为白色，在“播放器”中可预览调整后的文字效果，如图8-74所示。

图8-74

步骤 03 将时间线拖至视频素材的起始时间点，单击顶部工具栏中的“滤镜”按钮，在“滤镜”选项列表中单击“影视级”选项，并在对应列表中单击“琥珀”效果缩览图右下角的“添加到轨道”按钮，将滤镜效果添加到时间轴，然后拖动滤镜素材的裁剪框后端，使滤镜素材的时长与音频素材的时长保持一致，如图8-75所示。

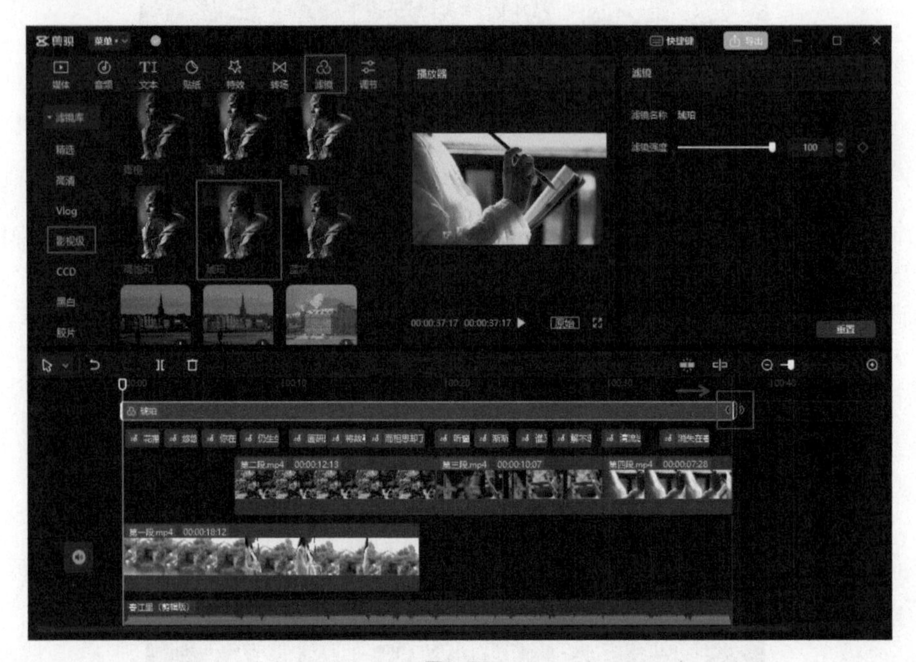

图8-75

步骤 04 单击界面右上角的“导出”按钮，弹出“导出”对话框，修改其中自定义作品名称及导出路径等信息，完成后单击“导出”按钮。视频导出完成后，在计算机的路径文件夹中找到导出的视频文件并预览视频效果，如图8-76至图8-79所示。

图8-76

图8-77

图8-78

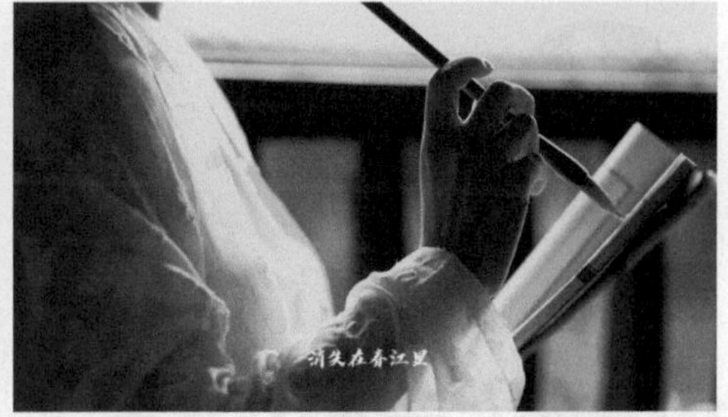

图8-79

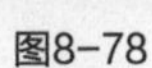

拓展练习：手机屏幕穿越特效

结合本章所学的画面穿越效果制作技巧，读者可以利用本例提供的相关素材，制作一个手机屏幕穿越特效视频。本例参考效果如图8-80至图8-83所示。

图8-80

图8-81

图8-82

图8-83

第9章

创意短视频：打造让人耳目一新的神奇特效

日常生活中，有许多美好的人和事物值得去记录，这也是大部分短视频创作者热衷的一类题材。随着视频行业的飞速发展，一些创作者早已改变了单纯的生活记录和人文题材拍摄。他们渴望将创意融入自己的作品中，渴望创作出更多具有趣味性的视频。随着这些短视频创作者的创作需求的变化，剪映专业版不断完善自身的功能，使创作者不仅能利用软件剪辑视频，还可以利用其中的各种高级功能，实现生活中不可能实现的视觉效果。

相信各位读者一定在社交平台上看到过这样一些视频，如视频中的人物腾空跃起后，在半空中消失或者是视频中的人物对着空无一物的桌子打了个响指，桌上就出现了色香味俱全的菜品。这样的场景在日常生活中是不可能出现的，但是通过后期处理拍摄好的视频就能轻松实现。下面学习两个创意特效视频的制作方法。

9.1 水果挤压榨汁特效视频

本节将介绍水果挤压榨汁特效视频的拍摄与后期处理方法。在拍摄本例前，读者需要准备一个水果、一个透明玻璃杯、一壶水（也可以选择果汁），这些都是拍摄视频时需要用到的道具。下面详述具体的视频拍摄与后期处理方法。

9.1.1 拍摄视频素材

步骤 01 使用三脚架或手机支架，将用于拍摄的手机架设到合适的位置。如果没有可用于辅助拍摄的支架，也可选择将手机靠在有一定重量的物体上，或使用手机支架等可以稳定拍摄设备的物件，如图9-1和图9-2所示。

图9-1

图9-2

步骤 02 打开手机中的相机，将相机拍摄模式切换为“视频”模式。这里由于是独立拍摄，所以选择了使用前置摄像头进行拍摄的方式，这样可以更好地观察画面。此外，可以提前模拟道具的摆放位置，确保构图的合理性，如图9-3所示。

步骤 03 点击拍摄按钮●开始拍摄，此时拍摄对象可拿起水果，并将水果移动到杯子上方，做出捏水果的动作，停顿数秒后，放下水果，拿起茶壶向杯中倒水，动作参考如图9-4至图9-8所示。

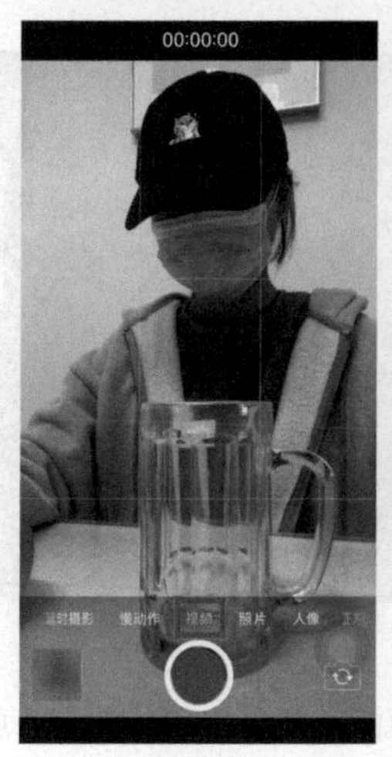

图9-3

图9-4

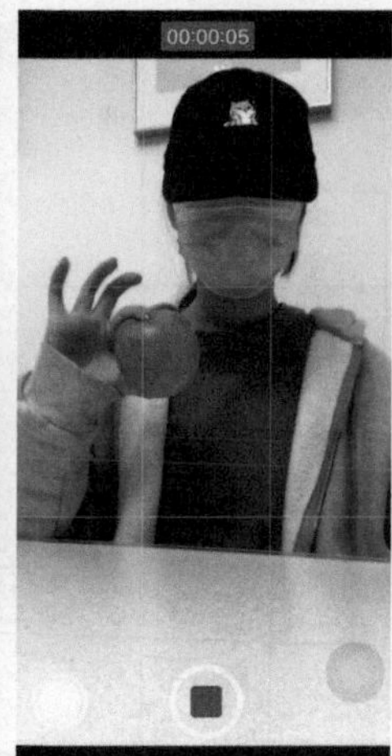

图9-5

图9-6　　图9-7　　图9-8

延伸讲解：

在拍摄前，可以提前锁定相机的曝光与对焦参数，以确保拍摄时获得清晰稳定的画面。

步骤 04 拍摄素材完成后，通过数据线传输、社交App在线传输等方式，将拍摄的素材传输到计算机并对素材进行命名。

9.1.2 编辑视频素材

步骤 01 下面以笔者拍摄的视频素材来演示后期处理的方法。启动剪映专业版，在首页界面中单击“开始创作”按钮，进入视频编辑界面，单击“导入素材”按钮，打开“请选择媒体资源”对话框，选择路径文件夹中的素材文件，单击“打开”按钮，如图9-9所示。

步骤 02 通过上述操作导入的素材，将被放置到本地素材库中，如图9-10所示。

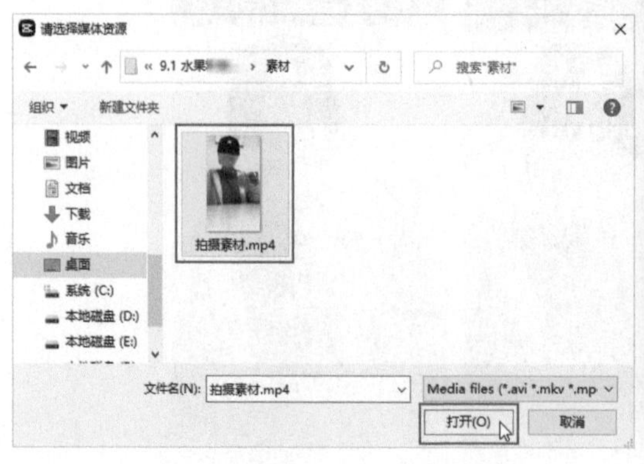

图9-9

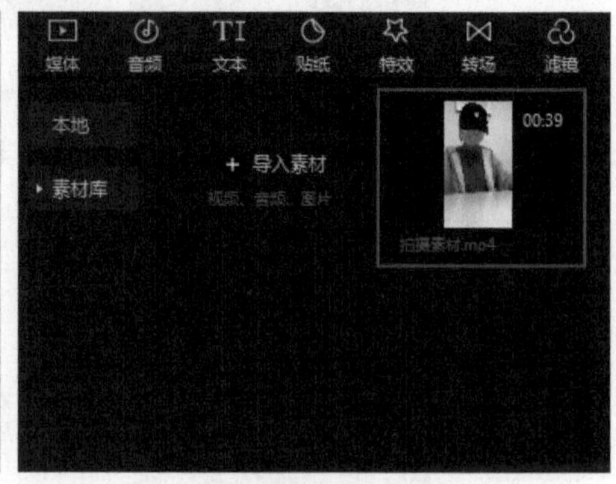

图9-10

步骤 03 在本地素材库中，单击“拍摄素材.mp4”素材缩览图右下角的“添加到轨道”按钮，将素材添加到时间轴中，如图9-11所示。

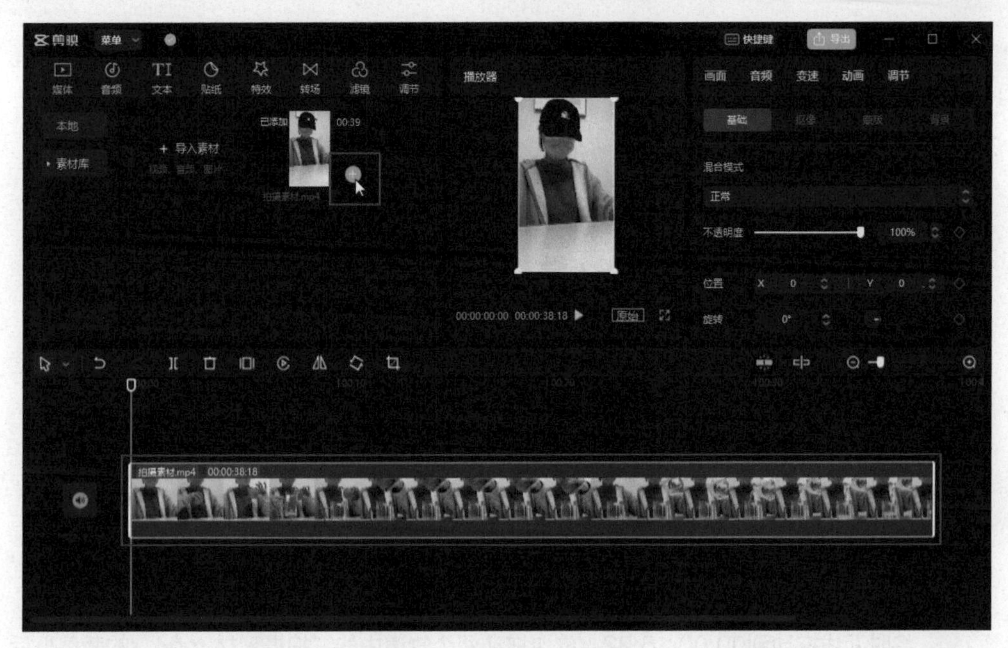

图9-11

步骤 04 在时间轴中选中“拍摄素材.mp4”，拖动时间线的同时在“播放器”中预览画面效果，在00:00:27:04时，可以看到水从壶口倒出，此时单击“分割”按钮，对视频素材进行分割操作，如图9-12所示。

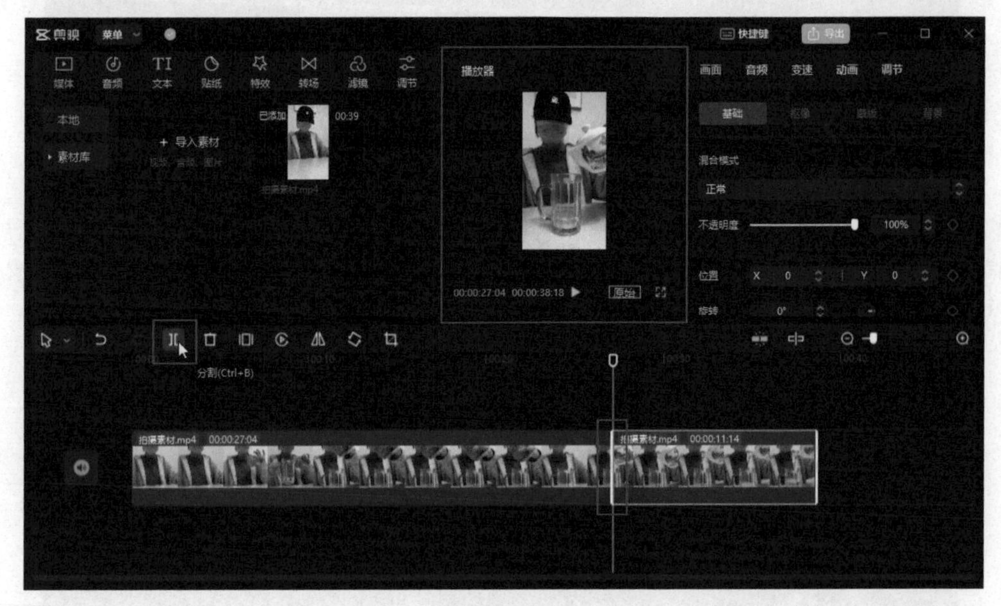

图9-12

步骤 05 拖动时间线，继续观察“播放器”中的画面，在00:00:12:10时可以看到拍摄对象将水果移动到了杯子上方，并做出挤压动作。此时将之前分割得到的后半段“拍摄素材.mp4”拖动到上方轨道中，并放置到时间线右侧，如图9-13所示。

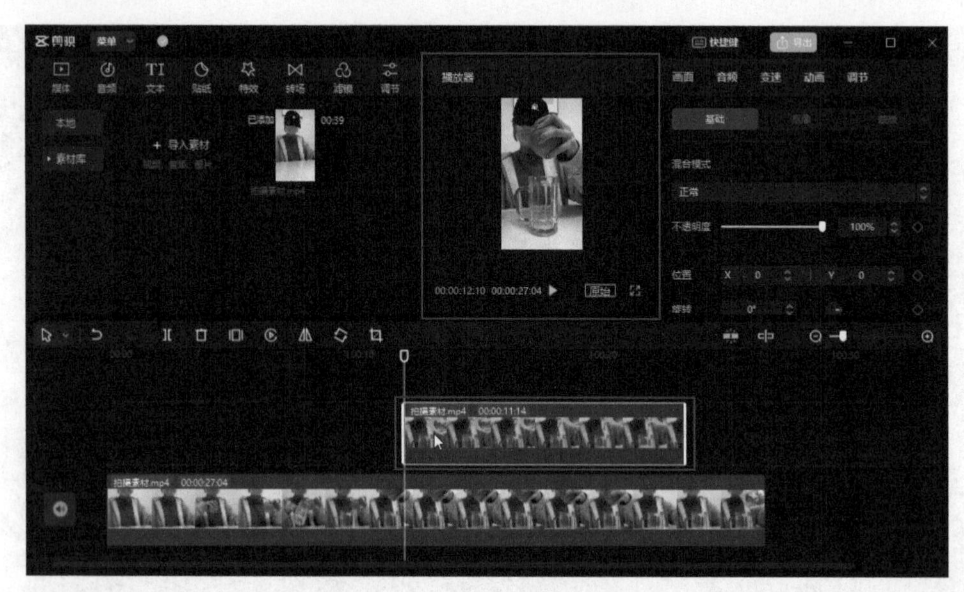

图9-13

步骤06 将时间线拖动到00:00:16:22，依次拖动两个轨道中的“拍摄素材.mp4”的裁剪框后端，使两段素材的结尾处与时间线对齐，如图9-14所示。

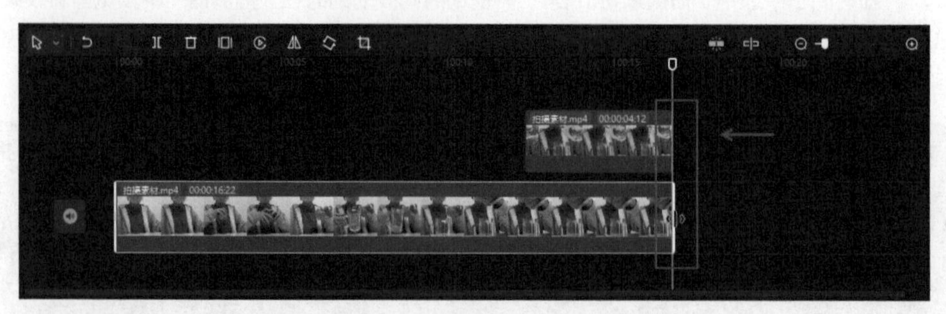

图9-14

步骤07 选中下方轨道中的“拍摄素材.mp4”，将时间线拖动到00:00:12:10，单击“分割”按钮，对视频素材进行分割操作，如图9-15所示。

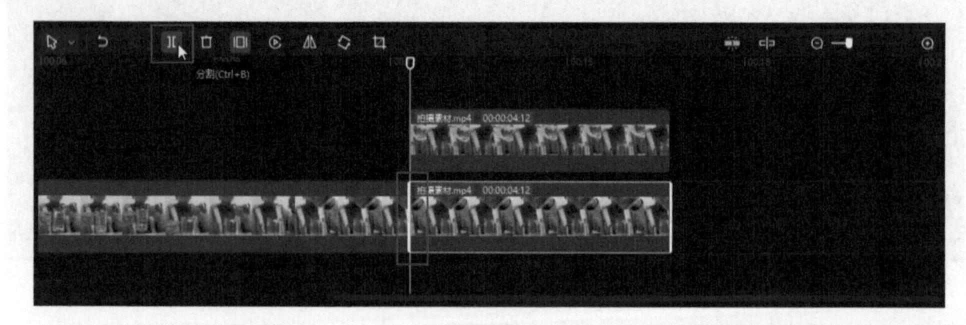

图9-15

步骤08 完成分割操作后，选中时间线右侧的“拍摄素材.mp4”，在编辑界面右侧的参数调节面板中切换至“变速”选项栏，在“常规变速”栏中调整“倍速”为0.6×，如图9-16所示。

图9-16

步骤 09 用同样的方法，选中上方轨道中的“拍摄素材.mp4”，在编辑界面右侧的参数调节面板中切换至“变速”选项栏，在“常规变速”栏中调整“倍速”为0.6×，如图9-17所示。经过变速处理后的两段视频素材，其画面将产生慢速播放的效果。

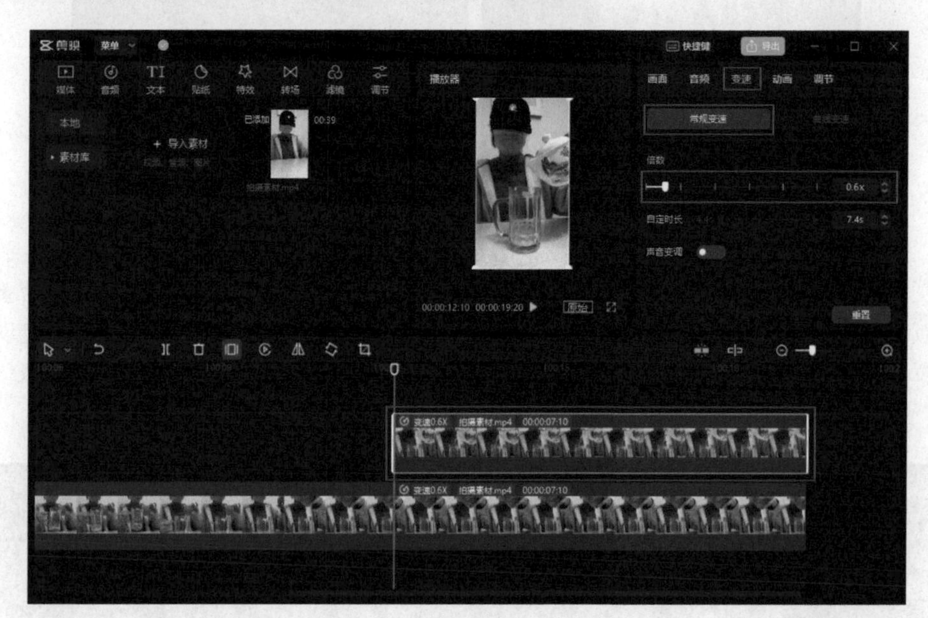

图9-17

步骤 10 选中上方轨道中的“拍摄素材.mp4”，在编辑界面右侧的参数调节面板中，切换至“蒙版”选项卡，单击“矩形”蒙版选项，并调整蒙版的“位置”“大小”“羽化”“圆角”参数。调整参数期间要观察“播放器”中的画面，确保茶壶中倒出的水与水果能完美契合，如图9-18所示。

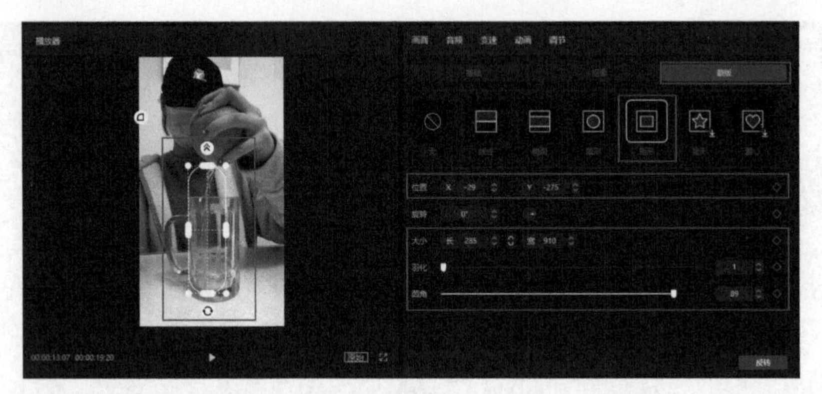

图9-18

步骤11 完成蒙版的添加后，拖动时间线并在“播放器”中反复观察画面效果，如果出现图9-19所示的穿帮镜头，可通过在“蒙版”选项列表中设置蒙版“位置”关键帧的方法改善这个问题，如图9-20所示。

图9-19　　图9-20

延伸讲解：

为了避免画面穿帮，调整蒙版时要反复观察画面，并根据画面实际情况去调整蒙版的位置。蒙版的位置并不是一成不变的，有时候随着画面的变化适当做出改变。这一改变可以通过设置“位置”关键帧的方式去实现，比如这里为了还原画面的真实感，就设置了4个不同的蒙版“位置”关键帧，如图9-21所示。

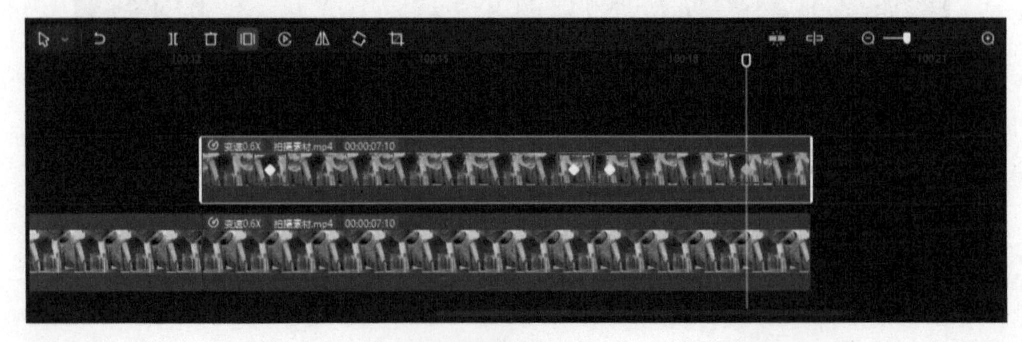

图9-21

9.1.3 完善画面并添加背景音乐

步骤 01 将时间线拖动到视频素材的起始时间点，单击顶部工具栏中的“滤镜”按钮，在“滤镜”选项列表中单击“影视级”选项，并在对应列表中单击“敦刻尔克”效果缩览图右下角的“添加到轨道”按钮，将滤镜效果添加到时间轴中，然后拖动滤镜素材的裁剪框后端，使滤镜素材的时长与整个视频的时长保持一致，如图9-22所示。

图9-22

步骤 02 保持时间线位置不动，单击顶部工具栏中的“特效”按钮，在“特效效果”|“基础”特效列表中，单击“变清晰”效果缩览图右下角的“添加到轨道”按钮，将特效添加到时间轴中，如图9-23所示。

图9-23

步骤03 将时间线拖动到00:00:12:10，单击顶部工具栏中的“特效”按钮，在“特效效果”|“综艺”特效列表中，单击“冲刺”效果缩览图右下角的“添加到轨道”按钮，将特效添加到时间轴中，然后拖动特效素材的裁剪框后端，使特效素材与下方视频素材的结尾处对齐，如图9-24所示。

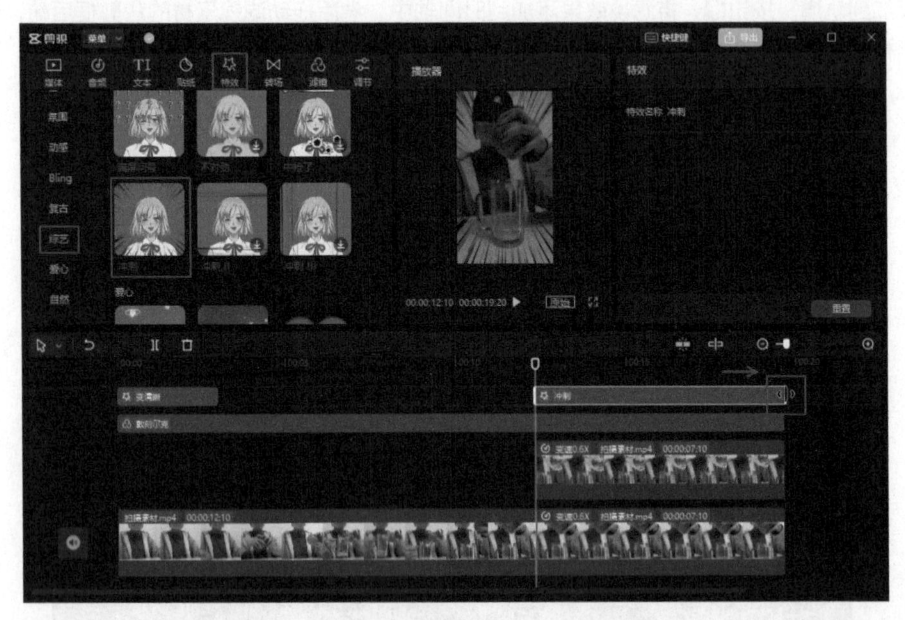

图9-24

步骤04 将时间线拖动到视频素材的起始时间点，在顶部工具栏中单击“音频”按钮，然后在“音乐素材”|“动感”列表中下载所需音乐素材，并单击其右下角的“添加到轨道”按钮，将音乐素材添加到时间轴中，如图9-25所示。

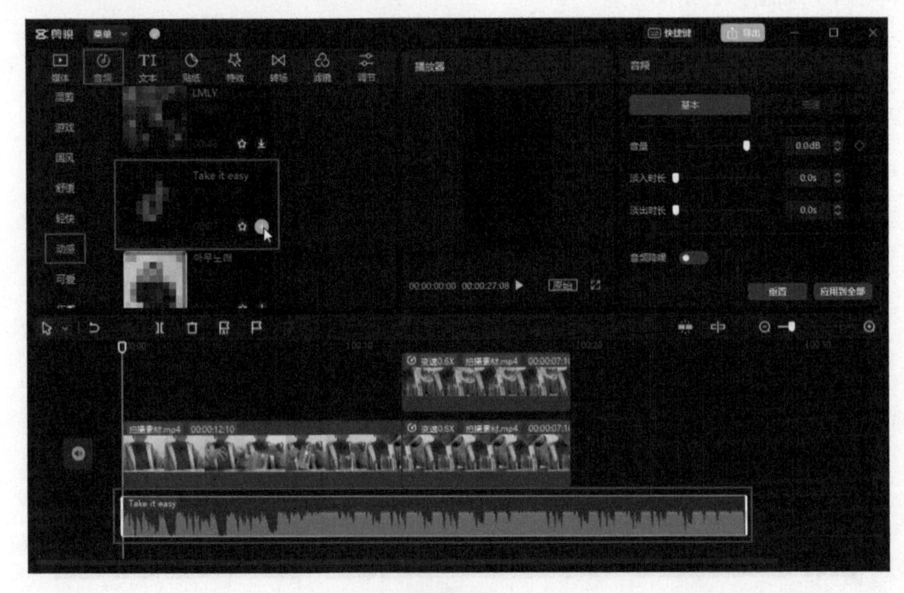

图9-25

步骤 05 将时间线拖动到00:00:17:22，在顶部工具栏中单击“贴纸”按钮，然后在“贴纸”选项列表中下载所需贴纸素材，并单击其右下角的“添加到轨道”按钮，将其添加到时间轴中，并将贴纸调整到合适的位置及大小，如图9-26所示。

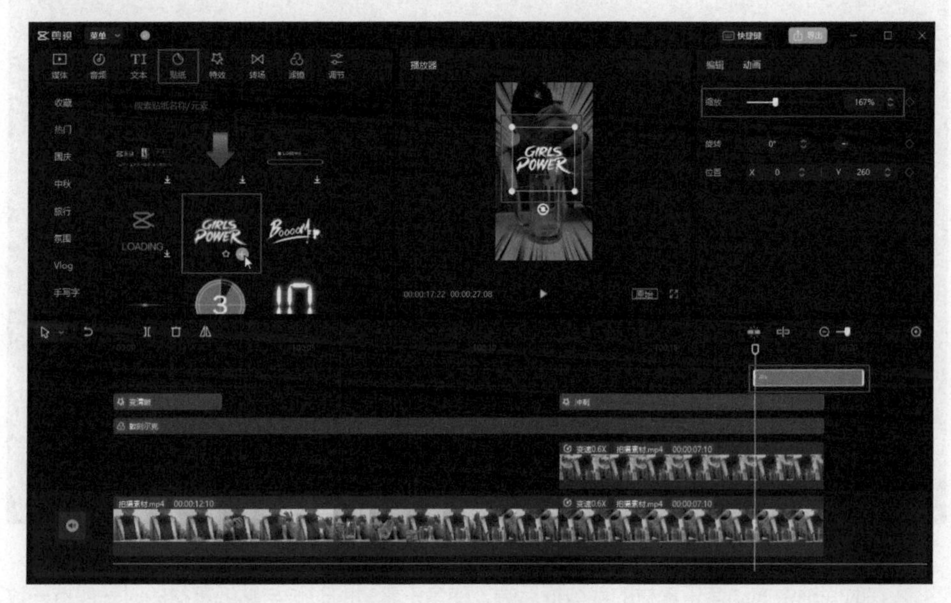

图9-26

步骤 06 将时间线拖动到00:00:13:00（水倒入杯中的时间点），在顶部工具栏中单击“音频”按钮，然后在“音效素材”列表的搜索栏中搜索“倒水声”，将搜索到的音效素材添加到时间轴中，如图9-27所示。

图9-27

步骤 07 用同样的方法，继续在“音效素材”|“综艺”列表中找到“任务完成”音效，对应之前

添加的贴纸出现的时间点，调整“任务完成”音效素材的位置，如图9-28所示。

图9-28

步骤 08 在时间轴中拖动音乐素材的裁剪框后端，使音乐素材的时长与贴纸素材的时长保持一致，并在编辑界面右侧的参数调节面板中调整“淡出时长”为0.6秒，如图9-29所示。

图9-29

步骤 09 单击界面右上角的“导出”按钮，弹出“导出”对话框，修改其中自定义作品名称及导出路径等信息，完成后单击“导出”按钮。导出视频完成后，在计算机的路径文件夹中找到导出的视频文件并预览视频效果，如图9-30至图9-35所示。

图9-30　图9-31　图9-32

图9-33　图9-34　图9-35

9.2 人物分身定格合体特效视频

本节将介绍人物分身定格合体视频的制作方法。在拍摄视频前，需要找一个较为宽敞的场地，使用三脚架将用于拍摄的手机架设到合适的位置，建议大家将手机横置，这样可以获得视角更广的取景画面。在视频后期的制作处理环节中，主要会运用到剪映专业版中的“定格”功能和“智能抠像”功能。下面详述人物分身定格合体视频的具体制作方法。

9.2.1 拍摄视频素材

步骤01 打开手机中的相机，将相机拍摄模式切换为“视频”模式，此时画面取景效果如图9-36所示。

步骤02 点击拍摄按钮◉开始拍摄，拍摄对象从画面左侧缓步走向画面右侧。视频素材的拍摄参考效果如图9-37至图9-39所示。

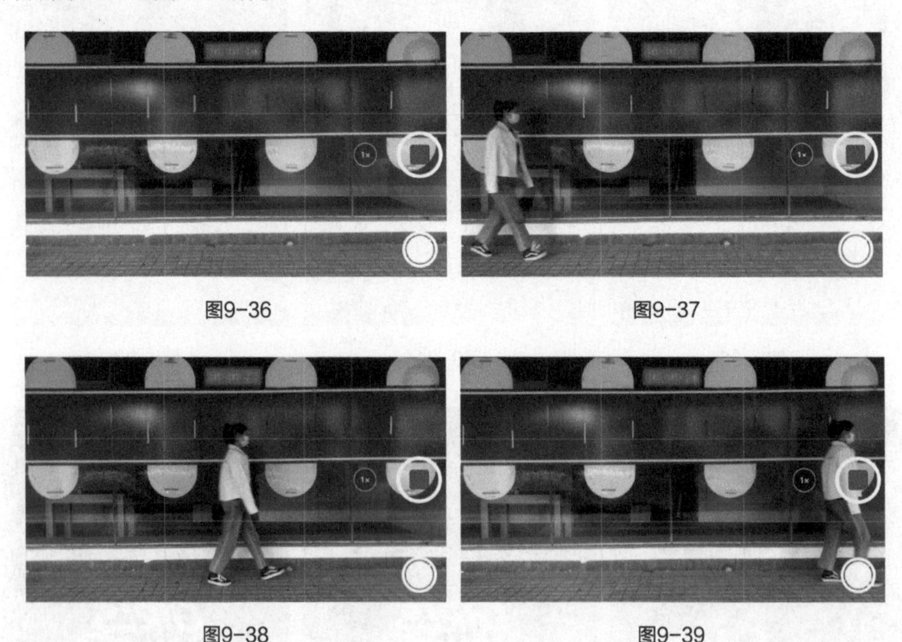

图9-36　图9-37

图9-38　图9-39

步骤03 素材拍摄完成后，通过数据线传输、社交App在线传输等方式，将拍摄的素材传输到计算机并对素材进行命名。

9.2.2 编辑视频素材

步骤01 下面以笔者拍摄的视频素材来演示后期处理的方法。启动剪映专业版，在首页界面中单击“开始创作”按钮[开始创作]，进入视频编辑界面，单击“导入素材”按钮[+ 导入素材]，打开“请选择媒体资源”对话框，选择路径文件夹中的素材文件，单击“打开”按钮，如图9-40所示。

步骤02 通过上述操作导入的素材，将被放置到本地素材库中，如图9-41所示。

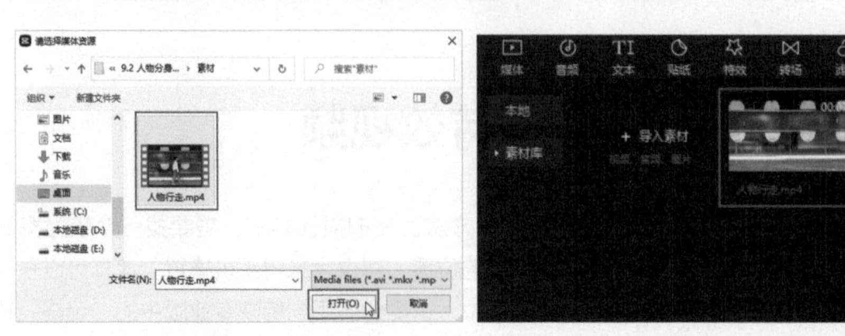

图9-40　图9-41

步骤 03 在本地素材库中，单击“人物行走.mp4”素材缩览图右下角的“添加到轨道”按钮，将其添加到时间轴中，如图9-42所示。

图9-42

步骤 04 将时间线拖动到00:00:01:15，此时观察“播放器”中的视频画面，确定人物分身定格的第一个时间点，如图9-43所示。

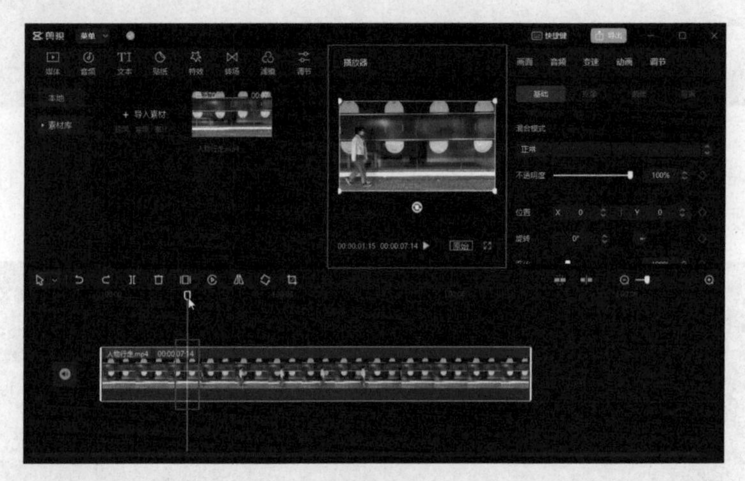

图9-43

步骤 05 在选中视频素材的情况下，单击“定格”按钮，如图9-44所示。

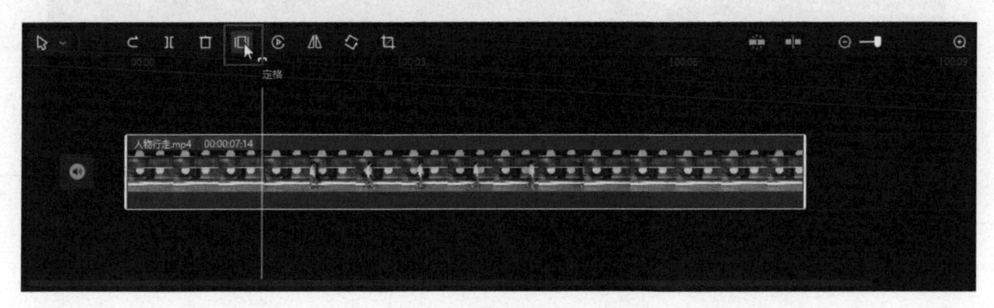

图9-44

步骤06 操作完成后，在时间线右侧会生成一段“定格”素材，如图9-45所示。

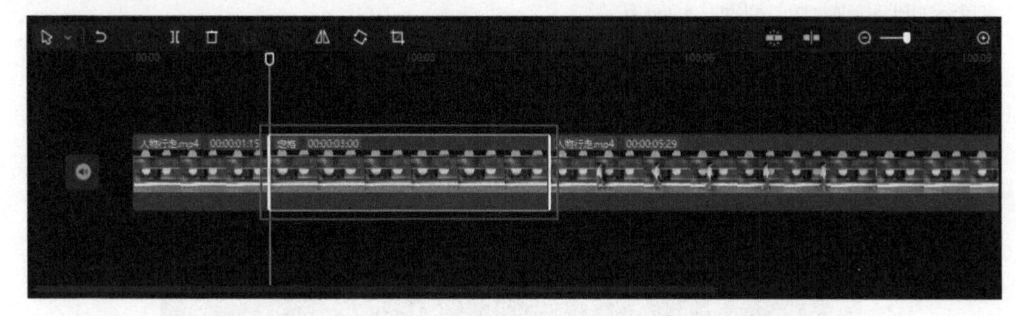

图9-45

步骤07 将“定格”素材拖动到“人物行走.mp4”上方的轨道，将“定格”素材的起始处与视频起始处对齐，然后调整其结尾处，使其结尾处与时间线对齐，如图9-46所示。

图9-46

步骤08 选中时间线右侧的“人物行走.mp4”，将时间线拖动到00:00:02:16，此时观察“播放器”中的视频画面，确定人物分身定格的第二个时间点，如图9-47所示。

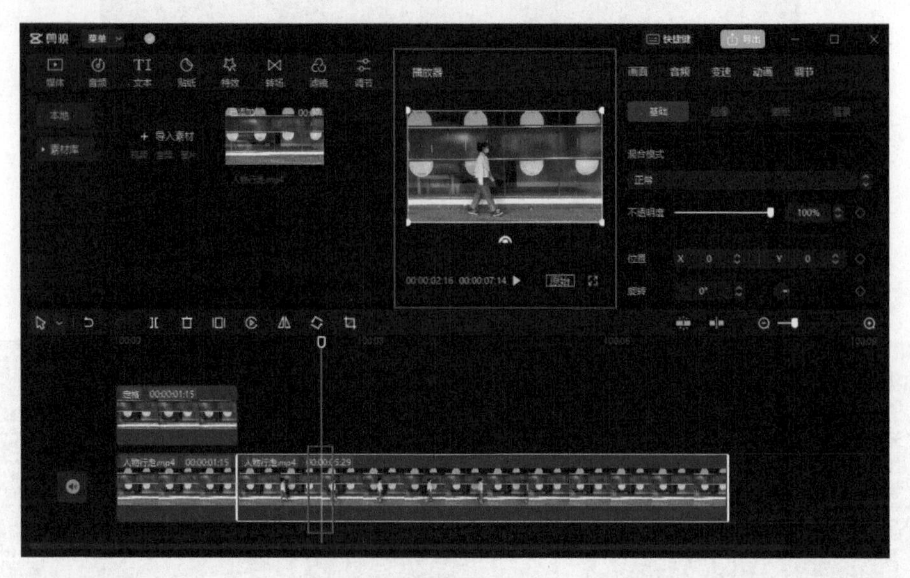

图9-47

步骤09 单击“定格”按钮，生成第二段定格素材，如图9-48所示。

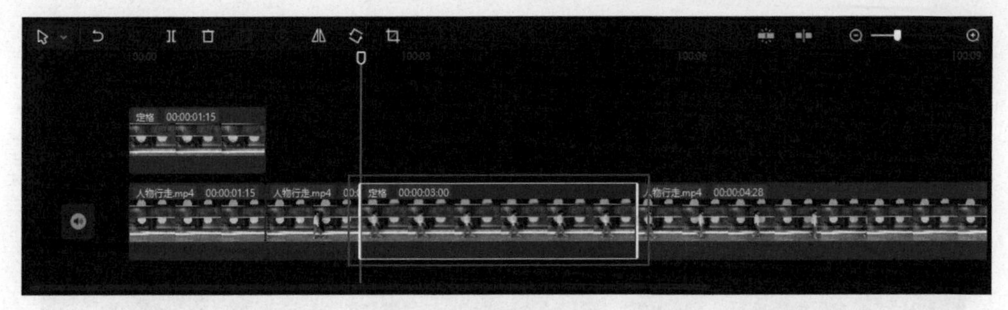

图9-48

步骤 10 将第二段“定格”素材拖动到第一段“定格”素材上方的轨道中，将第二段“定格”素材的起始处与视频起始处对齐，然后调整其结尾处，使其结尾处与时间线对齐，如图9-49所示。

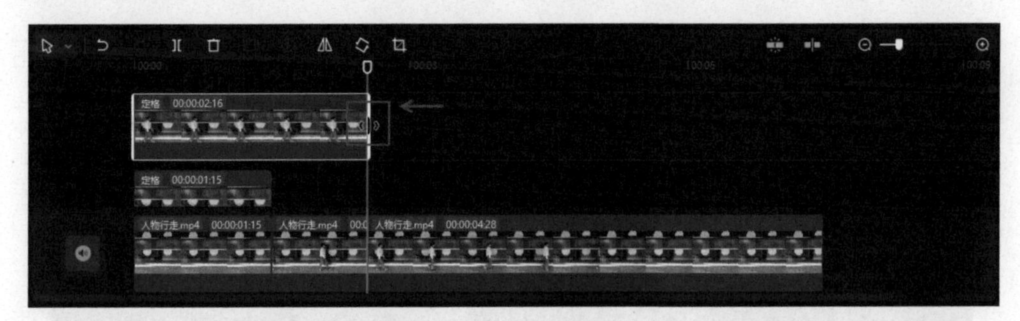

图9-49

步骤 11 选中时间线右侧的“人物行走.mp4”，将时间线拖动到00:00:03:18，此时观察“播放器”中的视频画面，确定人物分身定格的第三个时间点，如图9-50所示。

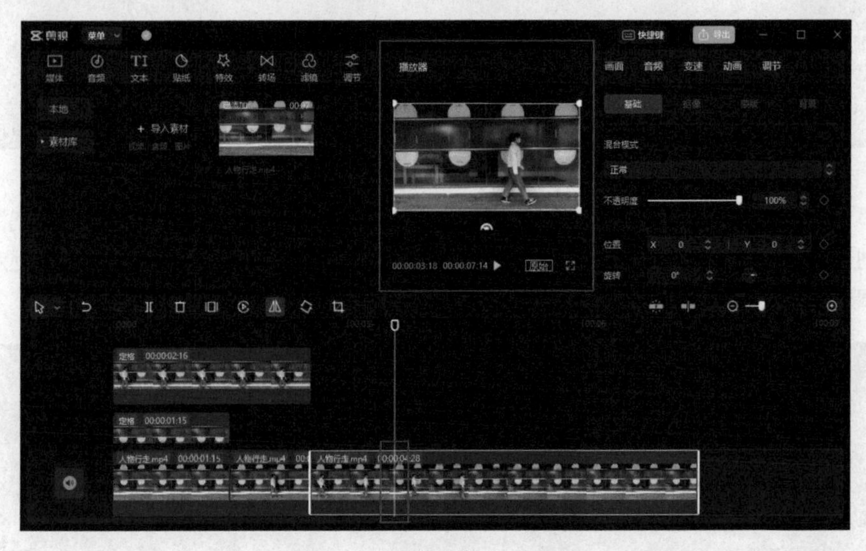

图9-50

步骤 12 单击“定格”按钮，生成第三段“定格”素材，将第三段“定格”素材拖动到第二段“定格”素材上方的轨道中，将第三段“定格”素材的起始处与视频起始处对齐，然后调整其结尾处，使其结尾处与时间线对齐，如图9-51所示。

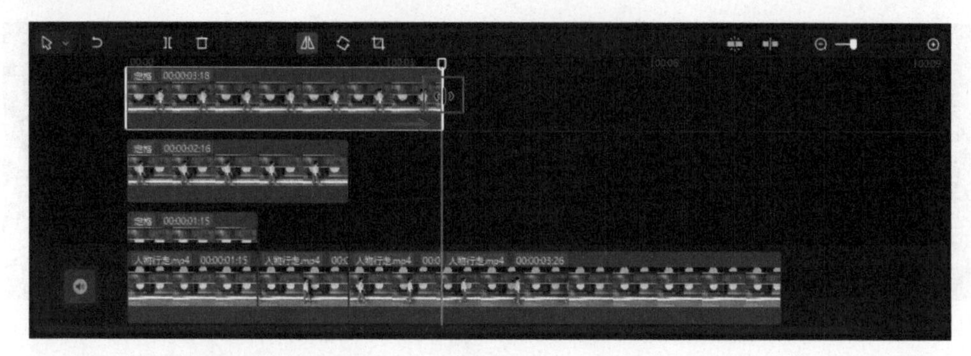

图9-51

步骤 13 选中时间线右侧的“人物行走.mp4”，将时间线拖动到00:00:04:18，如图9-52所示。

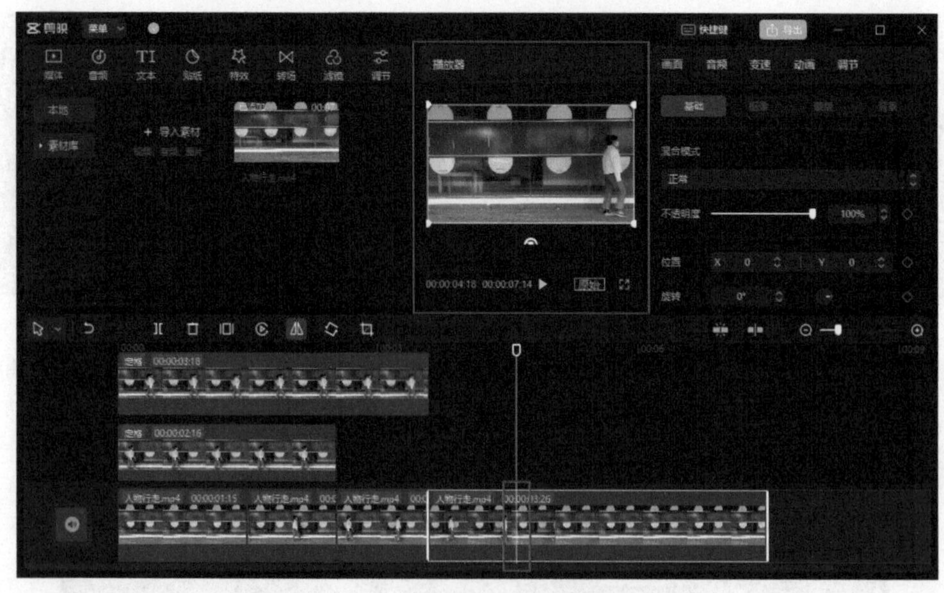

图9-52

步骤 14 用同样的方法，单击“定格”按钮▣，生成第四段“定格”素材，将第四段“定格”素材拖动到第三段“定格”素材上方的轨道中，将第四段“定格”素材的起始处与视频起始处对齐，然后调整其结尾处，使其结尾处与时间线对齐，如图9-53所示。

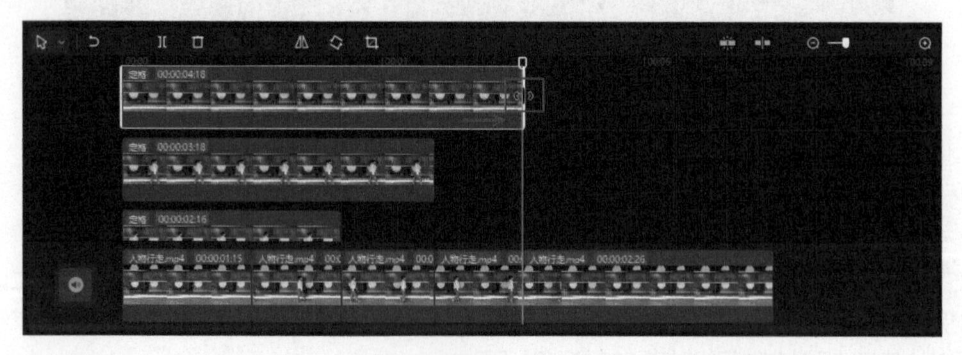

图9-53

步骤 15 在时间轴中选中第一段“定格”素材，在编辑界面右侧的参数调节面板中切换至“抠像”选项栏，激活“智能抠像”选项，如图9-54所示。用同样的方法，对其他三段定格素材进行同样的操作。

图9-54

9.2.3 添加特效及音频

步骤 01 在顶部工具栏中单击“音频”按钮，然后在“音乐素材”|“美妆&时尚”列表中下载所需音乐素材，并单击其右下角的“添加到轨道”按钮，将音乐素材添加到时间轴中，如图9-55所示。

图9-55

步骤 02 在时间轴中拖动最后一段“人物行走.mp4”的裁剪框后端，使其结尾处与时间线对齐。同样地，拖动音乐素材的裁剪框后端，使其结尾处与时间线对齐，然后在编辑界面右侧的参数调节面板中调整“淡出时长”为0.4秒，如图9-56所示。

图9-56

步骤 03 在“音效素材”|“魔法”列表中，找到Magic reveal（魔术揭秘）音效，对应人物合体画面的时间点，逐个添加该音效素材，如图9-57所示。

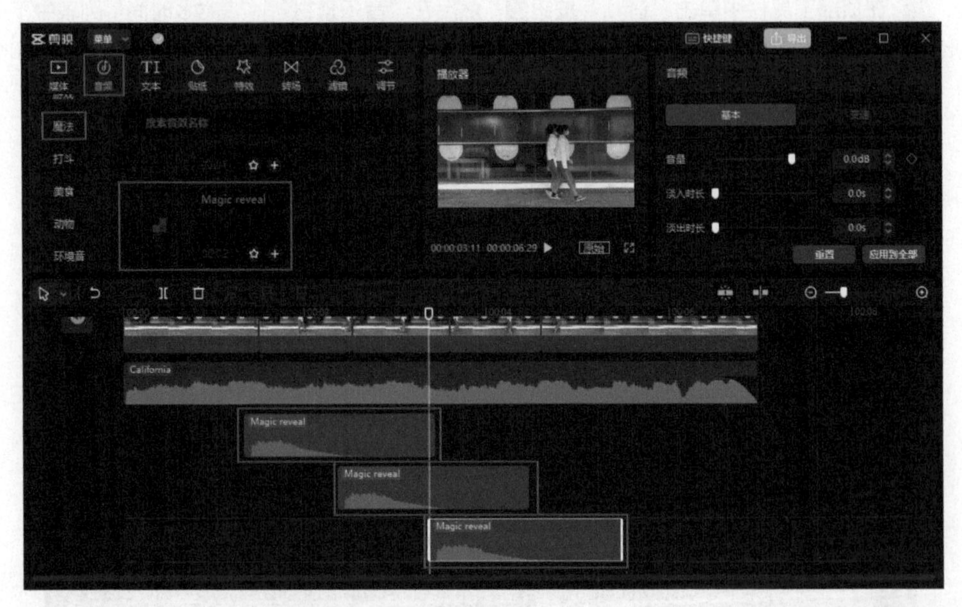

图9-57

步骤 04 将时间线拖动至视频素材的起始点，单击顶部工具栏中的“特效”按钮，在“特效效果”|“动感”特效列表中，单击“迷离”效果右下角的“添加到轨道”按钮，将特效添加到

时间轴中，然后拖动特效素材的裁剪框后端，使其结尾处与视频结尾处对齐，如图9-58所示。

图9-58

步骤 05 继续完善画面效果。在“特效效果”|“动感”特效列表中，单击“幻觉”效果缩览图右下角的“添加到轨道”按钮，将特效添加到时间轴中，然后拖动特效素材的裁剪框后端，使其结尾处与视频结尾处对齐，并在右侧的参数调节面板中调整“滤镜”应用强度为50，如图9-59所示。

图9-59

步骤 06 单击界面右上角的“导出”按钮，弹出“导出”对话框，修改其中自定义作品名称及导出路径等信息，完成后单击“导出”按钮。导出视频完成后，在计算机的路径文件夹中找到导出的视频文件并预览视频效果，如图9-60至图9-63所示。

图9-60

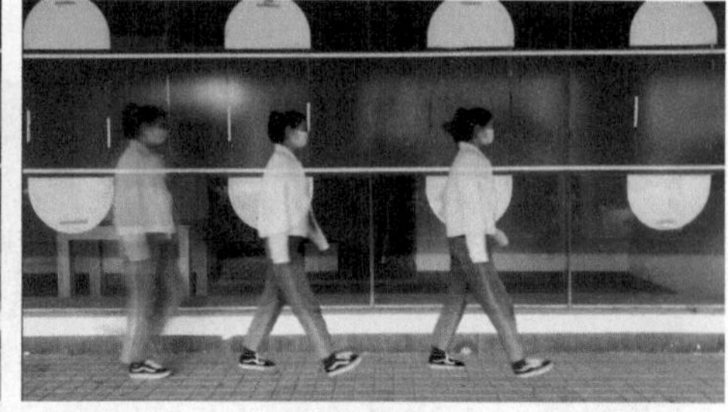

图9-61

图9-62

图9-63

拓展练习：隔空变物特效视频

结合本章所学的创意短视频制作技巧，读者可以利用本例提供的相关素材，制作一个隔空变物特效视频。本例参考效果如图9-64至图9-67所示。

图9-64

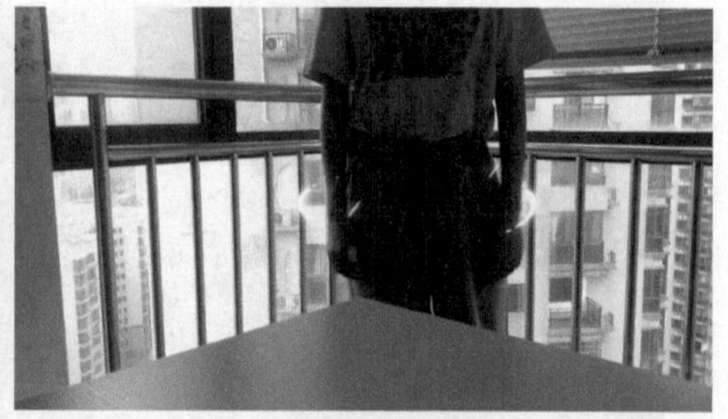

图9-65

图9-66

图9-67